U0310109

航空碳排放
政策评估方法与应用

Aviation Carbon Emission Policy Assessment Methods and
Their Applications

崔强◎著

吉林大学出版社

长春

图书在版编目（CIP）数据

航空碳排放政策评估方法与应用 / 崔强著 . -- 长春：
吉林大学出版社，2020.1
ISBN 978-7-5692-6118-9

Ⅰ．①航… Ⅱ．①崔… Ⅲ．①航空—二氧化碳—排放
—环境政策—研究 Ⅳ．① X511

中国版本图书馆 CIP 数据核字（2020）第 022973 号

书　　名	航空碳排放政策评估方法与应用
	HANGKONG TAN PAIFANG ZHENGCE PINGGU FANGFA YU YINGYONG
作　　者：	崔　强　著
策划编辑：	卢　婵
责任编辑：	卢　婵
责任校对：	陶　冉
装帧设计：	汤　丽
出版发行：	吉林大学出版社
社　　址：	长春市人民大街 4059 号
邮政编码：	130021
发行电话：	0431-89580028/29/21
网　　址：	http：//www.jlup.com.cn
电子邮箱：	jdcbs@jlu.edu.cn
印　　刷：	北京虎彩文化传播有限公司
开　　本：	787mm×1092mm　　1/16
印　　张：	18.5
字　　数：	270 千字
版　　次：	2020 年 1 月　第 1 版
印　　次：	2020 年 1 月　第 1 次
书　　号：	ISBN 978-7-5692-6118-9
定　　价：	108.00 元

前　言

随着居民生活水平的提升和地区间交流的增加，航空业得到了高速发展，但是航空碳排放问题也越来越引起社会的关注。根据政府间气候变化专门委员会（IPCC）最新的数据可知，航空碳排放大约占人为活动二氧化碳排放量的2%左右。虽然这一比例不高，但是航空碳排放量增长非常快。根据国际民航组织的预测，2050年航空碳排放量将会是2010年的4～6倍。为了应对日益增长的航空碳排放问题，国际民航组织提出了第一个全球性行业减排市场机制——2020年碳中和增长战略（CNG2020战略）。它的核心是征税、碳交易体系和碳抵消。而要应对这些减排措施，提升自身效率成为航空公司的不二选择。在效率评估的基础上探讨航空碳排放政策对航空公司的影响，对航空公司是至关重要的。

本书结合作者多年的科研成果，对航空公司效率评估和航空碳排放政策建模进行系统的研究和完善，并且结合各航空公司的实际数据进行实证分析与研究。主要内容包括基于数据包络分析模型的航空公司能源效率评估、航空公司环境效率评估、航空公司网络效率评估和航空公司动态效率评估，并在效率评估的基础上，深入研究了现有航空碳排放政策（以2020年碳中和增长战略为例）对航空公司效率和航空公司减排成本的影响。本书第1章和第2章介绍了相关的研究背景和研究现状；第3章到第10章系统研究了航空公司能源效率、航空公司环境效率评估、航空公司网络效率评估、航空公司动态效率评估和航空公司交叉效率；第11章到第13章基于前几章航空公司效率评估的研究结果，基于数据包络分析模型，系统研究了 CNG2020 战略对航空公司效率和航空公司减排成本的影响；第 14 章研究了航空公司减排成本的动态分解；第 15 章提出研究展望。本书的研究思路可以为交通运输及能源环境领域的相关研究提供一定的参考，且本书采用的方法也可以被广泛应用到其他领域。

本书由东南大学经济管理学院崔强副教授著，并负责对本书进行总体设计，对全书进行通稿撰写并修改定稿。南京财经大学李烨老师，研究生林靖玲、金子寅、李昕怡等为本书的顺利出版提供了很大的帮助。

本书得到了国家自然科学基金、中国博士后基金、东南大学中央高校建设世界一流大学（学科）和特色发展引导专项资金经费以及东南大学中央高校基本科研业务费的大力资助，在此一并感谢。

在撰写过程中，本书参考了大量国内外学者的著作和文章，总结提炼了相关的研究成果，已在正文中加以标注并以参考文献形式列在书后。在此，向相关专家学者表示诚挚的谢意。如有遗漏，敬请告知。由于作者水平有限，在航空领域所涉及的知识和内容的把握上可能存在疏漏与不足之处，欢迎广大读者批评与指正，并及时反馈。

崔　强

2019 年 6 月 20 日

目　录

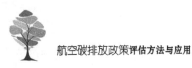

1　选题背景与意义

1.1　选题背景

近年来，航空碳排放问题越来越引起人们的重视。根据政府间气候变化专门委员会（IPCC）最新的数据可知，航空碳排放占人为活动二氧化碳排放量的 2% 左右。虽然这一比例不高，但是航空碳排放量增长非常快。根据国际民航组织的预测，2050 年航空碳排放量将会是 2010 年的 4 ~ 6 倍。

另外，与其他行业的碳排放相比，航空碳排放主要集中在大气的平流层（10 ~ 20 km），产生温室效应的能力及其危害远远大于其他行业。如何应对碳排放引起的气候变化问题，是全球航空业所面临的关键性议题。

针对航空碳排放问题，欧盟于 2008 年 11 月颁布了 2008/101/EC 法案，2012 年 1 月 1 日起，所有飞经欧盟的航空公司都分配一个碳排放限额，超出限额部分的航空公司需要购买碳排放权。这项政策受到了很多非欧盟国家的强烈反对，虽然欧盟仍旧在积极推动碳排放交易体系的施行，但是并未得到中国和印度等国的支持。所以，构建一个全球性的控制未来航空温室气体排放的市场机制成为急迫的任务。

2016 年 10 月 6 日，国际民航组织在加拿大蒙特利尔召开的第 39 次会议通过了两个重要文件《国际民航组织关于环境保护的持续政策和做法的综合声明——气候变化》和《国际民航组织关于环境保护的持续政策和做法的综合声明——全球市场措施机制》，要求国际民航组织各成员国一起努力实现 2020 年航空碳中和增长，因此这项决议被称为 2020 年碳中和增长战略（carbon neutral growth from 2020），简称 CNG2020 战略。CNG2020 战略是第一个全球性行业减排市场机制，它的核心是构建一揽子全球市场措施机制（MBMs），主要包括征税、碳交易体系和碳抵消。

虽然与欧盟碳排放交易体系的机制有相似的地方，但是与欧盟碳排放交易体系相比，CNG2020 战略也有很多不同。主要有：① CNG2020 战略关注的是航空公司的国际碳排放量，而欧盟碳排放交易体系所关注的是航空公司在欧洲的碳排放量，所以在原理上，两者对全球航空碳排放量控制的效果有很大差异；② CNG2020 战略的推动方是国际民航组织，是联合国的下属机构，它的推动和落实得到联合国各个成员国的一致同意，而欧盟碳排放交易体系是欧盟单方面强推的一个机制，受到了很多非欧盟国家的反对。所以，CNG2020 战略是一个全球性的行业减排机制，研究 CNG2020 战略对全球航空公司的影响是非常必要的。

CNG2020 战略分为三个施行阶段：试验阶段（2021—2023 年）、第一阶段（2024—2026 年）和第二阶段（2027—2035 年）。碳排放基准数据为 2019 年和 2020 年的国际碳排放量。其中，在试验阶段和第一阶段，各成员国可以自愿加入，发达国家率先加入，但是在第二阶段就要覆盖除去豁免国家之外的所有成员国。

从我国层面上，国务院于 2015 年 11 月 10 日发布了《国务院办公厅关于印发促进民航业发展重点工作分工方案的通知》，并明确指出，要求民航局、发展改革委、财政部、外交部和环境保护部等部门"制定应对全球气候变化对航空影响的对策措施"。作为一个新的碳减排机制，研究 CNG2020 战略对我国民航业的发展是至关重要的。

根据国际民航组织在 9 种情形下进行的估计，2025 年的碳抵消量大约为 14 200 万到 17 400 万 t 二氧化碳；2035 年会增长为 44 300 万到 59 600 万 t 二氧化碳。同样，为了实现 CNG2020 战略，2025 年航空业要付出的成本在 15 亿到 62 亿美元之间；2035 年会在 53 亿到 239 亿美元之间。虽然国际民航组织分析了 CNG2020 战略对整个国际民航业的影响，但是并未分析 CNG2020 战略对单个航空公司的影响。另外，CNG2020 战略对发达国家航空公司和发展中国家航空公司的影响也有比较大的区别。绝大多数发达国家航空运输业进入小幅增长、油耗及排放接近峰值甚至负增长阶段，未来发展要求和减排压力相对有限，但是发展中国家的航空市场需求逐年增加，油耗和排放都在快速上升，面临的挑战更大。

本书聚焦于航空碳排放政策评估背景下的航空公司能源效率评价、航空公司环境效率评价和 CNG2020 战略对航空公司的影响评估等三个主题，利用航空公司的实证数据，丰富该领域的量化研究，为我国民航业应对航空碳排放政策奠定理论与实践基础。

1.2 选题意义

1.2.1 理论意义

目前关于现有航空碳排放政策对航空公司运营的影响的研究有一定的研究基础，但是航空公司能源效率、航空公司环境效率和 CNG2020 战略对航空公司的影响评估仍有比较大的完善空间。基于此，本书以航空碳排放政策评估方法为视角，通过数据包络分析建模研究各类方法在航空公司中的应用。理论意义具体体现在两个方面。

首先，在研究内容方面，本书着眼于为我国航空公司应对 CNG2020 战略等航空碳排放政策提供政策建议，本书对 CNG2020 战略这一全新的航空碳减排机制对航空公司影响进行研究，丰富学术界对航空碳排放政策的研究成果，也能为航空公司提供实际的参考建议。

其次，在研究方法上，基于现有对航空公司生产过程的研究文献，构建新的基于多种非期望处理方法的 DEA 模型，既分析了 CNG2020 战略对航空公司内部运营过程的影响，也分析了 CNG2020 战略对航空公司动态效率的影响，能更全面分析 CNG2020 战略对航空公司的影响。

1.2.2 实践意义

首先，对航空公司碳排放量进行精准预测，对政府及航空业制订未来发展规划具有非常重要的实践意义。政府层面，政府需要通过碳排放量的预测结果，对我国各航空公司的碳排放进行监管和计划，从而能够为制定相应的措施提供科学依据，指导我国航空业健康发展。行业层面，精准的碳排放量预测，有助于为航空公司制定相应的短期战略、中期战略和长期战略提供科学的依据。

其次，科学分析 CNG2020 战略对航空公司效率和减排成本的影响，对政府和航空业的政策和战略制定具有非常重要的实践意义。政府层面，科学合理地分析 CNG2020 战略的影响，有利于帮助政府制定加入 CNG2020 战略的最佳时机，有助于为航空管理部门应对 CNG2020 战略提供参考。行业层面，有助于各航空公司针对 CNG2020 战略的影响制定应对措施，积极利用技术、管理等措施优化资源配置，实现自身的长期可持续发展。

2 理论基础与基本模型介绍

2.1 基本的数据包络分析模型介绍

航空公司效率评估中使用了各种数据包络分析（DEA）模型，模型主要可分为径向 DEA 模型和非径向 DEA 模型。径向 DEA 模型包括传统的 charnes–cooper–rhodes（CCR）和 banker–charnes –cooper（BCC）模型，以及基于它们的修改和扩展模型。非径向 DEA 模型由加性模型、乘法模型、range–adjusted measure （RAM）和 slacks–based measure （SBM）组成。除此之外，Tone 和 Tsutsui（2010b）提出了一种新颖的 epsilon–based measure 模型，该模型将径向和非径向模型的特征结合到一个统一的框架中。由于篇幅限制，这里我们只列出一些经典模型。

2.1.1 径向 DEA 模型

首先，将介绍 CCR 模型。Charnes 等（1978）提出了第一个 DEA 模型来评估不同部门的相对有效性。该模型被称为 CCR 模型，可用于测量决策单元（DMU）的规模效率和技术效率。

$$\max \sum_{r=1}^{n} u_r y_{ro} \Big/ \sum_{i=1}^{m} v_i x_{io} \qquad (2\text{-}1)$$

$$\text{s.t.} \quad \sum_{r=1}^{n} u_r y_{rj} - \sum_{i=1}^{m} v_i x_{ij} \leq 0, \ j=1, \ 2, \ \cdots, \ k$$

$$u_r \geqslant 0, \quad v_i \geqslant 0$$

假设生产系统不受规模报酬不变（constant return to scale，CRS）的影响。假设有 k 个决策单元，每个决策单元消耗 m 个不同的投入，并产生 n 个不同的产出。x_{ij} 和 y_{rj} 分别代表 DMU_j 的第 i 个投入和第 r 个产出，$j=1$，2，…，k。v_i 和 u_r 分别是 x_i 和 y_r 的权重，它们的条件大于 0。2-1 模型是基本的投入导向模型，它可以解决投入导向问题。可以通过反转比率来导出相应的产出导向的模型。为了将其转化为线性规划（LP）模型，使变量 $\mu_r = tu_r$ 和 $\vartheta_i = tv_i$，因此，得到模型 2-2。

$$\max \sum_{r=1}^{n} \mu_r y_{ro} \bigg/ \sum_{i=1}^{m} \vartheta_i x_{i0} = 1 \qquad (2\text{-}2)$$

$$\text{s.t.} \sum_{r=1}^{n} \mu_r y_{rj} - \sum_{i=1}^{m} \vartheta_i x_{ij} \leqslant 0, \ j=1, \ 2, \ \cdots, \ k$$

$$\mu_r \geqslant 0, \quad \vartheta_i \geqslant 0$$

然后，我们将介绍 BCC 模型。由于 CCR 模型处于规模收益不变的条件下，考虑到规模收益对生产的影响，实际上是 Banker 等（1984）通过添加一个不受限制的附加变量 μ_0，将原始 CCR 模型扩展到可变规模收益（VRS）模型。该模型被称为 BBC 模型，如分数投入导向模型 2-3 所示。

$$\max \left[\sum_{r=1}^{n} u_r y_{ro} - \mu_0 \right] \bigg/ \sum_{i=1}^{m} v_i x_{i0} \qquad (2\text{-}3)$$

$$\text{s.t.} \quad \sum_{r=1}^{n} u_r y_{rj} - \mu_0 - \sum_{i=1}^{m} v_i x_{ij} \leqslant 0, \ j=1, \ 2, \ \cdots, \ k$$

$$u_r \geqslant 0, \quad v_i \geqslant 0; \ \mu_0 \text{ 取任意值}$$

模型 2-3 的等效线性规划模型是

$$\max \left[\sum_{r=1}^{n} \mu_r y_{ro} - \mu_0 \right] \bigg/ \sum_{i=1}^{m} \vartheta_i x_{i0} = 1 \qquad (2\text{-}4)$$

$$\text{s.t.} \quad \sum_{r=1}^{n} \mu_r y_{rj} - \mu_0 - \sum_{i=1}^{m} v_i x_{ij} \leqslant 0, \ j=1, \ 2, \ \cdots, \ k$$

$$\mu_r \geqslant 0, \quad \vartheta_i \geqslant 0; \ \mu_0 \text{ 取任意值}$$

由于附加变量 μ_0 不受限制，当 $\mu_0 = 0$ 时，BCC 模型结果为 CCR 模型，表明规模报酬不变的情况；当 $\mu_0 > 0$，该模型表达了规模收益递增的情况，当 $\mu_0 < 0$ 时，该模型表达了规模报酬递减的情况。可以从 BBC 模型中提取纯技术效率，但是技术效率以及 CCR 模型的规模效率。显然，任何 CCR 高效的决策单元也具有 BBC 效率。

2.1.2 非径向 DEA 模型

首先，介绍 slacks-based measure（SBM）模型。在径向模型中，测量的低效率仅包含所有投入（产出）的一部分按比例减少（增加），但不包括投入中的松弛量和产出（松弛量）的不足。因此，具有完全比率效率但不是零松弛的决策单元不能被认为是有效的。因此，为了观察包括比率和松弛的总效率，Tone（2001）提出了 SBM 模型。投入导向型、产出导向型和无导向型的模型如表 2-1 所示。

表 2-1 SBM 模型介绍

投入导向型	产出导向型	无导向型
$\text{Min}\rho = \dfrac{1 - \dfrac{1}{m}\sum\limits_{i=1}^{m}\dfrac{s_i^-}{x_{ik}}}{x_{ik}}$ s.t. $\ X\lambda + s^- = x_k$ $Y\lambda \geq y_k$ $\lambda,\ s^- \geq 0$	$\text{Min}\rho = \dfrac{y_{rk}}{1 + \dfrac{1}{s}\sum\limits_{r=1}^{s}\dfrac{s_r^+}{y_{rk}}}$ s.t. $\ X\lambda \leq x_k$ $Y\lambda - s^+ = y_k$ $\lambda,\ s^+ \geq 0$	$\text{Min}\rho = \dfrac{1 - \dfrac{1}{m}\sum\limits_{i=1}^{m}\dfrac{s_i^-}{x_{ik}}}{1 + \dfrac{1}{s}\sum\limits_{r=1}^{s}\dfrac{s_r^+}{y_{rk}}}$ s.t. $\ X\lambda + s^- = x_k$ $Y\lambda - s^+ = y_k$ $\lambda,\ s^- s^+ \geq 0$

其中，$X \in R^{mn}$，$Y \in R^{sn}$ 分别代表投入和产出矩阵；m 是投入的数量；s 是产出的数量；$s^- \in R^m$，$s^+ \in R^s$ 分别代表投入冗余和产出不足，都是非负的，分别为投入和产出的松弛量；$\lambda \in R^n$ 代表权重，是非负的。

在投入导向型模型中，$\dfrac{1}{m}\sum\limits_{i=1}^{m}\dfrac{s_i^-}{x_{ik}}$ 和 $\dfrac{1}{s}\sum\limits_{r=1}^{s}\dfrac{s_r^+}{y_{rk}}$ 代表决策单元 DMU_k 投入和产出的无效性。因为这个模型是基于松弛量的，所以没必要像径向模型那样去识别一个决策单元是否是强有效还是弱有效。当 $\rho = 1$，决策单元是强有效的。无导向的 SBM 模型是一个分数规划，可以通过 charnes-cooper（CC）

转化方法转化为线性规划模型。

然后，介绍 range-adjusted measure（RAM）模型。除了 SBM 模型，Aida 等（1998）和 Cooper 等（1999）提出了另一种非径向 DEA 模型，称为 range-adjusted measure（RAM）模型。基本 RAM 模型在模型 2-5 中给出。

$$\theta = 1 - \max \frac{1}{m+n} \left(\sum_{i=1}^{m} \frac{s_{i0}^-}{R_i^-} + \sum_{r=1}^{n} \frac{s_{r0}^+}{R_r^+} \right) \qquad (2-5)$$

$$\text{s.t.} \begin{cases} x_{i0} = \sum_{j=1}^{k} \lambda_j x_{ij} + s_{i0}^-, \quad i=1, 2, \cdots, m \\ y_{r0} = \sum_{j=1}^{k} \lambda_j y_{rj} - s_{r0}^+, \quad r=1, 2, \cdots, n \\ \sum_{j=1}^{k} \lambda_j = 1 \\ \lambda_j, \ s_{i0}^-, \ s_{r0}^+ \geqslant 0 \end{cases}$$

模型中，$R_i^- = \max(x_{ij}) - \min(x_{ij})$ 和 $R_r^+ = \max(y_{rj}) - \min(y_{rj})$（$j=1, 2, \cdots, k$）是投入和产出的极差；$s^-$，$s^+$ 表示投入冗余和产出不足；λ 表示权重。

与 SBM 不同，RAM 模型可以处理投入或产出中存在负数据时的情况。此外，在 RAM 模型中，由于最优解不受投入和产出单元的影响，因此可以在投入和产出的数量差异较大的情况下应用。由于目标函数是线性的，因此无须将其转换为其他模型。

2.1.3 epsilon-based-measure（EBM）模型

虽然非径向模型可以捕获投入和产出的松弛量，但它可能会失去原始投入和产出的比例。考虑到这一点，Tone 和 Tsutsui（2010b）提出了一种混合距离函数，它将径向和非径向测量的特征结合到复合模型中。它被称为包含参数的 epsilon-based-measure（EBM），用于包含参数。表 2-2 列出了投入导向型、产出导向型和无导向型模型。

表 2-2 EBM 模型介绍

投入导向型	产出导向型	无导向型
$\mathrm{Min}\ \theta - \varepsilon - \dfrac{\displaystyle\sum_{i=1}^{m} \dfrac{w_i^- s_i^-}{x_k}}{\displaystyle\sum_{i=1}^{m} w_i^-}$	$\mathrm{Min}\ 1/\left(\theta + \varepsilon + \dfrac{\displaystyle\sum_{r=1}^{s} \dfrac{w_r^+ s_r^+}{y_k}}{\displaystyle\sum_{r=1}^{s} w_r^+}\right)$	$\mathrm{Min}\ \dfrac{\theta - \varepsilon - \displaystyle\sum_{i=1}^{m} \dfrac{w_i^- s_i^-}{x_{i0}}}{\eta + \varepsilon^+ \displaystyle\sum_{r=1}^{s} \dfrac{w_r^+ s_r^+}{y_{r0}}}$
s.t. $\boldsymbol{X}\lambda + s^- = \theta x_k$ $\boldsymbol{Y}\lambda \geq y_k$ $\lambda,\ s^- \geq 0$	s.t. $\boldsymbol{X}\lambda \leq x_k$ $\boldsymbol{Y}\lambda - s^+ \geq \eta y_k$ $\lambda,\ s^+ \geq 0$	s.t. $\boldsymbol{X}\lambda + s^- \leq \theta x_k$ $\boldsymbol{Y}\lambda - s^+ \geq \eta y_k$ $\lambda,\ s^-, s^+ \geq 0$

其中，$x_{ij} \in \mathbf{R}^{mn}$ 和 $y_{ij} \in \mathbf{R}^{sn}$ 表示决策单元 DMU_j 的第 i 个投入和第 r 个产出；w_i^- 和 w_r^+ 是第 i 个投入和第 r 个产出的相对重要性；s_i^- 和 s_r^+ 是松弛量；非负值 λ 表示权重，并且 $\sum_{j=1}^{n} \lambda_j = 1$；$\varepsilon_x$ 和 ε_y 是集合径向和非径向模型的参数，并且需要提前给定。

由模型可知，如果 $\varepsilon = 0$，EBM 模型等价于一个径向模型；当 $\varepsilon = 1$，它等价于 SBM 模型。因为 EBM 模型里有参数 θ 和 η，可能存在无穷的最优解，但它们的效率值是等价的。

2.2 航空公司效率评估

2.2.1 航空公司单阶段效率评估

2.2.1.1 径向 DEA 模型的应用

在应用径向数据包络分析（data envelopment analysis，DEA）模型的论文中，大约有 3 类方法：一类是直接应用标准 CCR 或 BCC 模型；另一类是将标准 DEA 模型与其他方法相结合，特别是参数方法和非参数方法的组合；最后是修改或扩展 DEA 模型的应用。

在早期研究中，传统的径向 DEA 模型（包括 CCR 和 BCC 模型）通常用于评估航空公司的技术效率和规模效率（见表 2-3）。进一步确定了影响技术和规模效率的因素。

最初，在应用 DEA 模型评估航空公司的业绩时，通常选择财务指标（如总收入、总成本）作为投入和产出指标。Schefezyk（1993）认为，由于各国统计数据缺乏统一性，很难评估国际航空公司的财务信息表现。他建议增加非金融指数（如可用吨公里、可用座公里、船队容量等）作为 DEA 方法的投入或产出指数。从那时起，非财务指标得到了广泛的发展，并广泛应用于 DEA 模型的航空公司效率评估。研究中使用的常用指标如表 2-3 所示。

表 2-3　标准 DEA 模型在航空公司效率中的应用

论文	对象	时间（年份）	方法
Schefczyk（1993）	15 个全球航空公司	1989—1992	CRS（规模报酬不变）
Banker 和 Johnston（1994）	12 个美国航空公司	1981—1985	VRS（规模报酬可变）
Capobianco 和 Fernandes（2004）	53 个全球航空公司	1993—1997	VRS
Hong 和 Zhang（2010）	29 个全球航空公司	1998—2002	CRS
Lee 和 Worthington（2014）	53 个全球航空公司	2006	CRS 和 VRS
Wang 等（2011）	30 航空公司	2006	CRS 和 VRS
Merkert 和 Morrel（2012）	66 个全球航空公司	2007—2009	CRS 和 VRS
Jain 和 Natarajan（2015）	12 印度航空公司	2006—2010	VRS
Min 和 Joo（2016）	59 个全球航空公司	2010	VRS

长期以来，DEA 模型和其他方法的结合是研究航空公司效率的最受欢迎的方式。在以往的研究中，常见的与 DEA 结合方法是：①回归方法，包括 Tobit 回归（Chiou 和 Chen，2006；Greer，2009；Merkert 和 Hensher，2011），自举截断回归（Barros 和 Peypoch，2009；Merkert 等，2013）和 GLS 回归和时间序列回归（Tsikriktsis 和 Heineke，2004，Mhlanga 等，2018）；②生产力指数，如 Malmquist 生产力指数（Distexhe 和 Perelman，1994；Greer，2008）和总生产力指数（Barbot 等，2008）和 Fisher 生产力指数（Ray 和 Mukherjee，1996）；③其他方法，如随机前沿法（Good 等，1995；Sickles 等，2002），无界分析法（Alam 和 Sickles，1998；Alam 和 Sickles，2000），以及平衡计分卡（Wu 和 Liao，2014）。

回归方法通常用作 DEA 方法之后的第二步,通过效率得分和背景因素的相关性来确定高效率或低效率的原因。生产率指数,特别是 Malmquist 生产率指数经常被用于归因于生产率的测量变化。随机前沿方法和自由处理船体分别是半参数和非参数方法,通常用作对 DEA 方法得到的结果的补充对比或鲁棒检验。 Wu 和 Liao(2014)将标准 DEA 与平衡计分卡结合起来,通过结合领先和滞后因素来评估效率。

表 2-4 标准 DEA 模型与其他模型的应用

论文	对象	时间段(年份)	方法
Distexhe 和 Perelman(1994)	33 个美国和欧洲航空公司	1977—1988	standard DEA 和 malmquist productivity index
Good 等(1995)	16 个美国和欧洲航空公司	1976—1986	standard DEA 和 stochastic frontier approach
Ray 和 Mukherjee(1996)	21 个美国航空公司	1983—1984	standard DEA 和 fisher productivity index
Alam 和 sickles(1998)	11 个美国航空公司	1970—1990	DEA 和 free disposal hull
Alam 和 Ssickles(2000)	11 个美国航空公司	1970—1990	standard DEA 和 full disposal hull
Fethi 等(2000)	17 个欧洲航空公司	1991—1995	DEA 和 tobit analysis
Sickles 等(2002)	16 个欧洲航空公司	1977—1990	standard DEA, stochastic frontier approach 和 malmquist productivity index
Scheraga(2004)	38 个全球航空公司	2000	standard DEA 和 regression analysis
Tsikriktsis 和 Heineke(2004)	10 个美国航空公司	1987—1998	standard DEA 和 time-series regression
Chiou 和 Chen(2006)	15 个中国台湾航空公司	2001	standard DEA 和 topic regression
Greer(2006)	14 个美国航空公司	2004	super-efficiency 和 CCR
Barbot 等(2008)	49 个全球航空公司	2005	standard DEA 和 TFP
Greer(2008)	8 个美国航空公司	2000—2004	standard DEA 和 malmquist productivity index
Greer(2009)	17 个美国航空公司	1999—2008	standard DEA 和 topic regression
Bhadra(2009)	13 个美国航空公司	1985—2006	standard DEA 和 topic analysis
Barros 和 Peypoch(2009)	27 个欧洲航空公司	2000—2005	standard DEA 和 bootstrapped truncated regression
Merkert 和 Hensher(2011)	58 个全球航空公司	2007—2009	standard DEA 和 bootstrapped tobit
Cheng 等(2012)	11 个全球航空公司	1992—2008	standard DEA 和 topic analysis

续表

论文	对象	时间段(年份)	方法
Merkert 等（2013）	18 个欧洲航空公司	2007—2009	standard DEA 和 truncated regression analysis
Wu 等（2013）	12 个全球航空公司	2006—2010	standard DEA 和 bootstrapped truncated regression
Wu 和 Liao（2014）	38 个全球航空公司	2010	standard DEA 和 balance score card（BSC）
Cui 和 Li（2015b）	10 个中国航空公司	2008—2012	data envelopment analysis 和 malmquist index
Saranga 和 Nagpal（2016）	13 个印度航空公司	2005—2012	DEA 和 two-way random effects GLS regression 和 tobit analysis
Hu 等（2017）	15 个东盟航空公司	2010—2014	DEA 和 bootstrapping approaches
Ling 等（2018）	5 个东盟航空公司	2007—2013	DEA-malmquist 和 tobit analysis
Mhlanga 等（2018）	8 个非洲航空公司	2012—2016	DEA 和 a twoway random-effects GLS regression 和 a tobit model

随着研究的深入，传统的 DEA 模型不适合复杂情况下的效率评估。学者们开发了多种扩展和改进的径向 DEA 模型。在这些模型中，主要有以下模型：① BootstrapDEA 模型（Arjomandi 和 Seufert，2014；Lee 和 Worthington，2014；Choi，2017），②处理随机值的 DEA 模型（Banker 和 Johnston，1994；Fethi 等，2001；Chen 等，2017），③具有网络结构的 DEA 模型（Zhu，2011；Gramani，2012；Lee 和 Johnson，2012；Lu 等，2012；Mallikarjun，2015；Duygun 等，2016），④动态 DEA 模型（Sengupta，1999；Wanke 和 Barros，2016；Cui 等，2016a；Omrani 和 Soltanzadeh，2016），⑤交叉效率 DEA 模型（Cui 和 Li，2015a），⑥区分有效决策单元的 DEA 模型（Cui 和 Li，2015a；Wanke 和 Barros，2016；Kottas 和 Madas，2018），⑦处理非期望产出的 DEA 模型（Cui 等，2016a），⑧处理投入或者产出存在特殊类型数据的 DEA 模型（Soltanzadeh 和 Omrani，2018）。

存在一种趋势，即针对不同情况的扩展 DEA 模型被整合以处理深度扩展中的更复杂情况。例如，网络动态 DEA 模型和随机网络 DEA 模型。

表 2-5 扩展 DEA 模型的应用

论文	对象	时间段（年份）	方法
Banker 和 Johnston （1994）	16 个美国航空公司	1981—1985	maximum likelihood DEA framework
Sengupta （1999）	14 个全球航空公司	1988—1994	dynamic DEA
Fethi 等（2001）	17 个欧洲航空公司	1991—1995	stochastic DEA
Ouellette 等（2010）	7 个加拿大航空公司	1960—1999	DEA model with adjustment costs 和 regulatory constraints
Zhu（2011）	21 个美国航空公司	2007—2008	two-stage network DEA
Gramani（2012）	34 个巴西和美国航空公司	1997—2006	two-phase DEA
Lee 和 Johnson （2012）	15 个美国航空公司	2006—2008	network DEA 和 two-dimensional efficiency decomposition
Lu 等（2012）	30 个美国航空公司	2010	two-stage network DEA
Choi 等（2015）	12 个美国航空公司	2008—2011	service quality-adjusted DEA 和 mann-whitney test
Barros 等（2013）	10 个美国航空公司	1998—2010	b-convex DEA model
Geng 等（2013）	7 个中国航空公司	2011	non-archimedes dimensionless CCR
Arjomandi 和 Seufert （2014）	48 个全球航空公司	2007—2010	bootstrapped DEA
Lee 和 Worthington （2014）	42 个美国和欧洲航空公司	2001—2005	bootstrapped DEA 和 bootstrapped truncated regression
Mallikarjun（2015）	27 个美国航空公司	2012	three-stage un-oriented network DEA
Cui 和 Li（2015a）	11 个全球航空公司	2008—2012	virtual frontier benevolent DEA cross efficiency model
Wanke 和 Barros （2016）	19 个拉丁美洲航空公司	2010—2014	a two-stage approach combining virtual frontier dynamic DEA 和 simplex regression
Cui 等（2016a）	18 个全球航空公司	2008—2014	dynamic environmental DEA
Duygun 等（2016）	87 个欧洲航空公司	2000—2010	network DEA
Omrani 和 Soltanzadeh（2016）	8 个伊朗航空公司	2010—2012	dynamic network DEA
Chen 等（2017）	13 个全球航空公司	2006—2014	stochastic network DEA （SNDEA）
Choi（2017）	14 个全球航空公司	2006—2015	bootstrapping DEA 和 double bootstrap regression
Kottas 和 Madas （2018）	30 个全球航空公司	2012—2016	DEA with super-efficiency 和 intertemporal approach
Soltanzadeh 和 Omrani （2018）	7 个伊朗航空公司	2010—2012	dynamic network DEA with fuzzy inputs 和 outputs

2.2.1.2 非径向 DEA 模型及 EBM 模型的应用

虽然径向模型已在许多论文中进行了改进，并且在评估航空公司效率中得到广泛的应用，但它有一些缺点。首先，它忽略了非径向松弛对效率的影响，这意味着当航空公司的效率为 1 但松弛度不为 0 时，无法确定航空公司是否完全有效。当应用径向模型时，很难区分强有效决策单元和弱有效决策单元。最重要的是，径向模型假设决策单元的投入和产出变化的比例相同，但在航空公司效率方面，员工和燃料等投入不能完全替代，也不能按比例变化。因此，如表 2-6 所示，最近在航空公司效率评估中采用了许多非径向模型，例如 SBM 模型和 RAM 模型。

由于航空公司效率的"黑匣子"已经开启，因此越来越需要评估多阶段航空公司效率，包括整体效率和各部门的子效率。非径向测量在网络 DEA 方法中很流行。Tavassoli 等（2014）提出了一种新的基于松弛量的网络 DEA 模型（SBM-NDEA），并首先将其应用于航空公司的效率评估。他们认为该模型既代表了运输服务和生产技术的不可存储的特征，也可以衡量航空公司的整体效率和子效率，即使在共享投入的情况下也是如此。Chang 和 Yu（2014）以及 Lozano 和 Gutiérrez（2014）也使用 SBM-NDEA 来评估低成本航空公司和欧洲航空公司的效率。一些论文将 SBM-NDEA 模型扩展到虚拟前沿面网络 SBM（Li 等，2015）、Meta 动态 SBM（Chou 等，2016）和具有弱或强可处置性的网络 SBM（Chang 等，2014；Cui 和 Li，2016；Li 等，2016 b）。除了 SBM，近年来还引入了 RAM 模型来评估航空公司的效率（Li 等，2016a；Tavassoli 等，2016），但论文相对较少。

由于这些非径向模型中的松弛可能不一定与投入或产出成比例，因此预计的航空公司可能在原始投入或产出中失去相称性。在评估不同年份的航空公司效率时，如果松弛度明显不同，则难以确定提高效率的方向。因此，由 Tone 和 Tsutsui（2010b）提出的新模型即 EBM 模型是径向和非径向模型的组合，已经应用于航空公司效率评估（Xu 和 Cui，2017；Cui 和 Li，2017a，2018）。它也逐渐被用于网络或动态的情况。

此外，这些非径向 DEA 模型还与其他方法相结合，如简单回归分析，Tobit 分析，malmquist-luenberger 指数，以及灰色模型，以探索航空公司效率或生产率增长的原因。

表 2-6　非径向 DEA 模型和 EBM 模型的应用

论文	对象	时间段(年份)	方法
Tavassoli 等（2014）	11 个中东航空公司	2010	slacks-based measure（SBM）network DEA
Chang 等（2014）	27 个全球航空公司	2010	slacks-based environmental measure（SBM）DEA
Chang 和 Yu（2014）	16 个低成本航空	2008	slacks-based measure（SBM）network DEA
Lozano 和 Gutiérrez（2014）	16 个欧洲航空公司	2007	two-stage slacks-based measure（SBM）
Li 等（2015）	22 个全球航空公司	2008—2012	virtual frontier network SBM
Chou 等（2016）	35 个全球航空公司	2007—2009	meta dynamic network slack-based measure（MDN-SBM）
Cui 和 Li（2016）	22 个全球航空公司	2008—2012	network SBM with weak disposability
Li 等（2016a）	22 个全球航空公司	2008—2012	virtual frontier dynamic range adjusted measure
Li 等（2016b）	22 个全球航空公司	2008—2012	network SBM with weak disposability 和 strong disposability
Tavassoli 等（2016）	7 个伊朗航空公司	2007—2011	range adjusted measure 和 strong complementary slackness condition，以及 discriminant analysis
Yu 等（2016）	13 个全球航空公司	2010	two stage network slacks-based measure DEA
Xu 和 Cui（2017）	19 个全球航空公司	2008—2014	network epsilon-based 和 slack-based measure 和 regression analysis
Cui 和 Li（2017a）	19 个全球航空公司	2009—2014	dynamic epsilon-based-measure
Zhang 等（2017）	18 个中国和美国航空公司	2011—2014	slack-based measure 和 tobit analysis 和 malmquist-luenberger index
Yu 等（2017）	30 个全球航空公司	2009—2012	two-stage dynamic network SBM-DEA
Wang 等（2018a）	11 个东盟航空公司	2013—2016	grey model 和 SBM-DEA
Cui 和 Li（2018）	29 个全球航空公司	2021e—2023e	network epsilon-based measure with managerial disposability

2.2.2 航空公司网络结构效率评估

在应用网络 DEA 之前，每个航空公司都被视为一个具有多个投入和产出的整体单元，并且航空公司效率的评估仅限于整体效率，这并未揭示"黑匣子"内部的关系。网络 DEA 模型将系统分解为多个流程和部门，考虑到组件流程以及它们之间通过中间产品的关系。不同的系统具有不同的结构，主要分为串联结构、并联结构和串并联结构。在航空业的应用中，系列结构是最受欢迎和最合适的网络模型。在系列结构方面，有论文认为航空系统是一个两阶段过程，通常包括生产过程和消费过程，分别计算技术效率和营销效率；一些研究将系统分解为三个阶段，通常包括运营阶段，服务阶段和销售阶段；一些研究将航空公司系统划分为几个平行的部门，例如 Tavassoli 等（2014）的客运子生产过程和货运子生产过程，Xu 和 Cui（2017）的运营阶段和车队维修阶段。图 2-1 所示说明了 Tavassoli 等（2014）的两个分区和两级串并联结构。图 2-2 所示显示了 Li 和 Cui（2018b）中的三阶段系列结构。

表 2-7　网络 DEA 的相关文献

论文	阶段	第一阶段的投入产出	第二阶段的投入产出	第三阶段的投入产出
Chiou 和 Chen（2006）	两阶段：成本效率，服务有效性	投入：燃料成本，人力成本，飞机成本；产出：航班数量，可用座公里	投入：航班数量，可用座公里；产出：客公里数，运输乘客数	
Zhu（2011）	两阶段	投入：单位可用座公里成本，单位可用座公里工资，单位可用座公里薪水，单位可用座公里福利，单位可用座公里燃油成本；产出：载客率，机队规模	投入：载客率，机队规模；产出：收入客公里	
Gramani（2012）	两阶段：运营绩效，财务绩效	投入：飞机成本，工资，薪水和福利，单位可用座公里成本；产出：收入客公里	投入：第一阶段效率值的倒数；产出：航班收入和收益	
Lu 等（2012）	两阶段：生产效率，营销效率	投入：员工数量，燃油消耗，总座位数，飞行设备成本，维护费用，设备成本和财产；产出：可用座公里，可用吨公里	投入：可用座公里，可用吨公里；产出：收入客公里，非顾客收入	

论文	阶段	第一阶段的投入产出	第二阶段的投入产出	第三阶段的投入产出
Tavassoli 等（2014）	两阶段：技术效率，服务有效性	投入：客运飞机数量，员工数量，货运飞机数量；产出：客运飞机公里数，货运飞机公里数	投入：货运飞机公里数，客运飞机公里数；产出：旅客周转量，货物周转量	
Lozano 和 Gutie rrez（2014）	两阶段：生产阶段，销售阶段	投入：燃油成本，非流动资产，工资和薪水，其他运营成本；产出：可用座公里，可用吨公里	投入：可用座公里，可用吨公里，销售成本；产出：收入客公里，收入吨公里	
Chang 和 Yu（2014）	两阶段：生产阶段，消费阶段	投入：员工，燃油和机队；产出：座公里数，目的地调整后的 GDP	投入：座公里数，目的地调整后的 GDP；产出：客公里数	
Mallikarjun（2015）	三阶段：运营阶段，服务阶段，销售阶段	投入：运营费用；产出：可用座公里	投入：可用座公里，机队规模，目的地数量；产出：收入客公里	投入：收入客公里；产出：运营收入
Li 等（2015）	三阶段：运营阶段，服务阶段，销售阶段	投入：员工数量，航空煤油；产出：可用吨公里，可用座公里	投入：可用吨公里，可用座公里，机队规模；产出：收入吨公里，收入客公里	投入：收入吨公里，收入客公里，销售成本；产出：总营业收入
Li 等（2016b）Li 和 Cui（2017a）	三阶段：运营阶段，服务阶段，销售阶段	投入：员工数量，航空煤油；产出：可用吨公里，可用座公里	投入：可用吨公里，可用座公里，机队规模；产出：收入吨公里，收入客公里，温室气体排放量	投入：收入吨公里，收入客公里，销售成本；产出：总营业收入
Cui 和 Li（2016）	两阶段：运营阶段，碳减排阶段	投入：工资、薪水和福利，燃油成本，总资产；产出：收入客公里，收入吨公里和预估的二氧化碳排放量	投入：预估的二氧化碳排放量，减排费用；产出：二氧化碳排放量	
Duygun 等（2016）	两阶段：中间效率，最终效率	投入：资本，劳动力和材料；产出：货运满载率	投入：货运满载率；产出：收入吨公里	
Xu 和 Cui（2017）	四阶段：运营阶段，机队维护阶段，服务阶段和销售阶段	投入：员工数量，航空煤油；产出：可用座公里，可用吨公里；投入：维护成本；产出：机队规模	投入：收入客公里，收入吨公里，目的地数量；产出：收入吨公里	投入：收入客公里，收入吨公里，销售成本；产出：总营业收入

续表

论文	阶段	第一阶段的投入产出	第二阶段的投入产出	第三阶段的投入产出
Chen 等（2017）	两阶段：网络效率，航班效率	投入：燃油，飞机数量，员工数量；产出：降落架次，延误	投入：降落架次；产出：二氧化碳排放量，货运，旅客数量	
Li 和 Cui（2017b）Cui 等（2017a）Cui（2017）Cui 和 Li（2018a）	三阶段：运营阶段，服务阶段，销售阶段	投入：运营成本；产出：可用座公里	投入：可用座公里，机队规模；产出：收入客公里，温室气体排放量	投入：收入客公里，销售成本；产出：总收入

对于投入和产出，大多数论文假设前一过程中生产的中间产品将被下一过程消耗。然而，一些研究已经考虑了在中间阶段产生的最终（通常是非期望的）产出，例如 Chen 等（2017）的延迟，Li 等（2016b）的温室气体和 Cui 和 Li（2016）的二氧化碳。许多论文也考虑了第二阶段或第三阶段的外生投入，例如销售成本（Lozano 和 Gutierrez，2014；Li 等，2015，2016b），车队规模和目的地（Mallikarjun，2015；Li 等，2015，2016b；Xu 和 Cui，2017），以及 Cui 和 Li（2016）的减排费用。此外，作为不同部门和阶段的共享投入的分配，一些研究考虑了共同的投入，例如 Tavassoli 等（2014）和 Li 和 Cui（2018b）的员工数量。Tavassoli 等（2014）将员工数量作为不同并行部门的共享投入（见图 2-1），而 Li 和 Cui（2018b）将员工数量（NE）作为不同阶段的共享投入（见图 2-2）。

应该指出的是，大多数研究人员都关注最终产生收入的主流过程，并将非期望产出作为额外产出。Cui 和 Li（2016）专注于航空公司的碳减排过程，将 RPK 和 RTK 作为额外的期望产出。

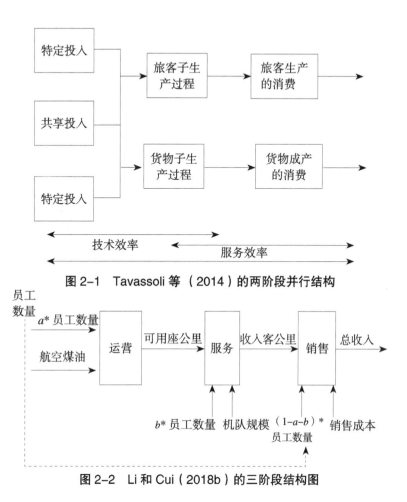

图 2-1 Tavassoli 等（2014）的两阶段并行结构

图 2-2 Li 和 Cui（2018b）的三阶段结构图

2.2.3 航空公司动态效率评估

在本节中，将介绍动态 DEA 模型以及动态网络 DEA 模型在航空公司效率方面的应用。尽管之前有大量研究评估了航空公司在应用 Malmquist 生产力指数或窗口分析方面的跨期绩效，但他们忽略了航空公司运营中存在的过渡因素。例如，航空公司的车队和资本存量可以从一个时期转移到另一个时期。为了模拟这些过渡元素的跨期特征，学者们已经建立了许多考虑结转的动态 DEA 模型，包括 Färe 和 Grosskopf（1996）的基本动态 DEA 模型，Tone 和 Tsutsui 的动态 SBM 模型（2010a），Kao 和 Hwang（2014）

中的动态网络 DEA，Chen（2012）的动态多活动网络 DEA，以及 Tone 和 Tsutsui（2014）的动态网络 SBM。

目前，应用于航空公司效率的动态 DEA 模型涉及动态 SBM（Wang 等，2017），虚拟前沿动态 SBM（Cui 等，2016a），虚拟前沿动态 RAM 模型（Li 等，2016a；Wanke 和 Barros，2016），动态环境 DEA（Cui 等，2016 b；Cui 等，2018a），动态 EBM 模型（Cui 和 Li，2017a）。一些论文将动态模型与网络模型相结合，其中包括关系动态网络标准 DEA 模型（Omrani 和 Soltanzadeh，2016），Meta 动态网络 SBM 模型（Chou 等，2016），动态网络 SBM（Yu 等，2017），模糊动态网络 DEA（Soltanzadeh 和 Omrani，2018）。

至于结转活动，结转要素选择的意见各不相同。对于未考虑网络结构的论文，将资本存量、车队规模、股东权益负债和无形资产等动态因素假定为结转，即前期全过程的产出和整体投入。后续阶段的过程（Wanke 和 Barros，2016；Li 等，2016a；Cui 等，2016a，2016b，2018；Cui 和 Li，2017a，2017c；2018b）。

对于结合动态和网络模型的论文，所选择的结转在子阶段是不同的。Chou 等（2016）选择净收入和事故发生分别作为连续期间消费区间的期望和非期望结转。Omrani 和 Soltanzadeh（2016）以及 Soltanzadeh 和 Omrani（2018）也认为，在消费部门中存在携带活动，并选择了作为结转的船队座位数量。Yu 等（2017）将自有船队视为生产部门和结转点的结转，作为连续服务部门的结转。图 2-3 所示和图 2-4 所示显示了 Cui 等（2016a）的动态结构和 Yu 等（2017）的动态网络结构。

表 2-8　动态 DEA 模型文献回顾

论文	时间段(年份)	结转活动(动态因子)	对象
Sengupta（1999）	1988—1994	资本	14 个全球航空公司
Chou 等（2016）	2007—2009	净收入	35 个全球航空公司
Omrani 和 Soltanzadeh（2016）	2010—2012	机队座位数	8 个伊朗航空公司
Wanke 和 Barros（2016）	2010—2014	飞机数量	19 个拉丁美洲航空公司
Li 等（2016 a）	2008—2012	资本存量	22 个全球航空公司

续表

论文	时间段 （年份）	结转活动 （动态因子）	对象
Cui 等（2016a）	2008—2012	资本存量	21 个全球航空公司
Cui 等（2016b）	2008—2014	资本存量	18 个全球航空公司
Cui 和 Li（2017a）	2009—2014	资本存量	19 个全球航空公司
Wang 等（2017）	2008—2013	股东股本负债；无形资产	25 个全球航空公司
Yu 等（2017）	2009—2012	自有飞机数量	30 个全球航空公司
Cui 和 Li（2017b）	2021—2023	机队规模	29 个全球航空公司
Soltanzadeh 和 Omrani（2018）	2010—2012	飞机座位数	7 个伊朗航空公司
Cui 等（2018a）	2008—2014	资本存量	18 个全球航空公司
Cui 和 Li（2018b）	2009—2015	机队规模	29 个全球航空公司

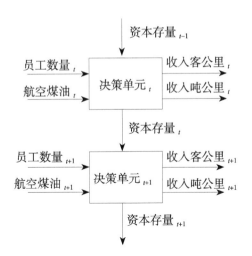

图 2-3　Cui 等（2016）的动态结构

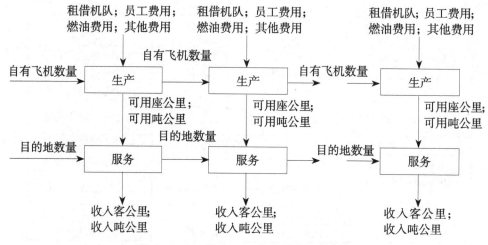

图2-4 Yu 等（2017）的动态网络结构

2.2.4 考虑非期望产出的航空公司效率评估

在评估航空公司的环境效率时，有必要在 DEA 模型中考虑非期望产出。根据 Dakpo 等（2016）的说法，目前有大约五种方法对污染产生技术进行建模：①自由处置（强处置），一种将非期望产出视为免费一次性投入的方法，认为环境容量足以处理非期望产出环境有害产品；②弱处置，其中非期望产出减少会按比例减少期望产出；③By-production 模型，在该模型中，产生非期望产出的投入与产生期望产出的投入分开，并且得到两组效率平均得分；④Weak-G 处置，通过模型中包含的方向向量，它表明如果投入更多，则可能产生更多的非期望产出和更少的期望产出；⑤自然处置和管理处置，自然处置等同于自由处置，而管理处置将投入视为产出，而非期望产出则被视为投入。

目前，用于航空公司效率评估的这些模型的论文是有限的。当考虑航空公司，虚拟前沿面仁慈型 DEA 交叉效率模型（Cui 和 Li，2015a），仁慈型 DEA 交叉 PAC（减排成本）模型（Li 和 Cui，2018a），网络弱处置 SBM 模型（Cui 和 Li，2016），弱处置和强处置网络 SBM 模型（Li 等，2016b），弱处置和强处置网络 RAM 模型（Cui 等，2016c），具有弱处

置的虚拟前沿网络 RAM 模型（Li 和 Cui，2017a），基于管理处置的网络
EBM 模型（Cui 和 Li，2018a），统一化自然处置和管理处置的动态 RAM
模型（Cui 和 Li，2018a）已经被用来评估航空公司能源效率。在这些研究中，
发现弱处置模型在区分效率差异和确定基准航空公司方面更为合理，而强
处置是处理非期望产出的更合理方式。此外，在自然处置下，与非期望产
出相关的指数在决定基准航空公司时起着更大的作用。

　　另一方面，随着对排放控制成本的日益关注，人们倾向于关注环境规
制对减排成本的影响。Cui 等（2018a）将减排成本定义为当非期望产出被
自由处置时的产出与非期望产出被弱处置时的产出的比率。利用两种方法
对非期望产出进行建模，可以合理地表达非期望产出的不同处置模式的产
出损失。Li 和 Cui（2018a）应用 DEA 交叉减排成本模型来讨论合作对航
空公司减排成本的影响。

2.3　EU ETS 对航空公司影响评估

　　现有对航空碳排放政策对航空公司影响评估主要聚焦在欧盟碳排放交
易体系（EU ETS）。Ernst 和 Young（2007）发现，如果非欧洲航空公司的
航班进入欧洲时只受排放限制的约束，那么欧盟排放交易体系将影响欧洲
航空公司的长期发展。Albers 等（2009）根据欧盟排放交易体系的基本原
则模拟了对某些航空公司成本和需求的影响，发现欧盟排放交易体系使得
航空公司的二氧化碳成本在每条航线上增加了 9～27 欧元。Anger（2010）
分析了欧盟排放交易体系对航空业的可能影响，认为空气排放预计最大减
少 7.4%，而 Anger 和 Khler（2010）通过对 2020 年可能的环境和经济影响
的研究，认为欧盟排放交易体系的影响很小。Scheelhaase 等（2010）提出
了一个模型来分析欧盟排放交易体系对欧洲和非欧洲航空公司之间竞争的
影响。Zhang 和 Wei（2015）研究了欧盟排放交易体系对航空部门的影响。
Vespermann 和 Wald（2011）分析了欧盟排放交易体系的经济和生态影响，
发现欧盟排放交易体系会引起航空公司之间的低竞争扭曲。Ares（2012）

分析了欧盟排放交易体系对航空公司影响的三个方面：票价、减排和购置补贴。Buhr（2012）研究了机构创业的时间条件，并进行了关于航空公司如何通过纳入欧盟排放交易体系来应对气候变化影响的实证案例研究。Malina 等（2012）预测了欧盟排放交易体系从 2012 年到 2020 年对美国航空公司可能产生的经济影响，得出的结论是欧盟排放交易体系对排放量的影响很小。Tsai 等（2012）提出了在欧盟排放交易体系的约束下基于混合活动的绿色航空公司机队规划成本核算决策模型，发现碳排放的成本趋势和不同航线的利润变化是相似的。Derigs 和 Illing（2013）分析了欧盟排放交易体系的利润情况和减排情况。Kalayci 和 Weber（2014）建立了多周期随机组合优化模型，从航空公司的角度考虑了欧盟排放交易体系的具体监管、管理和贸易限制。Miyoshi（2014）通过与欧盟附件 I 国家的航空公司相比，测量欧盟排放交易体系对非洲航空公司的影响，来研究公平问题。结果表明，欧盟附件 I 与非附件 I 的飞机及其乘客之间在公平性方面存在一些差异。Li 等（2016）研究了 2008 年以来欧盟排放交易体系对航空公司效率的影响，发现弱处置性模型在研究航空公司效率方面更为合理，而强处置性模型在处理非期望产出时更为合理。Cui 等（2016）根据 2004—2006 年的历史排放数据，分析了欧盟排放贸易体系的排放限制对航空公司绩效的影响。

有些文献讨论了航空公司 CO_2 减排的市场措施。Hofer 等（2010）研究了航空排放税如何影响美国的碳排放，发现汽车交通潜在的巨大增长可能会大大降低航空碳排放税的环境效益。Bauen 等（2009）估计了全球航空业在 2010 年至 2050 年生物燃料的吸收，结果表明到 2020 年之前生物燃料在全球航空燃料消耗总量中所占的比例很低，但可以在更长的时间范围内做出重大贡献。Sgouridis 等（2011）假设 2009 年生物燃料在商业航空燃料消耗总量中的比例为 0.5%，到 2024 年在"中等"情况下将增加到 15.5%，在"野心勃勃"情况下将增加到 30.5%。他们根据案例预测，生物燃料在 2004 年至 2024 年将来自航空的二氧化碳排放量减少 5.5%～9.5%。Winchester 等（2013）采用了经济活动和能源系统的经济范围模型，以及航空业的详细部分均衡模型。结果表明，如果将大豆油用作原料，到 2020 年为满足航空生物燃料目标，航空公司需要向生物燃料生产商提供每加仑可再生喷气燃料 2.69 美元的隐性补贴。Hileman 等（2013）根据航空运输业设定的从 2005 年到 2050 年将绝对温室气体排放量减少 50%的目标，评估了多个减排方案对这一目标的潜在贡献。他们的结果表明，为了实现行业目标，需要尽快采用新的、更有效的飞机设计，以及大规模引入与常规喷气燃料相比更具有低生命周期温室气体排放的替代燃料。

Li 等（2016）研究了 2008 年以来欧盟排放贸易体系对航空公司效率的影响，发现弱处置性模型在研究航空公司效率方面更为合理，而强处置性模型在处理非期望产出时更为合理。Cui 等（2016）根据 2004 年至 2006 年的历史排放数据分析了欧盟排放贸易体系的排放限制对航空公司绩效的影响。Cui 等（2017）构建网络数据包络分析模型研究了欧盟碳排放交易体系对航空公司减排成本的影响，结果表明欧盟碳排放交易体系对大部分航空公司的减排成本影响不大。

现有研究已经针对欧盟碳排放交易体系等碳排放政策进行了一定的研究，但是针对 CNG2020 战略的研究仍属空白。

3 考虑合作的航空公司能源效率评估

3.1 研究问题介绍

近年来，随着世界经济的快速发展和家庭消费水平的提高，能源供需差距扩大。根据国际航空运输协会（2013）的统计数据，2012 年，全球所有航空公司的总能源成本超过 160 亿美元，二氧化碳排放量超过 67.7 亿 t。航空业是过去 10 年中能源消费增长率超过 6% 的少数几个行业之一。然而，能源生产却严重滞后，同期增长不到 6%。能源供需之间的差距正变得越来越明显。同时，根据中国商用飞机公司（COMAC）2014 年对未来 20 年的预测，航空业总收入客公里（RPK）将以每年 4.8% 的速度增长，客运总需求将是当前水平的 2.6 倍。对航空运输的巨大需求将刺激更高水平的能源消耗。此外，2011 年，航空业生产了约 6.76 亿 t 二氧化碳，约占全球二氧化碳排放总量的 2%。因此，航空业的能源利用问题引起了公众的极大关注。能源效率被定义为反映能源是否得到有效利用（Clinch 等，2001；Blomberg 等，2012）的指标。在过去几年中，能源效率一直是一个热门的研究课题，许多论文都把重点放在能源效率的评估上。

近年来，不同国家、地区和行业间的能源效率已被广泛研究（Herring，

2006；Zhou 等，2008；Worrell 等，2009；Kaufman 和 Palmer，2012；Wang 等，2012；Hasanbeigi 等，2013；Cui 等，2014；Cui 和 Li，2015），主要研究方法为数据包络分析。Clinch 等（2001）评估了爱尔兰住宅产业的能源效率，同时对其能源成本、二氧化碳及其他环境排放方面的国家节约进行了评估；Ramanathan（2005）使用数据包络分析模型分析了中东和北非 17 个国家的能源消耗和二氧化碳排放量；Ön ü t 和 Soner（2006）评估了安塔利亚地区 32 家五星级酒店的能源效率；Azadeh 等（2007）提出了一个基于数据包络分析（DEA）、主成分分析（PCA）和数值分类（NT）的综合方法，用于评估某些经合组织国家（经济合作与发展组织）制造业部门的总能源效率；Zhou 和 Ang（2008）将数据包络分析模型用于衡量 21 个经合组织国家的能源效率；Mukherjee（2008a）将数据包络分析用于衡量印度制造业的能源效率；Mukherjee（2008b）使用数据包络分析模型测量了 1970—2001 年美国制造业的能源使用效率；Song 等（2013）利用超 –SBM 模型来测量和计算"金砖四国"的能源效率；Wang 等（2013）通过改进的数据包络分析模型，分析了 2000—2008 年中国 29 个行政区的全要素能源与环境效率；Cui 等（2014）提出，能源效率的投入和产出是通过经济增加值（EVA）方法计算的，数据包络分析（DEA）和 malmquist 指数用于计算 2008—2012 年 9 个国家的能源效率；Cui 和 Li（2014）提出了一个三阶段虚拟前沿 DEA 模型来评估 2003—2012 年中国 30 个省级行政区域运输部门的能源效率。

Babikian 等（2002）分析了不同飞机类型的燃油效率，结果显示，燃油效率差异主要是由于飞机运行差异造成的；Morrell（2009）通过使用更大的飞机机型和不同的运行模式，分析了提升燃油效率的潜力；Miyoshi 和 Merkert（2010）评估了 1986—2007 年 14 家欧洲航空公司的碳和燃料效率，并探讨了燃油效率与燃油价格、飞行距离和载荷系数间的关系；Zhou 等（2014）采用基于比率、确定性和随机前沿的方法来调查美国 15 家大型喷气机运营商的燃油效率，结果显示，主航线航空公司的潜在成本节约在 2010 年可达到约 10 亿美元。

然而，在上述论文中，对航空公司的燃料效率或能源效率的评估中没有考虑到非期望产出。在现有的能源效率相关论文中，主要以二氧化碳排放量作为非期望产出，如 Wei 等（2007）、Zhou 和 Ang（2008）、Mandal（2010）、Tao 等（2012）。因此，本章选择二氧化碳排放量作为非期望产出。虽然目前航空公司二氧化碳排放量仅占全球人为二氧化碳排放量的 2%，但欧盟对航空公司碳排放的限制引起了许多航空公司的关注。

在大多数论文中，能源效率被定义为反映投入和产出之间的关系。根据 Patterson（1996）对能源效率的一般定义，能源效率是指使用较少的能源来产生相同数量的服务或有用的产出。因此，在本章中，基于这一基本定义将二氧化碳排放考虑进航空公司的能源效率。

3.2　模型介绍

数据包络分析（Charnes 等，1978; Zhou 等，2008）是一种数据规划方法，用于评估具有多投入和多产出的决策单元（DMU）的相对效率。

假设有数据集（$\boldsymbol{Y}$, $\boldsymbol{X}$），$\boldsymbol{Y}$ 表示产出矩阵 $n \times s$，$\boldsymbol{X}$ 表示投入矩阵 $n \times m$，$\boldsymbol{Y} = \begin{bmatrix} y'_1 \\ \vdots \\ y'_n \end{bmatrix}$，$\boldsymbol{X} = \begin{bmatrix} x'_1 \\ \vdots \\ x'_n \end{bmatrix}$。$n$, s, m 分别代表决策单元、产出和投入的数量。

DEA 模型旨在测量投入产出比率，如 $u'y_i / v'x_i$，其中，u, v 分别表示产出和投入的权重。对每个决策单元都有如下线性规划：

$$\max u'y_i / v'x_i = 1 \tag{3-1}$$

$$\text{s.t. } u'y_j - v'x_j \leqslant 0, \ j=1, 2, \cdots, n$$

$$u \geqslant 0, \ v \geqslant 0$$

当测量投入产出比率时，任何决策单元都可能处于前沿面上（Barros 和 Peypoch，2009）。从某个决策单元的实际位置到前沿面的距离被认为是该决策单元的无效率部分，这部分可能是由该决策单元特有的各种因素造成的。若决策单元的效率为 1，则决策单元是技术有效的；若效率低于 1，则技术上无效。上述问题假设规模报酬不变（CRS）。

传统的 DEA 模型有两个局限。① 传统的 DEA 模型以自我评价为基础，其绩效在最大化效率和最小化其他决策单位效率的过程中自行决定。因此，传统 DEA 模型的应用领域受到这种自我评估的限制。当决策单元的大部分效率来自合作时，传统 DEA 模型的评估结果可能不准确（Yang 等，2011）。② 在传统的 DEA 模型中，每个决策单元都将其生产能力与最优实际前沿的生产能力进行比较（Zhu，2001；Xue 和 Harker，2002）。当其结果为 1 时，决策单元在技术上是高效的；否则，决策单元在技术上效率低下。但它无法区分有效决策单元之间的差异。

3.2.1 第一个局限的改进

针对第一个局限性，一些学者提出了一些数据包络分析的推导模型，其中比较成熟的模型是仁慈的 DEA 交叉效率模型（Doyle 和 Green，1994；Yang 等，2011）。在这个模型中，每个决策单位都被视为合作者，当决策单元最大化其效率时，也最大化了其他决策单元的效率，因此，可以用来评估具有合作关系的决策单元。

以下介绍详细的仁慈型数据包络分析交叉效率模型（Benevolent DEA）。

在 CRS 模型中，DMU_k 的效率可以通过以下规划获得

$$\gamma = \max u'y_k / v'x_k = 1 \qquad (3-2)$$

$$\text{s.t. } u'y_j - v'x_j \leqslant 0 \quad j=1, 2, \cdots, n$$

$$u \geqslant 0, \ v \geqslant 0$$

对于 DMU_k，最优解为（γ_k^*，u_k^*，v_k^*），对于其他决策单元，最优解标记为（γ_j^*，u_j^*，v_j^*）$j=1, 2, \cdots, n$，因此，DMU_k 的交叉效率为

$$E_k = \frac{1}{n} \frac{\sum\limits_{j=1}^{n} u_j' y_k}{\sum\limits_{j=1}^{n} v_j' y_k} \qquad (3-3)$$

根据 Doyle 和 Green （1994），DMU_k 到 DMU_l 的仁慈型交叉效率通过

以下规划获得

$$\gamma_{kl}=\max u'y_k/v'x_k=1 \qquad (3\text{-}2)$$

$$\text{s.t. } u'y_j-v'x_j \leq 0 \ \ j=1,\ 2,\ \cdots,\ n$$

$$u'y_l-\gamma_l^* v'x_l=0$$

$$u \geq 0,\ v \geq 0$$

DMU_k 的平均仁慈型交叉效率为

$$E_k=\frac{1}{n}\sum_{l=1}^{n}\gamma_{kl} \qquad (3\text{-}5)$$

但是，仁慈型 DEA 交叉模型无法改进传统 DEA 模型的第二个局限性。在其评估结果中，可能仍有许多有效的决策单元，但该模型无法区分效率较高的决策单元和效率较低的决策单元。

3.2.2 第二个局限的改进

根据 Charnes 等（1991），决策单元可以分为两组：处于前沿的决策单元和处于非前沿决策单元。此外，处于前沿的决策单元有三种类型：最高效的决策单元；高效但不处于最佳点的决策单元；弱有效决策单元（处于前沿，但存在非零松弛）。为了区别这三种类型的有效决策单元学者们提出了超效率 DEA 方法。超效率 DEA 模型的原则是从参考决策单元中排除被评估的决策单元（Andersen 和 Petersen，1993；Zhu，2001；Xue 和 Harker，2002；Chen，2005；Chiu 等，2011）。其模型为

$$\max u'y_i/v'x_i=1 \qquad (3\text{-}6)$$

$$\text{s.t. } \ \ u'y_j-v'x_j \leq 0,\ j=1,\ 2,\ \cdots,\ n,\ j \neq i$$

$$u \geq 0,\ v \geq 0$$

通常，超效率 DEA 模型的结果不包含相同的效率，但它也有局限性。该模型如图 3-1 所示。

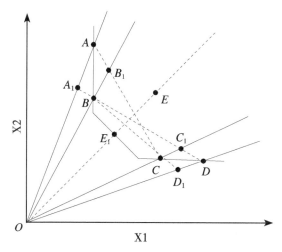

图 3-1 超效率 DEA 模型

如图 3-1 所示，在传统的 DEA 中，DMU_A，DMU_B，DMU_C 和 DMU_D 都处于有效前沿，而 DMU_E 为无效决策单元。在超效率 DEA 模型中，当计算 DMU_B 的效率时，将其从参考集中排除，参考集从 $ABCD$ 变为 ACD。DMU_B 的效率变为 $OB_1/OB > 1$。另外，对于在传统 DEA 模型中无效的 DMU_E，其参考集仍为 $ABCD$，因此，其效率保持不变。

但是，在超效率 DEA 模型中，在评估不同决策单元时，参考集会发生变化，这可能导致不合理的结果。在图 3-1 中，超效率 DEA 模型中的 DMU_A，DMU_B，DMU_C 和 DMU_D 分别是 $OA_1/OA < 1$，$OB_1/OB > 1$，$OC_1/OC > 1$，$OD_1/OD < 1$。与传统 DEA 模型相比，DMU_A 和 DMU_D 的效率降低，而 DMU_B 和 DMU_C 的效率提高。这一差异是由参考集不同造成的，可能会导致结果不合理。

为克服这一缺点，Bian 和 Xu（2013）提出了虚拟前沿数据包络分析方法，其派生模型在 Cui 和 Li（2014）以及 Cui 和 Li（2015）中得到应用。

图 3-2 可以帮助更好地解释虚拟前沿 DEA 模型。在传统 DEA 模型中，A、B、C、D、E 5 个决策单元中，A、B、C、D 是 DEA 有效的，E 是 DEA 无效的。A、B、C 和 D 的效率都为 1，因此，传统 DEA 模型无法区分有效决策单元。

本章采用的虚拟前沿数据包络分析构建了一个虚拟前沿 FGHI 作为决

策单元 A、B、C、D 和 E 的最佳参考前沿,从而使决策单元 A、B、C、D、E 都变为无效,这样,所有的效率就可以进行比较。

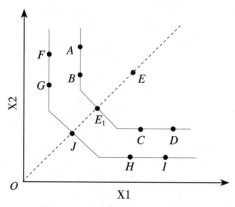

图 3-2　虚拟前沿 DEA 原理

若 ζ 表示被评价的决策单元集,Ψ 表示参考决策单元集(虚拟前沿),则虚拟前沿 DEA 模型为

$$\max u'y_i / v'x_i = 1 \qquad (3\text{-}7)$$

$$\text{s.t.}\quad u'y_j - v'x_j \leqslant 0,\ j{=}1,\ 2,\ \cdots,\ n,\ j \in \Psi$$

$$u \geqslant 0,\ v \geqslant 0$$

在该模型中,参考决策单元集和被评价的决策单元集是两个不同的集合,这为区分传统 DEA 模型中的有效 DEA 提供了可能。并且,在评估过程中,参考决策单元集保持不变,故其结果可能比超效率 DEA 模型的结果更合理。

接下来,本章将介绍参考决策单元集的选择。根据文献(Bian 和 Xu,2013;Cui 和 Li,2014;Cui 和 Li,2015),参考决策单元的数量应该与被评价决策单元的数量一致。

设置 $x_{i0}{=}\min\limits_{j}\{x_{ij}\}$ 和 $y_{r0}{=}\max\limits_{j}\{y_{rj}\}$,$j{=}1,\ 2,\ \cdots,\ n$ 表示决策单元,x_{ij} 表示 DMU_j 的第 i 个投入,y_{rj} 表示 DMU_j 的第 r 个产出。对于参考集中的 DMU_j,其投入为 $x_{ij}{=}0.95x_{i0}$,产出为 $y_{rj}{=}1.05y_{r0}$。

从参考决策单元的选择上,可以得出结论,参考 DMU_j 的投入小于实际 DMU_j 的投入,但前者的产出大于后者产出。因此,通过虚拟前沿 DEA 模型得出的效率值要低于传统 DEA 模型得出的值,这确保了虚拟前沿

DEA 模型的效率值小于 1 且大于等于 0。

基于传统 DEA 模型的局限性分析以及 2.4 节和 2.5 节的介绍，本章将提出一个新的模型，即虚拟前沿仁慈型 DEA 交叉效率模型（VFB–DEA），旨在能够解决传统 DEA 模型的两个局限性。

3.2.3　虚拟前沿仁慈型 DEA 交叉效率模型

在虚拟前沿仁慈型 DEA 交叉效率模型（VFB–DEA）中，DMU_k 到 DMU_l 的 VFB–DEA 交叉效率能够通过以下规划获得

$$\gamma_{kl}=\max u'y_k/v'x_k=1 \qquad (3-8)$$
$$\text{s.t.}\ u'y_j-v'x_j \leqslant 0 \quad j=1,2,\cdots,n,\ j \in \Psi$$
$$u'y_l-\gamma_l^* v'x_l=0 \quad l=1,2,\cdots,n$$
$$u \geqslant 0,\ v \geqslant 0$$

其中，Ψ 为参考决策单元集。

DMU_k 的平均 VFB–DEA 效率为

$$E_k=\frac{1}{n}\sum_{l=1}^{n}\gamma_{kl} \qquad (3-9)$$

以上两个模型解决了传统 DEA 模型的两个局限性，具体表现如下。① VFB–DEA 模型中的决策单元最大限度地提高了自身效率，并最大限度地提高了其他决策单元的效率，反映出了决策单元的合作关系。对大多数决策单元而言，尽管最大化其自身效率的任务优于最大化其他决策单元的效率，但在某些情况下，考虑合作关系能够使结果更有说服力。② 在 VFB–DEA 模型中，所有决策单元都是无效的，即效率值低于 1。因此，可以对传统 DEA 模型中的有效决策单元进行区分。与超效率 DEA 相比，VFB–DEA 的参考前沿保持不变，因此，可能使评估结果更加合理。

3.3 实证研究

3.3.1 数据来源

本章采用 2008—2012 年的五年期数据进行实证研究。自 2008 年以来，美国金融危机严重影响了全球航空公司与能源市场。为了尽量减少金融危机的影响，许多航空公司都寄希望于整体效率的提高，而由于能源价格的上涨，能源效率已成为一个重要考虑项。因此，研究这一时期主要航空公司的能源效率是有意义的。

实证数据来自 11 家航空公司：中国东方航空、中国南方航空、中国国际航空、海南航空、大韩航空、澳航航空、法荷航空、汉莎航空、北欧航空、达美航空和阿拉斯加航空。在这 11 家航空公司中，有 5 家航空公司的客运量在 2012 年排名全球前 10（达美航空、汉莎航空、法荷航空、中国东方航空、中国南方航空）。这 11 家航空公司来自亚洲、美洲、欧洲和大洋洲，因此在一定程度上代表了全球航空公司。为简化研究，本章未考虑航空公司不同类型的影响，如低成本运营商和全服务运营商之间的差异。有关员工人数、资本存量、总营业收入、收入吨公里和收入客公里的数据来自航空公司年报；有关航空煤油和二氧化碳排放量的数据来自 11 家航空公司的可持续发展报告及环境与企业社会责任报告。

2013 年 8 月 20 日，在国际民航组织第 38 届执行委员会会议上，航空公司在能源使用标准和可持续环境发展方面的合作引起关注，未来替代能源的使用前景也被提出并进行分析。此外，尽管航空公司属于不同的航空联盟，但在航空公司年报和企业社会责任报告中，航空公司的合作程度越来越高，特别是在全球金融危机、高油价和低有效需求的背景下。相比于全球金融危机发生前，现今的能源技术交流更加普遍。基于以上信息，本章定性地判断航空公司在能源效率提升方面处于合作关系，VFB–DEA 模型可用于评估航空公司的能源效率。为了验证这种定性判断，将在 3.3.3 节中提供定量分析。

在本章中，每家航空公司被定义为决策单元（DMU），每个决策单元有三个投入和四个产出。

3.3.2 传统 DEA 模型运算结果

为验证新模型的合理性,本章首先使用传统 DEA 模型来计算能源效率。采用 DEAP 2.1 软件进行计算,计算结果如表 3-1 所示。

表 3-1 传统 DEA 模型的运行结果

航空公司	2008	2009	2010	2011	2012
中国东方航空	1.000	1.000	1.000	0.945	1.000
中国南方航空	1.000	1.000	1.000	1.000	1.000
大韩航空	1.000	1.000	1.000	1.000	1.000
澳洲航空	1.000	1.000	1.000	1.000	1.000
法荷航空	1.000	1.000	1.000	1.000	1.000
汉莎航空	0.801	0.730	0.785	1.000	0.864
北欧航空	1.000	1.000	1.000	1.000	1.000
达美航空	1.000	1.000	1.000	1.000	1.000
阿拉斯加航空	1.000	1.000	1.000	1.000	1.000
中国国际航空	1.000	0.958	0.832	0.975	0.831
海南航空	0.806	0.290	0.331	0.366	0.246

如表 3-1 所示,许多决策单元的效率为 1,故传统 DEA 不能区分有效决策单元。

3.3.3 仁慈型 DEA 模型运算结果

本章通过 MATLAB 编程运行仁慈型 DEA 模型,结果如表 3-2 所示。

表 3-2 仁慈型 DEA 模型运行结果

航空公司	2008	2009	2010	2011	2012
中国东方航空	1.000	1.000	1.000	0.945	1.000
中国南方航空	1.000	1.000	1.000	1.000	1.000
大韩航空	1.000	1.000	1.000	1.000	1.000
澳洲航空	1.000	1.000	1.000	1.000	1.000
法荷航空	1.000	1.000	1.000	1.000	1.000
汉莎航空	0.799	0.730	0.783	0.882	0.863
北欧航空	1.000	1.000	1.000	1.000	1.000
达美航空	1.000	1.000	1.000	1.000	1.000
阿拉斯加航空	0.893	1.000	0.952	1.000	1.000
中国国际航空	0.989	0.956	0.832	0.975	0.831
海南航空	0.097	0.075	0.084	0.101	0.097

如表 3-2 所示，通过仁慈型 DEA 模型得出的所有决策单元的效率均小于或等于传统 DEA 模型得出的效率。通过分析仁慈型 DEA 模型，可以推断出，尽管每个决策单元都在最大化其他决策单元效率，同时最大化自身效率，但每个决策单元都将提升自身效率摆在首位。这种利己性降低了所有决策单元的效率值。

表 3-2 与表 3-1 相比，海南航空的效率变化最大。在表 3-2 中，海南航空在 2008 至 2012 年是一个高效率决策单元。然而，在表 3-3 中，海南航空成为效率最低的决策单元。这说明海南航空从合作关系中获益最少。

从以上结果可以得出结论，尽管大多数决策单元通过仁慈型 DEA 模型得出的效率低于通过传统 DEA 模型得到的效率，但即使是仁慈型 DEA 模型也无法区分某些有效决策单元。因此，仁慈型 DEA 模型无法解决传统 DEA 模型的第二个局限性。

接下来，本章根据文献（Yang 等，2011），采用聚类分析方法来验证前一节合作关系的判断。基于决策单元之间交叉效率的距离进行聚类。决策单元之间的距离为

$$d_{ij} = \sqrt{(\gamma_{i1} - \gamma_{j1})^2 + (\gamma_{i2} - \gamma_{j2})^2 + \cdots + (\gamma_{in} - \gamma_{jn})^2} \qquad (3\text{-}10)$$

其中，γ 表示从仁慈型 DEA 模型中获得的交叉效率。

这 11 个决策单元会被分为 11 个组，距离最小的两个组被组合成新组，两组之间的距离为

$$d_{IJ} = \frac{1}{N_I N_J} \sum_{i=1}^{N_I} \sum_{i=1}^{N_J} d_{ij} \qquad (3\text{-}11)$$

其中，N_I 和 N_J 表示在组 I 和 J 组中的决策单元的数量。

当计算组间距离时，距离最小的两组将组成一个新组，原来的 11 组就变成了 10 组，即在将两个组合并为一个组之后，组数减 1。重复这个步骤，直到组间距大于阈值。

根据 Yang 等（2011）及效率得分的实际结果，本章将阈值设置为 0.6。聚类分析的结果表明，这 11 个决策单元最终都属于一个组，验证了对合作关系的判断。

3.3.4 虚拟前沿 DEA 模型运算结果

本章通过 Matlab 编程运行虚拟前沿 DEA 模型，结果如表 3-3 所示。

表 3-3 虚拟前沿 DEA 模型运行结果

航空公司	2008	2009	2010	2011	2012
中国东方航空	0.783	0.599	0.865	0.863	0.930
中国南方航空	0.658	0.511	0.705	0.718	0.793
大韩航空	0.691	0.558	0.846	0.842	0.871
澳洲航空	0.737	0.575	0.882	0.881	0.861
法荷航空	0.892	0.623	0.936	0.952	0.841
汉莎航空	0.749	0.608	0.868	0.888	0.886
北欧航空	0.940	0.941	0.922	0.952	0.909
达美航空	0.985	0.912	0.945	0.953	0.986
阿拉斯加航空	0.661	0.578	0.876	0.860	0.846
中国国际航空	0.748	0.577	0.753	0.727	0.890
海南航空	0.726	0.554	0.640	0.637	0.837

从表 3-3 可以得出结论，虚拟前沿 DEA 模型可以区分有效决策单元，因为所有决策单元的效率值都不相同。此外，由于参考决策单元集具有更大的产出和更小的投入，故虚拟前沿 DEA 模型下，所有决策单元的效率值都低于传统 DEA 模型的效率值。即若参考决策单元是 DEA 有效的，则所有被评价的决策单元的效率都低于传统 DEA 模型下的效率。

在虚拟前沿 DEA 模型中，所有航空公司都是无效的，因此可以进行效率区分，这就克服了传统 DEA 模型的第二个局限性。

3.3.5 VFB-DEA 模型运算结果

基于前文提到的两个局限性，本章综合了仁慈型 DEA 模型和虚拟前沿 DEA 模型，提出了虚拟前沿仁慈型 DEA 交叉效率模型（VFB-DEA）。VFB-DEA 的运行结果如表 3-4 所示。

表 3-4 VFB-DEA 模型运行结果

航空公司	2008 年	2009 年	2010 年	2011 年	2012 年	平均值	排名
中国东方航空	0.660	0.569	0.803	0.802	0.894	0.746	4
中国南方航空	0.613	0.514	0.663	0.668	0.768	0.645	10
大韩航空	0.594	0.516	0.792	0.789	0.803	0.699	7

续表

航空公司	2008 年	2009 年	2010 年	2011 年	2012 年	平均值	排名
澳洲航空	0.707	0.510	0.812	0.805	0.826	0.732	5
法荷航空	0.779	0.586	0.907	0.906	0.816	0.799	3
汉莎航空	0.640	0.563	0.785	0.788	0.803	0.716	6
北欧航空	0.856	0.854	0.852	0.874	0.835	0.854	2
达美航空	0.913	0.841	0.893	0.891	0.884	0.884	1
阿拉斯加航空	0.580	0.486	0.754	0.753	0.763	0.667	9
中国国际航空	0.694	0.485	0.685	0.692	0.785	0.668	8
海南航空	0.651	0.536	0.561	0.563	0.773	0.617	11

3.3.6　结果讨论

如表 3-4 所示，达美航空 2008—2012 年的平均能源效率最高，主要原因在于其资本效率较高。其平均每单位资本存量的 RTK 在 11 家航空公司中排名第一，约为 86.68 t·km/百美元，而效率最低的海南航空约为 1.90 t·km/百美元；达美航空的平均每单位资本存量的 RPK 在 11 家航空公司中排名第一，约为 1 263.73 客公里/百美元，而海南航空则为 9.24 客公里/百美元；达美航空的平均每单位资本存量的业务收入在 11 家航空公司中排名第一，约为 1.45，而海南航空则约为 0.30；达美航空平均每单位资本存量的二氧化碳排放量下降指数仅次于北欧航空（0.0092），约为 0.0076/10 亿美元，而海南航空公司则约为 0.0030/10 亿美元。因此，高资本效率对航空公司的能源效率有重大影响。

中国航空公司（中国东方航空、中国南方航空、中国国际航空和海南航空）的平均能源效率为 0.669，低于 11 家航空公司的平均水平（0.730）。中国东方航空在 4 家航空公司中排名第一，这主要是因为东方航空通过优化机队、优化航线和应用新技术，提升了自身能源效率。2012 年，中国东方航空出售了 5 架高油耗的 A340-300 飞机，并升级了 16 台发动机，每台发动机每年可节省 410.5 t 标准煤，这 16 台发动机每年可节省 6 586 t 标准煤。基于性能的导航（Performance-based navigation，PBN）的应用也帮助中国东方航空每年节省约 34 000 t 航空煤油。

值得注意的是，2008—2009 年，所有航空公司的能源效率都有所下降，说明美国金融危机严重影响了航空公司的能源效率。在此期间，几乎所有航空公司的收入吨公里、收入客公里和营业收入都急剧下降，而劳动力和资本投入却变化不大，这就导致了航空公司能源效率的降低。

为验证 VFB-DEA 的合理性，本章将其与传统 DEA 模型、虚拟前沿 DEA 模型和仁慈型 DEA 模型进行了比较。主要测量指标为斯皮尔曼相关系数（Bonneterre 等，1990；Lesurtel 等，2003），它反映了能源效率与每项投入产出之间的相关性。若斯皮尔曼相关系数很大，则两个指数之间存在高度相关性。每个决策单元 2008—2012 年的平均能源效率被定义为综合能源效率。对于每个产出，其单位投入的产出能力可以定义为其值与每个投入的商的平均值。例如，对于收入吨公里，其单位投入的产出能力为 RTK/ 员工人数、RTK/ 资本存量和 RTK/ 航空煤油的平均值。那么，单位投入的综合产出能力就是从 2008 年到 2012 年的产出能力的平均值。因此，对于每个决策单元，单位投入有四个综合产出能力。斯皮尔曼相关系数可以反映能源效率变化趋势与单位投入的四个综合产出能力变化趋势的一致性。若一个模型能够通过显著性检验并且其系数大于其他三个模型的系数，则该模型中的产出能力和能源效率之间的相关性高于其他模型。因此，该模型更适合评估航空公司的能源效率。比较结果如表 3-5 所示。

表 3-5 四种模型的比较

产出能力	VFB-DEA	传统 DEA 模型	仁慈 DEA 模型	虚拟前沿 DEA 模型
收入吨公里	0.722***[b] (0.001[a])	0.484***[b] (0.001[a])	0.677***[b] (0.000[a])	0.632***[b] (0.000[a])
收入客公里	0.676***[b] (0.001[a])	0.531***[b] (0.000[a])	0.543***[b] (0.000[a])	0.565***[b] (0.000[a])
营业总收入	0.855***[b] (0.000[a])	0.635***[b] (0.000[a])	0.744***[b] (0.001[a])	0.663***[b] (0.000[a])
CO_2 减少指数	0.455***[b] (0.000[a])	0.411***[b] (0.000[a])	0.423***[b] (0.000[a])	0.377***[b] (0.001[a])

注：a——括号中的数字表示 p 值；b——*** 表示变量显著水平为 1%。

表 3-5 中的结果表明，VFB-DEA 模型中能源效率与产出能力之间的相关性最高，因此该模型适用于评估航空公司的能源效率。

3.4　本章小结

本章主要研究了航空公司的能源效率。选择员工人数、资本存量和航空煤油作为投入；选择收入吨公里、收入客公里、营业总收入和二氧化碳排放量作为产出。提出了一个新模型虚拟前沿仁慈型 DEA 交叉模型（VFB-DEA），用于评估 2008—2012 年 11 家航空公司的能源效率。结果验证了新模型的合理性。

总体上，本章对现有文献的贡献体现在两个方面。首先，根据现有的关于航空公司能源效率的文献，本章考虑了非期望产出。本章的思路丰富了能源研究的理论和方法，为评估航空公司的发展提供了新的视角。其次，提出了一个新模型虚拟前沿 DEA 交叉效率模型（VFB-DEA）。它可以解决传统 DEA 模型的两个局限：① 自我评价的局限性；② 区分有效决策单元的局限性。结果验证了新模型的合理性。

本章着重评估航空公司的能源效率，但未分析一些重要因素在确定不同航空公司相对效率中的作用。这些因素可以纳入两阶段自举 DEA（Merkert 等，2010；Merkert 和 Hensher，2011），以寻求其对能源效率的影响。

4　基于虚拟动态 SBM 模型的航空公司能源效率评价

4.1　研究问题介绍

近年来，随着世界经济的快速发展和家庭消费水平的提高，能源供需差距扩大。根据国际航空运输协会的统计数据（IATA，2019），燃油成本是航空公司借记栏中最大的一项，2014 年平均占航空公司成本的 29% 左右。航空业是过去 10 年中能源消费增长率超过 6% 的少数几个行业之一。然而，能源生产却严重滞后，同期增长不到 6%。能源供需之间的差距正变得越来越明显。同时，根据 2014 年中国商用飞机公司的预测，未来 20 年，航空业总收入客公里（RPK）将以每年 4.8% 的速度增长，客运总需求将是当前水平的 2.6 倍。对航空运输的巨大需求将刺激更高水平的能源消耗。提高效率被认为是解决巨大能源需求与有限能源生产之间矛盾的重要手段。

航空公司能源效率可以用来衡量航空公司某一年的能源投入和产出之间的关系。高能源效率的航空公司能够用固定投入产生最大的产出，或者说当产出固定时，它们可以最小化投入。然而，对航空公司来说，在两个连续年份中，存在结转活动，这些结转活动对航空公司的能源效率有直接影响，如资本存量的结转。资本存量可以表示该航空公司的现有资本资源，反映了该航空公司在某一年的生产和运营规模。从这个意义上说，它可以被视为当年的产出。另一方面，它是下一年投资于该航空公司的各种资本的总和。因此，它也可以被视为下一年的投入。所以，如何处理结转活动对衡量航空公司的能源效率非常重要。

除了结转活动外，航空公司的能源效率也可能受到外部环境的影响，如经济水平、市场环境、航空公司网络结构、飞机机队状况以及航空公司类型等。因此，有必要探究这些外部因素是否会影响航空公司的能源效率。

总体而言，需要回答的关键问题包括，如何在考虑结转活动的情况下衡量航空公司的动态能源效率？如何分析外部因素对航空公司能源效率的影响？通过回答这些问题，本章着重评估航空公司的能源效率并分析其影响因素。

在本章中，提出了一个新的模型——虚拟前沿动态 SBM（slacks based measure）模型，来评估 2008—2012 年 21 家航空公司的动态能源效率。并进行第二阶段的回归分析，探讨一些外部因素对航空公司能源效率的影响。

4.2 模型介绍

数据包络分析（Charnes 等，1978）是一种非参数方法，用于评估具有多投入和多产出的决策单元（DMU）的相对效率。假设数据集为（Y, X），Y 表示产出矩阵 $K \times N$，X 表示投入矩阵 $K \times M$，$Y = \begin{bmatrix} y^T_1 \\ \vdots \\ y^T_K \end{bmatrix}$，$X = \begin{bmatrix} x^T_1 \\ \vdots \\ x^T_K \end{bmatrix}$。$K$，$N$，$M$ 分别表示决策单位、产出和投入的数量。

DEA 模型旨在测量投入产出比率，如 $u'y_i / v'x_i$，其中 u，v 分别表示产出和投入的权重。对每个决策单元都有如下线性规划：

$$\max u'y_i / v'x_i = 1 \tag{4-1}$$
$$\text{s.t. } u'y_k - v'x_k \leqslant 0 \quad k=1, 2, \cdots, K$$
$$u \geqslant 0, \ v \geqslant 0$$

当测量投入产出比率时，任何决策单元都可能处于前沿面上（Barros

和 Peypoch，2009）。从某个决策单元的实际位置到前沿面的距离被认为是该决策单元的无效率部分，这部分可能是由该决策单元特有的各种因素造成的。若决策单元的效率为1，则决策单元是技术有效的；若效率低于1，则技术上无效。

为观察松弛量，许多基于松弛的测量模型——SBM 模型（Tone，2001）及其衍生模型（如网络 SBM 模型（Tone 和 Tsutsui，2009）和动态 SBM 模型（Tone 和 Tsutsui，2010）被提出。

在 Tone（2001）中，基本 SBM 模型如下所示：

$$\min \rho = \frac{1 - \dfrac{1}{M} \sum\limits_{m=1}^{M} \dfrac{s_m^-}{x_{m0}}}{1 + \dfrac{1}{N} \sum\limits_{n=1}^{N} \dfrac{s_n^+}{y_{n0}}} \tag{4-2}$$

$$\text{s.t.} \begin{cases} x_{m0} = \sum\limits_{k=1}^{K} \lambda_k x_{mk} + s_m^-, & m=1, 2, \cdots, M \\ y_{n0} = \sum\limits_{k=1}^{K} \lambda_k x_{nk} - s_n^+, & n=1, 2, \cdots, N \\ \lambda \geq 0, s^- \geq 0, s^+ \geq 0 \end{cases}$$

其中，x_{mk}，y_{nk} 表示 DMU_k 的第 m 个投入和第 n 个产出；s_m^- 和 s_n^+ 表示第 m 个投入的投入冗余和第 n 个产出的产出不足；λ 为权重；N，M 表示产出和投入的数量；k 为决策单元个数。

为反映两个时期间结转活动的效应，Tone 和 Tsutsui（2010）提出了动态 SBM 模型。

$$\rho_{总} = \min \sum_{t=1}^{T} w^t \left(\frac{1 - \dfrac{1}{M+R} \left(\sum\limits_{m=1}^{M} \dfrac{s_{mt}^-}{x_{m0t}} + \sum\limits_{r=1}^{R} \dfrac{s_{rlt-1}^-}{z_{r0t-1}} \right)}{1 + \dfrac{1}{N+R} \left(\sum\limits_{n=1}^{N} \dfrac{s_{nt}^+}{y_{n0t}} + \sum\limits_{r=1}^{R} \dfrac{s_{rlt}^+}{z_{r0t}} \right)} \right) \tag{4-3}$$

$$
\text{s.t} \begin{cases}
x_{m0t} = \sum_{k=1}^{K} \lambda_{kt} x_{mkt} + s_{mt}^{-} \ , \ m = 1, 2, \cdots, M \ , \ t = 1, 2, \cdots, T \\[3mm]
z_{r0t-1} = \sum_{k=1}^{K} \lambda_{kt-1} z_{rkt-1} + s_{rlt-1}^{-} \ , \ r = 1, 2, \cdots, R \ , \ t = 1, \cdots, T \\[3mm]
y_{n0t} = \sum_{k=1}^{K} \lambda_{kt} y_{nkt} - s_{nt}^{+} \ , \ n = 1, 2, \cdots, N \ , \ t = 1, 2, \cdots, T \\[3mm]
z_{r0t} = \sum_{k=1}^{K} \lambda_{kt} z_{rkt} - s_{rlt}^{+} \ , \ r = 1, 2, \cdots, R \ , \ t = 1, 2, \cdots, T \\[3mm]
\sum_{k=1}^{K} \lambda_{kt-1} z_{rkt} = \sum_{k=1}^{K} \lambda_{kt} z_{rkt} \ , \ t = 1, 2, \cdots, T \\[3mm]
\sum_{k=1}^{K} \lambda_{kt} = 1 \ , \ t = 1, 2, \cdots, T \\[3mm]
\lambda \geq 0, s^{-} \geq 0, s^{+} \geq 0
\end{cases}
$$

其中，$\rho_{总}$ 表示总效率；x_{mkt} 表示 DMU_k 在 t 时期的第 m 个投入；x_{m0t} 表示被评价决策单元在 t 时期的第 m 个投入；y_{nkt} 表示 DMU_k 在 t 时期的第 n 个产出；y_{n0t} 表示被评价决策单元在 t 时期的第 n 个产出；z_{rkt} 表示 DMU_k 在 t 时期的第 r 个动态因子；z_{r0t} 表示被评价决策单元在 t 时期的第 r 个动态因子；M，N，R，K 分别表示投入、产出、动态因子和决策单元的数量；T 为时期数；s_{mt}^{-}，s_{rlt-1}^{-}，s_{rlt}^{+}，s_{nt}^{+} 分别表示第 m 个投入的冗余、当第 r 个动态因子作为投入时的冗余、当第 r 个动态因子作为产出时的不足、第 n 个产出的不足。

在动态 SBM 模型中，动态因子是当期的产出和下一期的投入。在模型 4-3 中，（$t-1$）期的动态因子是 t 期的投入，故有第 2 个约束条件。而 t 期的动态因子是 t 期的产出，因此有第 4 个约束条件。

t 期的效率为

$$
\rho_t = \frac{1 - \dfrac{1}{M+R}\left(\sum_{m=1}^{M} \dfrac{s_{mt}^{-}}{x_{m0t}} + \sum_{r=1}^{R} \dfrac{s_{rlt-1}^{-}}{z_{r0t-1}} \right)}{1 + \dfrac{1}{N+R}\left(\sum_{n=1}^{N} \dfrac{s_{nt}^{+}}{y_{n0t}} + \sum_{r=1}^{R} \dfrac{s_{rlt}^{+}}{z_{r0t}} \right)} \tag{4-4}
$$

在以上动态 SBM 模型中，每个决策单元都将其生产能力与最优生产前沿的生产能力进行比较。当结果为 1 时，决策单元是有效的；否则，决策单元无效。但是，该模型无法区分有效决策单元。

针对这一缺陷，许多学者提出了改进方法。最具代表性的是超效率模型（Li 和 Shi，2014），已有许多模型都采用了超效率的思想，但该思想尚未应用于动态模型。超效率模型可以区分有效的决策单元，其原理是将被评价的决策单元从参考决策单元中移除出来。然而，这种思想会导致测量不同决策单元时，参考集不同。在 Li 等（2015）的样本中，有 4 个决策单元：A、B、C、D，每个决策单元都有一个投入和一个产出，这 4 个决策单元的投入为 {3，7，6，4}，产出为 {6，2，5，1}。当采用超 SBM 模型对 DMU_C 进行评价时，参考决策单元集的投入为 {3，7，4}，产出为 {6，2，1}。而当超 SBM 模型对 DMU_D 进行评价时，参考集的投入为 {3，7，6}，产出为 {6，2，5}。不同的参考集可能会产生不合理的结果。

为克服这一缺点，本章提出了一个基于虚拟前沿原理的虚拟前沿动态 SBM。Bian 和 Xu（2013）首次提出了虚拟前沿的思想，并将其应用于传统的 DEA 模型，构建了虚拟前沿 DEA 模型。Cui 和 Li（2015）应用虚拟前沿 DEA 模型评估了 15 个国家的交通碳效率；Cui 和 Li（2014）提出了一个三阶段虚拟前沿 DEA 模型，该模型可以消除一些环境因素对效率的影响；Cui 和 Li（2015）结合虚拟前沿 DEA 模型和仁慈型交叉效率模型，提出了一个虚拟前沿仁慈型 DEA 交叉效率模型。但这些模型没有考虑松弛量，减少松弛量有助于提高决策单元的效率。

Li 等（2015）将虚拟前沿的思想应用于网络模型，并提出了虚拟前沿网络 SBM 模型。该模型考虑了效率的内部或者说效率内部的阶段链接，但没有考虑到时期之间的结转活动的影响。Li 等（2016）提出了一个虚拟前沿动态 RAM 来评估航空公司的能源效率，但其没有分析外部因素对效率的影响。另一方面，SBM 模型满足单位不变性、松弛单调和参考集依赖性（Tone，2001）等特性，其在评估航空公司效率方面的应用范围比 RAM 模型更广。因此，本章尝试建立虚拟前沿动态 SBM 模型来衡量航空公司的能源效率，并讨论一些外部因素的影响。并且，与 Li 等（2016）不同的是，本章对虚拟前沿动态模型的两个重要属性进行了验证。与传统的动态 SBM

模型相比，这两个属性可以保证虚拟前沿动态 SBM 模型的优势。

虚拟前沿动态 SBM 模型为

$$\rho_{\text{总}}= \min \sum_{t=1}^{T} w^t \left(\frac{1-\dfrac{1}{M+R}\left(\displaystyle\sum_{m=1}^{M}\dfrac{s_{mt}^{-}}{x_{m0t}}+\sum_{r=1}^{R}\dfrac{s_{rlt-1}^{-}}{z_{r0t-1}}\right)}{1+\dfrac{1}{N+R}\left(\displaystyle\sum_{n=1}^{N}\dfrac{s_{nt}^{+}}{y_{n0t}}+\sum_{r=1}^{R}\dfrac{s_{rlt}^{+}}{z_{r0t}}\right)} \right) \qquad (4\text{--}5)$$

$$\text{s.t.} \begin{cases} x_{m0t}=\displaystyle\sum_{k=1}^{K}\lambda_{kt}xx_{mkt}+s_{mt}^{-} \ , \ m=1,2,\cdots,M \ , \ t=1,2,\cdots,T \\[2mm] z_{r0t-1}=\displaystyle\sum_{k=1}^{K}\lambda_{kt-1}zz_{rkt-1}+s_{rlt-1}^{-} \ , \ r=1,2,\cdots,R \ , \ t=1,\cdots,T \\[2mm] y_{n0t}=\displaystyle\sum_{k=1}^{K}\lambda_{kt}yy_{nkt}-s_{nt}^{+} \ , \ n=1,2,\cdots,N \ , \ t=1,2,\cdots,T \\[2mm] z_{r0t}=\displaystyle\sum_{k=1}^{K}\lambda_{kt}zz_{rkt}-s_{rlt}^{+} \ , \ r=1,2,\cdots,R \ , \ t=1,2,\cdots,T \\[2mm] \displaystyle\sum_{k=1}^{K}\lambda_{kt-1}zz_{rkt}=\sum_{k=1}^{K}\lambda_{kt}zz_{rkt} \ , \ t=1,2,\cdots,T \\[2mm] \displaystyle\sum_{k=1}^{K}\lambda_{kt}=1 \ , \ t=1,2,\cdots,T \\[2mm] \lambda\geq 0,s^{-}\geq 0,s^{+}\geq 0 \end{cases}$$

其中，$\rho_{\text{总}}$ 表示总效率；xx_{mkt} 表示虚拟前沿参考集中的 DMU_k 在 t 时期的第 m 个投入；x_{m0t} 表示被评价决策单元在 t 时期的第 m 个投入；yy_{nkt} 表示虚拟前沿参考集中的 DMU_k 在 t 时期的第 n 个产出；y_{n0t} 表示被评价决策单元在 t 时期的第 n 个产出；zz_{rkt} 表示虚拟前沿参考集中的 DMU_k 在 t 时期的第 r 个动态因子；zz_{r0t} 表示被评价决策单元在 t 时期的第 r 个动态因子；M,N,R,K 分别表示投入、产出、动态因子和决策单元的数量；T 为时期数；s_{mt}^{-}，s_{rlt-1}^{-}，s_{rlt}^{+}，s_{nt}^{+} 分别表示第 m 个投入的冗余、当第 r 个动态因子作为投入时的冗余、当第 r 个动态因子作为产出时的不足、第 n 个产出的不足；w^t 为时期 t 的时期权重，λ 为权重。

时期 t 的效率为

$$\rho_t = \frac{1 - \dfrac{1}{m+r}\left(\displaystyle\sum_{i=1}^{m}\frac{s_{it}^{-}}{x_{i0t}} + \sum_{i=1}^{r}\frac{s_{ilt-1}^{-}}{z_{i0t-1}}\right)}{1 + \dfrac{1}{s+r}\left(\displaystyle\sum_{i=1}^{s}\frac{s_{r}^{k+}}{y_{i0t}} + \sum_{i=1}^{r}\frac{s_{ilt}^{+}}{z_{i0t}}\right)} \tag{4-6}$$

在该模型中，虚拟前沿参考决策单元集和被评价的决策单元集是两个不同的集合，这为区分传统动态 SBM 模型中的有效决策单元提供了可能性；在评价过程中，参考决策单元集保持不变，因此，其结果可能比现有的模型更合理。

接下来，本章将介绍虚拟前沿参考决策单元集的选择，设置 $x_{m0t}=\min\limits_{k}\{x_{mkt}\}$，$y_{n0t}=\max\limits_{k}\{y_{nkt}\}$，$k=1$，$2$，$\cdots$，$K$ 表示决策单元数据集。x_{mkt} 表示 DMU_k 在 t 时期的第 m 个投入；y_{nkt} 表示 DMU_k 在 t 时期的第 n 个产出；对于虚拟前沿参考集，投入设定为 $xx_{mkt}=0.95x_{m0t}$，产出设定为 $yy_{nkt}=1.05y_{n0t}$，动态因子设定为 $zz=z$。

可以得到虚拟前沿动态 SBM 模型的两个特性定理。

定理 1. 虚拟前沿动态 SBM 模型的效率低于相应的动态 SBM 模型的效率。

证明：将虚拟前沿动态 SBM 模型的效率、投入、权重、投入松弛、产出、产出松弛标注为 $\rho\rho$，$\lambda\lambda$，xx，ss_{mt}^{-}，yy，ss_{nt}^{+}；动态 SBM 模型的相应指标标注为 ρ，λ，x，s_{mt}^{-}，y，s_{nt}^{+}。

因为 $\displaystyle\sum_{k=1}^{K}\lambda\lambda_{kt}=\sum_{k=1}^{K}\lambda_{kt}=1$，所以有 $\displaystyle\sum_{k=1}^{K}\lambda\lambda_{kt}xx_{mkt}=0.95^{*}\min\left(x_{mkt}\right)^{*}\sum_{k=1}^{K}\lambda\lambda_{kt}=0.95^{*}\min\left(x_{mkt}\right) < \min\left(x_{mkt}\right) \leqslant \sum_{k=1}^{K}\lambda_{kt}x_{mkt}$，故 $ss_{mt}^{-}=x_{m0t}-\displaystyle\sum_{k=1}^{K}\lambda\lambda_{kt}xx_{mkt} > s_{mt}^{-}=x_{m0t}-\sum_{k=1}^{K}\lambda_{kt}x_{mkt}$。同样，$\displaystyle\sum_{k=1}^{K}\lambda\lambda_{kt}yy_{mkt}=1.05^{*}\max\left(y_{mkt}\right)^{*}\sum_{k=1}^{K}\lambda\lambda_{kt}=1.05^{*}\max\left(y_{mkt}\right) > \sum_{k=1}^{K}\lambda_{kt}y_{mkt}$，所以 $ss_{nt}^{+}=\displaystyle\sum_{k=1}^{K}\lambda\lambda_{kt}yy_{mkt}-y_{n0t} > s_{nt}^{+}=\sum_{k=1}^{K}\lambda_{kt}y_{mkt}-y_{n0t}$。

因为动态因子的松弛保持不变，所以 $\left(\dfrac{1-\dfrac{1}{M+R}\left(\sum\limits_{m=1}^{M}\dfrac{ss_{mt}^{-}}{x_{m0t}}+\sum\limits_{r=1}^{R}\dfrac{s_{rlt-1}^{-}}{z_{r0t-1}}\right)}{1+\dfrac{1}{N+R}\left(\sum\limits_{n=1}^{N}\dfrac{ss_{nt}^{+}}{y_{n0t}}+\sum\limits_{r=1}^{R}\dfrac{s_{rlt}^{+}}{z_{r0t}}\right)}\right)<$

$\left(\dfrac{1-\dfrac{1}{M+R}\left(\sum\limits_{m=1}^{M}\dfrac{s_{mt}^{-}}{x_{m0t}}+\sum\limits_{r=1}^{R}\dfrac{s_{rlt-1}^{-}}{z_{r0t-1}}\right)}{1+\dfrac{1}{N+R}\left(\sum\limits_{n=1}^{N}\dfrac{s_{nt}^{+}}{y_{n0t}}+\sum\limits_{r=1}^{R}\dfrac{s_{rlt}^{+}}{z_{r0t}}\right)}\right)$。由于其他参数是一样的，所以 $\rho\rho<\rho$，

即虚拟前沿动态 SBM 模型的效率低于相应的动态 SBM 模型的效率。

定理 2. 在虚拟前沿动态 SBM 模型中不会有两个具有相同效率的决策单元，除非这两个决策单元的投入和产出完全相同。

证明：讨论两种情况，当投入不同但产出相同时，和当产出不同但投入相同时。将这两种决策单元标记为 A 和 B，A 和 B 的投入分别为 x_{A}、

x_{B}，$x_{A}\neq x_{B}$。因为 $\sum\limits_{k=1}^{K}\lambda_{kt}=1$，$\sum\limits_{k=1}^{K}\lambda_{kt}xx_{mkt}=0.95^{*}\min\left(x_{mkt}\right)^{*}\sum\limits_{k=1}^{K}\lambda_{kt}=0.95\times\min\left(x_{mkt}\right)$，

即 A 和 B 的参考集相同。又因为 $x_{A}\neq x_{B}$，故 A 和 B 的 ss_{mt}^{-} 不同，A 和 B 的效率也不相同。

当 A 和 B 只有产出不同时，则 $\sum\limits_{k=1}^{K}\lambda_{kt}yy_{mkt}=1.05\times\max\left(y_{mkt}\right)\times\sum\limits_{k=1}^{K}$

$\lambda_{kt}=1.05\times\max\left(y_{mkt}\right)$，A 和 B 的参考集相同。又因为 $y_{A}\neq y_{B}$，故 A 和 B 的 ss_{nt}^{+} 不同，则 A 和 B 的效率也不同。

第一个特性可以保证所有决策单元的效率都小于 1，第二个特性可以确保所有决策单元都没有相同的效率。新模型的这两个特性使其能够完全区分有效决策单元，体现了它的优点。

4.3　实证研究

本节主要介绍投入、产出指标的选择，以及数据来源，然后得到评价结果和结论。

4.3.1 投入和产出的选择

本章在前人研究和航空业现实情况的基础上，选择航空公司能源效率的投入和产出。选取了两个可测量的变量作为一个时期的投入：员工人数（NE）和航空煤油（AK）。因为超过 95% 的能源消耗是航空煤油，而且对于大多数航空公司来说，燃料成本约占总成本的 29%，因此，航空煤油被认为是重要的投入指标。另一方面，根据 IATA 数据，人力成本占总成本的比例约为 10%，仅次于燃料成本。因此，选取燃料和人力相关的指标作为投入是合理的。但本章不选择燃料成本和人力成本作为投入。因为与员工人数和航空煤油量相比，燃料成本需要考虑燃料价格，而人力成本需要考虑单位劳动力成本（劳动力价格）。燃料价格与全球经济形势、通货膨胀及技术改进有关。同样，单位劳动力成本也受到一些外部因素的影响，如当地经济发展、政府补贴和当地物价水平。这些外部因素超出了航空公司的控制范围，可能会影响结果的准确性。因此，本章选取员工人数和航空煤油作为投入。其中，兼职员工已通过工作时间的转换，按全职员工进行人数计算。

本章选取三个可测量变量作为一个时期的产出：收入吨公里（RTK）、收入客公里（RPK）、营业总收入（TBI）。RTK 计算公式为：$RTK = \sum$（实际负载 × 飞行距离），单位为吨公里或吨英里。RPK 的计算公式为：$RTK = \sum$（实际乘客人数 × 飞行距离），单位为乘客公里或乘客英里；营业总收入包括客运服务收入、货运服务收入、货邮服务收入和其他收入；资本存量（CS）作为动态因子。如 Tone 和 Tsutsui（2010）所述，资本存量在投入和产出的连续性上存在滞后性，这一特征与动态因子跨期间的特征一致，本章将上一年的资本存量作为投入因子，将当年的资本存量作为产出因子。

具体结构如图 4-1 所示。

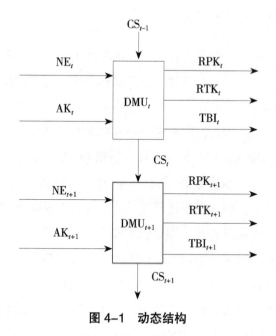

图 4-1 动态结构

4.3.2 数据

本章采用 2008—2012 年的五年期数据进行实证研究。自 2008 年以来，美国金融危机严重影响了全球航空公司与能源市场。为了尽量减少金融危机的影响，许多航空公司都寄希望于整体效率的提高，而由于能源价格的上涨，能源效率已成为一个重要考虑项。因此，研究这一时期主要航空公司的能源效率是有意义的。

实证数据来自 21 家航空公司：中国东方航空、中国南方航空、大韩航空、澳航航空、法荷航空、汉莎航空、北欧航空、达美航空、阿拉斯加航空、中国国际航空、海南航空、阿联酋航空、埃塞俄比亚航空、格陵兰航空、加拿大航空、国泰航空、肯尼亚航空、马来西亚航空、西南航空、新加坡航空和全日空航空。根据 IATA 世界航空运输统计数据显示，在这 21 家航空公司中，有 6 家航空公司 2012 年的客运收入位居全球前十（达美航空、西南航空、中国南方航空、中国东方航空、汉莎航空和法国航空）；

有 10 家航空公司 2012 年客运收入位居全球前 20（另外 4 家是国航、澳航、全日空航空和阿联酋航空）。这 21 家航空公司来自亚洲、美洲、欧洲、非洲和大洋洲，可以一定程度上代表全球航空公司。员工人数、资本存量、营业总收入、收入吨公里和收入客公里数据来自航空公司年报；航空煤油数据来自各航空公司的可持续发展报告或环境报告、社会责任报告。

投入、产出和中间产出的描述性统计如表 4-1 所示。

表 4-1 投入和产出的描述性统计

变量	均值	标准差	最小值	最大值
投入				
员工人数	36 872.51	29 538.97	626.00	119 084.00
航空煤油 （10^4 t）	1 095.97	2 665.95	33.80	12 838.75
产出				
收入吨公里（10^6 t·km）	6 418.86	6 726.34	47.96	23 672.00
收入客公里（10^6 客公里）	88 625.50	73 153.11	442.45	310 875.37
营业总收入 （10^8 美元）	150.39	144.76	1.76	735.42
动态因子				
资本存量 （10^8 美元）	151.19	114.38	0.70	580.33

注：营业总收入和资本存量以美元的平价购买力表示。

表 4-2 所示为投入和产出的皮尔森相关系数（Pearson 等，2002）。

表 4-2 投入-产出相关系数

	RTK	RPK	TBI	CS_t
NE	0.514	0.712	0.684	0.873
AK	0.618	0.822	0.585	0.585
CS_{t-1}	0.491	0.632	0.788	0.939

注：所有相关系数都在 1% 的显著性水平上显著。

如表 4-2 所示，大部分系数为正数且数值相对较大，说明投入和产出间关系紧密。

4.3.3 效率结果分析

为了验证新模型的合理性，本章首先使用传统的动态 SBM 模型（Tone 和 Tsutsui，2010）来计算航空公司的能源效率。结果如表 4-3 所示。

表 4-3　基于传统动态 SBM 模型计算的航空公司效率

航空公司	总效率	2008 年	2009 年	2010 年	2011 年	2012 年
中国东方航空	0.830	0.708	0.544	1.000	1.000	1.000
中国南方航空	0.991	0.742	1.000	1.000	1.000	1.000
大韩航空	0.952	0.704	1.000	1.000	1.000	1.000
澳洲航空	0.922	0.831	0.908	0.880	1.000	1.000
法荷航空	0.913	0.628	1.000	1.000	1.000	1.000
汉莎航空	1.000	1.000	1.000	1.000	1.000	1.000
北欧航空	0.740	0.410	0.516	0.978	1.000	1.000
达美航空	0.985	0.936	0.984	0.986	0.999	1.000
阿拉斯加航空	0.207	0.180	0.095	0.225	0.375	0.994
中国国际航空	0.873	0.535	0.855	1.000	1.000	1.000
海南航空	0.059	0.016	0.051	0.199	1.000	1.000
阿联酋航空	1.000	1.000	1.000	1.000	1.000	1.000
埃塞俄比亚航空	0.927	0.313	1.000	1.000	1.000	1.000
格林兰航空	0.332	0.182	0.340	0.333	0.460	0.402
加拿大航空	0.259	0.999	0.143	0.204	0.301	0.234
国泰航空	1.000	1.000	1.000	1.000	1.000	1.000
肯尼亚航空	0.645	0.384	0.147	0.956	0.931	0.893
马来西亚航空	0.452	0.108	0.579	0.767	0.461	0.565
西南航空	0.816	0.763	0.654	0.752	1.000	1.000
新加坡航空	0.942	1.000	1.000	0.818	1.000	0.889
全日空航空	0.898	0.710	0.821	1.000	1.000	1.000

如表 4-3 所示，许多决策单元效率值为 1，而传统的动态 SBM 无法区分有效决策单元。

接下来应用虚拟前沿动态 SBM 模型，通过 MATLAB 编程进行航空公司能源效率评价，结果如表 4-4 所示。借鉴 Li 等（2016），本章将时期权重 w' 设置为平均值 1/5，因为本章研究时期为 2008—2012 年。

表 4-4　基于虚拟前沿动态 SBM 模型计算的航空公司效率

航空公司	总效率	2008 年	2009 年	2010 年	2011 年	2012 年
中国东方航空	0.181	0.014	0.206	0.306	0.263	0.259
中国南方航空	0.194	0.015	0.238	0.298	0.288	0.276
大韩航空	0.173	0.016	0.205	0.211	0.230	0.249
澳洲航空	0.151	0.011	0.182	0.197	0.209	0.235
法荷航空	0.209	0.012	0.269	0.291	0.304	0.304
汉莎航空	0.192	0.013	0.223	0.269	0.284	0.277
北欧航空	0.092	0.022	0.115	0.108	0.106	0.099

航空公司	总效率	2008 年	2009 年	2010 年	2011 年	2012 年
达美航空	0.254	0.007	0.318	0.326	0.327	0.322
阿拉斯加航空	0.059	0.003	0.058	0.113	0.073	0.065
中国国际航空	0.142	0.014	0.163	0.242	0.208	0.219
海南航空	0.013	0.002	0.021	0.017	0.015	0.013
阿联酋航空	0.197	0.014	0.265	0.245	0.243	0.249
埃塞俄比亚航空	0.378	0.003	0.589	0.550	0.504	0.295
格林兰航空	0.232	0.002	0.298	0.287	0.404	0.215
加拿大航空	0.095	0.002	0.103	0.134	0.122	0.128
国泰航空	0.149	0.018	0.168	0.203	0.177	0.202
肯尼亚航空	0.395	0.004	0.058	0.750	0.583	0.505
马来西亚航空	0.399	0.004	0.525	0.746	0.300	0.300
西南航空	0.130	0.008	0.162	0.180	0.182	0.154
新加坡航空	0.158	0.015	0.178	0.171	0.231	0.250
全日空航空	0.084	0.007	0.099	0.112	0.123	0.140

从表 4-4 可以看出，所有决策单元的效率值都不相同，故虚拟前沿动态 SBM 模型可以区分有效决策单元。与定理 1 一致，由于参考决策单元集具有更高的产出水平和更低的投入水平，基于虚拟前沿动态 SBM 模型计算的所有决策单元的效率值都低于传统动态 SBM 模型的效率值。当参考决策单元集值有效时，基于虚拟前沿动态 SBM 模型得出的所有被评价决策单元的效率值都低于传统动态 SBM 模型得出的效率值。在虚拟前沿动态 SBM 模型中，所有航空公司都是无效的，从而可以区分有效航空公司，这与定理 2 一致。因此，新模型改进了传统动态 SBM 模型的局限性。

接着，本章应用实际数据来分析虚拟前沿动态 SBM 模型和传统动态 SBM 模型之间的结果差异。在表 4-3 中，汉莎航空、阿联酋航空和国泰航空是 3 家高效航空公司。但在表 4-4 中，总效率较高的航空公司是马来西亚航空。以单位投入的产出量进行排名，可以发现，4 家航空公司都各具优势，如表 4-5 所示。

表 4-5 四所航空公司基于单位投入的产出排名

航空公司	RTK/AK	RTK/NE	RTK/CS	RPK/AK	RPK/NE	RPK/CS
汉莎航空	8	11	11	10	18	14
阿联酋航空	2	2	3	7	1	5

续表

航空公司	RTK/AK	RTK/NE	RTK/CS	RPK/AK	RPK/NE	RPK/CS
国泰航空	1	1	2	12	5	4
马来西亚航空	9	10	4	13	15	2
航空公司	TBI/AK	TBI/NE	TBI/CS	CS/AK	CS/NE	
汉莎航空	3	12	11	10	14	
阿联酋航空	14	5	8	13	12	
国泰航空	13	4	4	15	17	
马来西亚航空	17	21	6	16	20	

从表4-5中我们可以得出结论,阿联酋航空在 RTK / AK,RTK / NE 和 RPK / NE 方面排名靠前。其在2008—2012年的平均 RPK / NE 在21家航空公司中排名第一,RTK / AK 和 RTK / NE 在21家航空公司中排名第二,但其 TBI / AK,CS / AK 和 CS / NE 排名分别是第14,13和12。国泰航空公司在 RTK / AK,RTK / NE 和 RTK / CS 方面表现出色。其2008—2012年的平均 RTK / AK 在21家航空公司中排名第一,其平均 RTK / AK 排名第一,RTK / CS 在21家航空公司中排名第二,但其 RPK / AK,TBI / AK 和 CS / AK 和 CS / NE 分别排名第12、13、15和17。汉莎航空公司的 TBI / AK 和 RTK / AK 相对较高,但其他指数较小。对于马来西亚航空公司而言,其资本存量相关指数相对较高,例如 RTK / CS,RPK / CS 和 TBI / CS。

由于动态 DEA 模型与传统 DEA 模型的主要区别在于动态因素,我们可以得出结论,与传统的动态 SBM 模型相比,Virtual Frontier 动态 SBM 模型可以更好地反映动态因素在效率中的作用。并且说明 Virtual Frontier Dynamic SBM 模型在定位基准测试航空公司方面是合理的。此外,决策单元可以在 Virtual Frontier Dynamic SBM 模型中完全区分,这确保了其优于传统动态 SBM 模型的优势。

接下来本章介绍基准航空公司的能源措施,为其他航空公司提供一些参考。如表4-4所示,马来西亚航空的总能源效率最高,该结果与其提高燃油效率的措施密切相关。马来西亚航空2012年的燃料消耗量约为168万 t,比2011年下降了9.7%。2008—2012年马来西亚航空每 t 公里的燃料消耗量分别为 0.34 kg、0.33 kg、0.31 kg、0.31 kg 和 0.32 kg。其主要采取了包括飞机技术、飞机运营、空中交通基础设施和经济方面的能源节约措施。

在飞机技术方面，持续的机队更新起着重要作用。该公司在 2015 年不仅拥有亚洲最年轻的机队，同时也是最环保的机队之一。通过逐步淘汰旧飞机，马来西亚航空机队的平均燃油效率得到了改善。对于相同距离上的每吨有效载荷，燃油效率较高的 B738 比其他飞机消耗的燃料少 25%，其其他机队同样具有如此高的燃油效率。

在飞机运营方面，马航定期清洗飞机机身及发动机，因为飞机一脏就会产生更多阻力，从而使用更多燃料，而清洁的发动机内部结构也可以提高效率。新型飞机配有轻质座椅，货物集装箱也由轻质材料制成，饮用水的装载量根据乘客数量进行优化。将外部柴油地面动力装置应用于斜坡上的固定飞机，与车载辅助喷气发动机相比，这种方式下飞机需要的燃料要少得多。

在空中交通基础设施方面，马来西亚航空投资了最先进的飞行计划和飞行跟踪软件，主要通过缩短飞行时间来减少排放。而空中交通管理和机场效率则是所有航空公司共同的责任。

长远来看，航空公司的经济措施包括监管计划（如 EU-ETS）和自愿计划（如自愿碳抵消计划），来支持 IATA 的航空能源目标。

与表 4-4 相比，表 4-5 中的效率值要小得多。从表 4-3 可以看出，最大的投入和产出是最小投入和产出的好几倍。当所有航空公司的参考集为产出较大且投入较小的参考集时，航空公司之间的效率差异就会更为明显。2008 年各航空公司的相对效率与其他年份相比有很大差异，这主要是因为在 2008 年，动态因子资本存量仅作为产出处理，而在其他年份，资本存量则同时作为投入和产出，这就导致 2008 年航空公司效率较低和排名上的差异。

中国航空公司（中国东方航空、中国南方航空、中国国际航空和海南航空）的总能源效率为 0.133，低于 21 家航空公司的平均水平（0.185）。中国南方航空在中国四大航空中能源效率排名第一。这可以通过一些与本结果直接对应的统计数据进行确认。中国南方航空已采取多项措施来提高能源效率，如简化飞机到达和离开程序、优化机队结构和加强速度管理。南方航空已将长春和济州岛、沈阳和济州岛以及大连和济州岛之间的往返航线进行了优化，使得其航班的平均飞行距离减少了 100 km，每年节省约 3389 t 煤油。A380 机型的采用更是为中国南方航空节约了大量资源，其每百公里耗油量为 2.9 L，比其他机型少了 30%。

需要指出的是，受美国金融危机的影响，大多数航空公司的 RPK、RTK 和营业总收入从 2008—2009 年都有所下降，但航空公司总能源效率并没有下降。然而，在 2010—2012 年，大多数航空公司 RPK、RTK 和营业总收入虽然有所增加，但许多航空公司的能源效率却下降了。最有可能的原因是，RPK、RTK 和营业总收入的增加提高了航空公司从业人员的运营预期。由于高预期和有限的空气流量导致投资增加，大多数航空公司的能源效率在此期间有所下降。

4.3.4　影响因素分析

在本节中，遵循前人研究（Barros 和 Peypoch，2009；Merkert 等，2010；Merkert 和 Henshe，2011），应用两阶段回归模型来对解释变量的效率进行回归。虚拟前沿动态 SBM 模型的能源效率被定义为因变量，解释变量为自变量。采用 Merkert 和 Hensher（2011）中的平滑均匀自举方法，因为该模型可以避免传统两阶段 DEA 研究的序列相关问题，并允许在第二阶段分析中估计稳健回归模型，以确定外部因素对航空公司能源效率的影响。

本章选取了五个解释变量。

（1）飞机总数最多的飞机机型所占比例（AIRCRAFT–PRO）：该变量能够区分航空公司是低成本航空公司还是全业务航空公司类型。低成本航空公司的最大特点在于其通常只有一种飞机机型。如最大的低成本航空公司西南航空公司，其所有飞机都是 B737。而全业务航空公司如中国南方航空则拥有 A380、A320 和 B777 等多种类型的飞机。数据来自航空公司年报。

（2）航空公司总部所在国家或地区的人均国内生产总值（PERCAPTIA-GDP）：该指数旨在反映航空公司的经济环境，如补贴政策、经济政策和居民消费水平等。数据来自世界银行的"人均GDP（现价美元）"指数。

（3）机队的平均服役年龄（SERVICE-AGE）：是反映飞机性能的重要指标。数据来自航空公司年报。

（4）目的地数量（DESTINATION）：是衡量航空公司网络的重要指标。数据来自航空公司年报。

（5）平均运距（HAUL-DISTANCE）：航空公司网络的另一个重要指标。数据来自航空公司年报。

将期间效率定义为因变量并构建回归模型：

$$\text{TERM}_{it} = \alpha + \beta_1\text{AIRCRAFT-PRO}_{it} + \beta_2\text{PERCAPITA-GDP}_{it} + \beta_3\text{SERVICE-AGE}_{it} + \beta_4\text{DESTINATION}_{it} + \beta_5\text{HAUL-DISTANCE}_{it} + \varepsilon_{it}$$

其中，TERM_{it} 表示航空公司 i 在 t 期的能源效率，该能源效率值通过虚拟前沿动态 SBM 模型进行计算；α β 为回归系数；ε 为随机误差；i=1，2，…，22，t=2008，2009，…，2012。

第二阶段的回归结果如表4-6所示。

表4-6　第二阶段回归结果

变量	β 系数	标准差误差	t
AIRCRAFT-PRO	−0.000 581	0.000 520	−1.117 101
PERCAPITA-GDP	−3.19E−06[***]	7.50E−07	−4.252 605
SERVICE-AGE	0.022 151[***]	0.004 589	4.827 001
DESTINATION	7.79E−08	0.000 167	0.000 468
HAUL-DISTANCE	4.77E−05[***]	9.81E−06	4.861 761

注：*** 表示在1%的显著水平上显著。

如表4-6所示，所有系数都很小，说明人均GDP、机队规模的平均服役年龄和平均运距对能源效率有显著影响。

航空公司总部所在国家或地区的人均国内生产总值（PERCAPTIA-GDP）对航空公司效率有显著的消极影响，说明航空公司所在国家或地区的经济水平对航空公司能源效率有直接影响。高经济水平可能意味着公共补贴的潜力很大，但航空公司的能源效率却不高。

机队平均服役年龄（SERVICE-AGE）对航空公司能源效率有显著的积极影响。这是一个有趣但可以理解的结果。达美航空 2008—2012 年的机队平均服役年龄为 14.86 年，是 21 家航空公司中机队平均服役年龄最长的，但达美航空的总体能源效率在 21 家航空公司中排名第四。

平均运距（HAUL-DISTANCE）对航空公司能源效率有显著的积极影响。高平均运输距离意味着单位乘客费用较高，从而导致每单位航空煤油的总营业收入以及每位员工的总营业收入较高。因此，高平均运输距离与高能源效率正相关。

值得注意的是，飞机数量最多的飞机机型所占比例（AIRCRAFT-PRO）对航空公司能源效率没有显著影响，说明低成本航空公司与全业务航空公司间的差异不会影响航空公司的能源效率。

4.4　本章小结

本章研究了航空公司的能源效率问题。选取员工人数和航空煤油作为投入；收入吨公里、收入客公里和营业总收入作为产出；资本存量作为动态因子。提出了一个新的虚拟前沿动态 SBM 模型，用于衡量 21 家航空公司 2008—2012 年的能源效率。然后进行第二阶段回归分析，分析了影响航空公司能源效率的因素。

总体而言，本章对现有文献的贡献体现在提出了一个新的模型——虚拟前沿动态 SBM 模型。该模型可以克服传统动态 SBM 模型在区分有效决策单元中的不足。本章首次证明了新模型的两个重要特性，表明新模型优于传统的动态 SBM 模型。实证研究结果也验证了新模型的合理性。

本章还未探索动态效率的内部结构，未来的研究将考虑这一点。

5　基于网络 EBM 和网络 SBM 集成模型的航空公司能源效率评估

5.1　研究问题介绍

世界银行数据显示（World Bank Open Data，2019），全球 GDP 总和已从 2008 年的 63.09 万亿美元增加到 2014 年的 78.09 万亿美元，同时，"国民总支出"也相应从 2008 年的 62.79 万亿美元增长到 77.41 美元。随着世界经济的快速发展和人民生活水平的提高，对航空运输的需求不断增加。根据国际航空运输协会行业统计数据（IATA，2019），从 2008 年到 2014 年，系统范围内全球商业航空公司的客运和货运量分别增加了 7.35 亿人次和 640 万 t。在时间和效率被认为越来越有价值的形势下，快速、低损耗率和高安全性的航空运输在运输系统中变得越来越不可或缺（Button 和 Taylor，2000）。根据世界旅游组织的统计数据（UNWTO Annual Report，2019），2004 年，只有 43% 的国际旅客选择航空运输作为主要出行方式，而 2013 年，超过一半的旅客（53%）选择航空工具抵达目的地。航空业已涌现出大量的航空公司来满足市场的需求。根据国际航空运输协会数据（IATA，2019），在 2008 年，IATA 运行安全审计登记处有 312 家航空公司，到 2015 年，该数据增长为 405 家。根据 Li 等（2015），2008—2014 年，航空公司运营变化情况如图 5-1 所示，图 5-2 显示了航空煤油的变化情况，该数据来自 IATA 年报。

从图 5-1 可以看出，航空公司数量的增长带来了收入客公里及总收入的增加，但净利润和航运吨公里呈现波动状态，说明航空公司在控制运营成本方面效率低下。根据 Fried 等（2008），成本效率或生产效率是组织观察到的投入 / 产出与组织的最佳生产计划之间的相对差异。在航空公司的运营成本中，燃料成本占最大比例，2014 年的占比约为 29%。航空煤油作为航空业的主要能源，在航空公司运营中发挥着重要作用。如图 5-2 所示，航空煤油价格在此期间波动较大。在不断变化的航空煤油市场下，航空业的能源利用问题引起了公众的广泛关注。欧盟指令 2006/32/EC 中提供的能源效率定义指出，能源效率是产出、服务、货物或能源与一单位能源投入之间的比率。在 Blomberg 等（2012）中，能源效率被定义为反映能源是否得到有效利用的指标。能源效率评估可以确定航空公司在绩效上是处于优势还是劣势，这对航空公司的发展具有重要意义。因此，通过应用有效的方法来衡量 2008—2014 年航空公司的能源效率是有意义的。

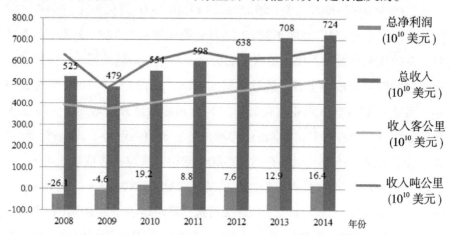

图 5-1　2008—2014 年航空公司整体运营形势

（数据来源：IATA Annual Review 2009—2015 年）

图 5-2　2008—2014 年航空煤油价格的变化趋势

（数据来源：IATA Annual Review 2009—2015 年）

以往的研究为本章探讨航空公司能源效率的内部结构奠定了良好的基础。然而，以往的研究没有将机队维修的效率表现考虑在内。机队维修在提高航班的连续性，从而使所有航班都能达到最佳业绩方面发挥着重要作用。精心策划和管理的机队维修通过实现飞机可用、机舱功能、机舱内部外观和技术延迟方面的贡献，有效地满足日常运营、服务和商业流程要求。飞机的高性能还可以节省航空煤油的消耗。因此，本章扩展了 Li 等（2015）的三阶段网络结构。通过增加机队维护阶段来评估航空公司的能源效率，将航空公司能源效率分为四个阶段。

5.2　模型介绍

由 Charnes 等（1978）提出的传统 DEA 方法是在当存在多投入和多产出的情况下识别同质决策单元中效率最高的决策单元的方法。假设存在数据集（Y，X），Y 和 X 分别表示产出矩阵 $l \times n$ 和投入矩阵 $l \times m$，$Y = \begin{bmatrix} y_1^{'} \\ \vdots \\ Y_l^{'} \end{bmatrix}$，

$X = \begin{bmatrix} x_1^{'} \\ \vdots \\ X_l^{'} \end{bmatrix}$。$l$，$n$，$m$ 分别表示决策单元、产出和投入的数量。

加权产出与加权投入的比率 $u'Y_i / v'X_i$ 被用来评估每个决策单元的相对效率，其中，u 和 v 分别为产出和投入的权重向量。经过 Charnes-Cooper

变换（Charnes 和 Cooper，1962）后，DMU_0 的线性分数规划如下

$$\max \boldsymbol{uY}_0$$

$$\text{s.t.}\begin{cases} \boldsymbol{vX}_0=1 \\ \boldsymbol{uY}-\boldsymbol{vX} \leqslant 1 \\ \boldsymbol{u} \geqslant 0,\ \boldsymbol{v} \geqslant 0 \end{cases} \qquad (5\text{-}1)$$

模型 5-1 被称为 CCR（charnes–cooper–rhodes）模型，其对偶线性规划为

$$\max \quad \theta \qquad (5\text{-}2)$$

$$\text{s.t.}\begin{cases} \lambda \boldsymbol{X} \leqslant \theta \boldsymbol{X}_0 \\ \lambda \boldsymbol{Y} \geqslant \boldsymbol{Y}_0 \\ \lambda \geqslant 0 \end{cases}$$

CCR 模型是基于投入的比例性减少进行测量的。为了直接处理决策单元的投入冗余和产出不足。Tone（2001）提出了基于松弛的 DEA 模型（SBM）。可变规模报酬下的无导向 SBM 模型为

$$\max \rho = \left(1-\frac{1}{m}\sum_{i=1}^{m}\frac{s_i^-}{x_{i0}}\right) \bigg/ \left(1+\frac{1}{n}\sum_{r=1}^{n}\frac{s_r^+}{y_{r0}}\right) \qquad (5\text{-}3)$$

$$\text{s.t.}\begin{cases} \boldsymbol{X}_0 = \lambda \boldsymbol{X} + s^- \\ \boldsymbol{Y}_0 = \lambda \boldsymbol{Y} - s^+ \\ e\lambda^k = 1 \\ \lambda \geqslant 0, s^- \geqslant 0, s^+ \geqslant 0 \end{cases}$$

其中，s^-，s^+ 分别表示投入冗余和产出不足；λ 为权重变量。

为了处理两个部门间的中间产出，SBM 模型被进一步拓展为网络 SBM 模型（Tone 和 Tsutsui，2009），用于评估网络结构下的生产系统总效率和子部门效率。Tone 和 Tsutsui（2009）提出的网络 SBM 模型如下所示

$$\rho = \min_{\lambda^k, s^{k-}, s^{k+}} \frac{\sum_{k=1}^{K} W_k \left(1-\frac{1}{m_k}\sum_{i=1}^{m_k}\frac{s_i^{k-}}{x_{i0}^k}\right)}{\sum_{k=1}^{K} W_k \left(1+\frac{1}{n_k}\sum_{r=1}^{n_k}\frac{s_r^{k+}}{y_{r0}^k}\right)} \qquad (5\text{-}4)$$

$$\text{s.t.}\begin{cases} \boldsymbol{X}_0^k = \lambda^k \boldsymbol{X}^k + s^{k-} \\ \boldsymbol{Y}_0^k = \lambda^k \boldsymbol{Y}^k - s^{k+} \\ \lambda^h Z^{(k,h)} = \lambda^k Z^{(k,h)} \\ e\lambda^k = 1 \\ \lambda^k \geqslant 0,\ s^{k-} \geqslant 0,\ s^{k+} \geqslant 0 \end{cases}$$

其中，$Z^{(k,h)}$ 表示部门 k 和分部 h 间的中间产出；m_k，n_k 分别表示部门 k 的投入和产出数量；w_k 为部门 k 的权重；K 为部门数量。

部门 k 的效率为

$$\rho_k = \frac{1 - \dfrac{1}{m_k}\sum_{i=1}^{m_k}\dfrac{s_i^{k-}}{x_{i0}^k}}{1 + \dfrac{1}{n_k}\sum_{r=1}^{n_k}\dfrac{s_r^{k+}}{y_{r0}^k}} \tag{5-5}$$

在 DEA 中，主要有两种效率测量方法：径向和非径向方法。CCR 和 SBM 模型可被视为径向和非径向效率测量的代表模型。例如，在投入导向情况下，CCR 模型主要处理投入的比例性减少部分，而非径向模型旨在获得最大可能性的投入减少部分。CCR 模型的主要缺点是在评估效率时忽略了投入的非径向松弛，但在 SBM 模型中，可能会无法获得投入的比例性减少部分，因为松弛不一定与投入成比例。

为了结合二者的优点并克服径向和非径向模型的缺点，Tone 提出了一个 EBM 复合模型，该模型在统一的框架中兼具径向和非径向 DEA 特征，可变规模报酬下投入导向的 EBM 模型为

$$\gamma^* = \min_{\theta,\lambda,s^-}\theta - \varepsilon_x\sum_{i=1}^{m}\frac{w_i^- s_i^-}{x_{i0}} \tag{5-6}$$

$$\text{s.t.}\begin{cases} \theta \mathbf{X}_0 = \lambda \mathbf{X} + s^- \\ \mathbf{Y}_0 \leqslant \lambda \mathbf{Y} \\ e\lambda^k = 1 \\ \lambda \geqslant 0 \\ s^- \geqslant 0 \end{cases}$$

其中，w_i^- 表示投入 i 的权重，它满足 $\sum_{i=1}^{m}w_i^- = 1\,(w_i \geqslant 0\,\forall i)$；$\varepsilon_x$ 是一个结合径向 θ 和非径向松弛量的关键参数。参数 ε_x 和 w_i^-（$i=1,\,\cdots,\,m$）必须在效率测量之前进行计算。

在 Tavana（2013）中，基本 EBM 模型被改进为 NEBM 模型，以评估具有网络结构的供应链的效率表现。具体 NEBM 模型为

$$\gamma^* = \min_{\theta, \lambda, s^-} \sum_{k=1}^{K} W_k (\theta_k - \varepsilon_x^k \sum_{i=1}^{m_k} \frac{w_i^{k-} s_i^{k-}}{x_{i0}^k}) \tag{5-7}$$

$$\text{s.t.} \begin{cases} \theta_k \mathbf{X}_0^k = \lambda^k \mathbf{X}^k + s^{k-} \\ \mathbf{Y}_0^k \leqslant \lambda^k \mathbf{Y}^k \\ \lambda^h Z^{(k,h)} = \lambda^k Z^{(k,h)} \\ e\lambda^k = 1 \\ \lambda^k \geqslant 0 \\ s^{k-} \geqslant 0 \end{cases}$$

其中，W_k 表示部门 k 的权重；K 为部门数量。

正如 Tone 和 Tsutsui（2009）所述，当只有一个投入时，EBM 模型就变成了 CCR 模型。CCR 模型是基于投入和产出遵循比例变化的假设。但在现实情况下，并非所有投入和产出都按比例变化。例如，若选取劳动力、原材料和资本作为投入，其中一些投入是可替代的（资本代替劳动力），不会按比例减少或增加（Tone，2001），而 CCR 模型无法处理此类情况。与 CCR 模型相比，SBM 模型具有以下优点（Tone，2001）。

（1）SBM 模型直接处理投入冗余和产出不足，而 CCR 模型忽略了投入产出松弛。

（2）与 CCR 模型的比率最大化相反，SBM 模型的对偶模型可以被解释为利润最大化，这使得 SBM 模型在经济解释中是可理解的。

（3）由于松弛量反映了决策单元的低效率部分，因此 SBM 模型对衡量决策单元的低效率程度是有意义的。

考虑到 SBM 的上述优点，本章通过在单投入部门中应用 NSBM 来改进 NEBM 模型。NEBM 模型和 NSBM 模型的综合方法表述如下

$$\gamma^* = \min_{\theta,\lambda,s^-} \frac{\min(1,\theta_k) - \dfrac{1}{\sum\limits_{k=1}^{K} m_k}\left(\varepsilon_x^k \sum\limits_{i=1}^{m_k} \dfrac{w_i^{k-} s_i^{k-}}{x_{i0}^k}\right)}{\max(1,\gamma_k) + \dfrac{1}{\sum\limits_{k=1}^{K} n_k}\left(\varepsilon_y^k \sum\limits_{r=1}^{n_k} \dfrac{u_r^{k-} s_r^{k+}}{y_{r0}^k}\right)} \qquad （5-8）$$

$$\text{s.t.} \begin{cases} \theta_k \boldsymbol{X}_0^k = \lambda^k \boldsymbol{X}^k + s^{k-} \\ \gamma_k \boldsymbol{Y}_0^k = \lambda^k \boldsymbol{Y}^k - s^{k+} \\ \lambda^h Z^{(k,h)} = \lambda^k Z^{(k,h)} \\ e\lambda^k = 1 \\ \lambda^k \geq 0, s^{k-} \geq 0, s^{k+} \geq 0 \end{cases}$$

若 $m_k=1$，则 $\varepsilon_x^k=1$，$\theta_k=1$；若 $n_k=1$，则 $\varepsilon_y^k=1$，$\gamma_k=1$。

注意，上述模型在规模报酬可变情况下是无导向的，NEBM 模型和 NSBM 模型综合方法的计算步骤如下。

步骤 1：形成部门 k 的分散度矩阵。

以投入侧为例，通过采用 $\overline{X}$ 值来形成部门 k 的分散度矩阵：定义 $\boldsymbol{D}^k=[D_{pq}^k]_{mk \times mk}$，$p$，$q=1$，$\cdots$，$m_k$，其中 D_{pq}^k 表示 $\overline{X}_p^k=(\overline{x}_{p1}^k, \cdots, \overline{x}_{pd}^k)$ 的投入投影向量分散比率，对应于 $\overline{X}_q^k=(\overline{x}_{q1}^k, \cdots, \overline{x}_{qd}^k)$。$D_{pq}^k$ 计算如下

$$D_{pq}^k = D(\overline{X}_p^k, \overline{X}_q^k) = \frac{\sum\limits_{j=1}^{l} \left| c_j^k - \overline{c}^k \right|}{l(c_{max}^k - c_{min}^k)}$$

$$c_j^k = \ln \frac{\overline{X}_p^k}{\overline{X}_q^k}, \qquad （5-9）$$

$$\overline{c}^k = \sum_{j=1}^{l} \frac{c_j^k}{l},$$

$$c_{max}^k = \max\{c_j^k\}, c_{min}^k = \min\{c_j^k\}$$

根据上述步骤，可以得到产出的分散度矩阵。

步骤 2：形成部门 k 的亲和度矩阵。

定义 $\boldsymbol{s}^k=[s_{pq}^k]_{mk \times mk}$，$p$，$q=1$，$\cdots$，$m_k$ 作为部门 k 的亲和度矩阵，其中 s_{pq}^k 表示 $\overline{X}_p^k$ 到 $\overline{X}_q^k$ 的投入投影向量的亲和度。s_{pq}^k 计算如下：

.

$$s_{pq}^k = 1 - 2 \times D_{pq}^k \qquad (5\text{--}10)$$

同理可以得到产出的亲和度矩阵。

步骤 3：从亲和度矩阵中可以计算 ε_x^k 和 w_i^{k-}。

获取 s^k 后，可以获得其最大特征值 ρ_x^k 和相关特征向量 $\boldsymbol{w}_x^k = (w_{1x}^k, \cdots, w_{mkx}^k)$。$\varepsilon_x^k$ 和 w_i^{k-} 的值可以通过以下等式计算。

$$
\begin{aligned}
\varepsilon_x^k &= \frac{m_k - \rho_x^k}{m_k - 1} \ (m_k > 1), \\
\varepsilon_x^k &= 0 \ (m_k = 1), \\
w_i^{k-} &= \frac{w_{ix}^k}{\displaystyle\sum_{i=1}^{m_k} w_{ix}^k}.
\end{aligned}
\qquad (5\text{--}11)
$$

ε_x^k 和 u_r^{k-} 通过以上步骤计算得出。

步骤 4：计算 NEBM 和 NSBM 综合模型。

在确定 ε_x^k、w_i^{k-}、ε_y^k 和 u_r^{k-} 之后，可以对 NEBM 和 NSBM 综合模型进行计算。

与 NSBM 模型和 NEBM 模型相比，综合模型的目标函数旨在计算整个系统的松弛，表示的是平均总投入减少部分与平均总产出增加部分的比率（Lozano，2015）。在该模型中，通过采用 NSBM 模型（而不是 NCCR 模型）来特别关注单投入情况，在 3.3 节中的效率模型详细说明了这种情况。综合模型充分考虑了投入产出松弛，并有效观察决策单元的无效部分。对于每个具有多投入或多产出的部门，都有一个对应的 θ_k 或 γ_k。为了更好地区别效率，在投入侧，选择 1 和 θ_k 中的最小值（而不是 1）作为被减数；在产出侧，选择 1 和 γ_k 中的最大值来降低总效率。

5.3　实证研究

本节通过应用上一节中提出的模型对 19 家航空公司进行了实证研究。构建了航空公司能源效率的四阶段网络结构，并对 19 家航空公司的实证数据进行了分析。

5.3.1 网络结构

在前文文献综述的基础上，本章构建了航空公司能源效率的网络结构。基于 Li 等（2015）提出的三阶段结构，增加了机队维护阶段，从而将航空公司效率扩展为四阶段网络结构，机队维护阶段反映了航空公司日常机队维护的效率，且与运营阶段同时进行。与 Li 等（2015）不同，在本章的航空公司网络结构中，机队规模被作为机队维护阶段和服务阶段之间的中间产出，而不作为服务阶段的额外投入。此外，目的地数量被视为服务阶段的投入，从而使投入指标更完整。具体的航空公司网络结构如图 5-3 所示，航空公司的能源效率分为运营阶段、机队维护阶段、服务阶段和销售阶段。

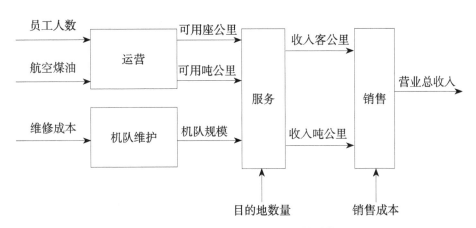

图 5-3　航空公司能源效率网络结构

根据图 5-3 所示，每个阶段的投入和产出具体如下。

运营阶段：

投入 1= 员工人数（NE）和航空煤油（AK）

产出 1= 可用座公里（ASK）和可用吨公里（ATK）

机队维护阶段：

投入 2= 维修成本（MC）

产出 2= 机队规模（FS）

服务阶段：

投入 3= 可用座公里（ASK）、可用吨公里（ATK）、机队规模（FS）、目的地数量 ND

产出 3= 收入客公里（RPK）、收入吨公里（RTK）

销售阶段

投入 4= 收入客公里（RPK）、收入吨公里（RTK）、销售成本（SC）

产出 4= 营业总收入（BI）

中间产出：

连接（运营阶段到服务阶段）：可用座公里（ASK）、可用吨公里（ATK）

连接（机队维修阶段到服务阶段）：机队规模（FS）

连接（服务阶段到销售阶段）：收入客公里 RPK 和收入吨公里 RTK

机队维护成本是指飞机技术维修和日常维护的费用。机队规模（FS）是指可服役的最大飞机数量，包括航空公司的自有飞机和租赁飞机。销售成本是指销售和营销费用，如支付给代理商和乘客佣金的费用。营业总收入包括客运服务收入、货运服务收入、货邮服务收入和其他收入。

5.3.2 数据

本章利用 2008—2014 年航空公司数据，对主要航空公司的能源效率进行了实证研究。基于 7 年时期得出的效率值有利于反映航空公司的发展趋势。自 2008 年以来，美国金融危机严重影响了全球航空产业。为了尽量减少金融危机的影响，许多航空公司寄希望于提高自身能源效率。因此，研究这一时期主要航空公司的能源效率具有重要意义。为了更好地体现金融危机前后航空产业的运营绩效，图 5-4 显示了 2004—2014 年若干代表性业务指标的变化。

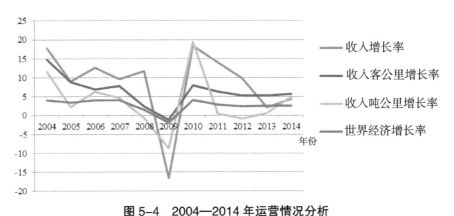

图 5-4　2004—2014 年运营情况分析

（来源：IATA Airline Industry Economic Performance）

根据图 5-4 所示，2009 年之前，全球商业航空的收入是波动上升的。然而，该指标在 2009 年下降为 -16.5%，2010 年又急剧上升至 18.4%，然后在后几年增长放缓。从图 5-4 所示可以看出，乘客增长率、货运增长率和世界经济增长率的变化趋势几乎都与航空公司收入变化趋势相同。总结来看，与世界经济一致，2009 年之前，全球航空业的收入、RPK 和 RTK 持续增长，但 2009 年出现明显下滑，2010 年出现大幅增长，之后出现增长放缓。因此，可以得出结论，美国金融危机对航空业的影响有一定的延迟，2008—2009 年的数据变化可以作为讨论金融危机对美国航空业影响的参考，因此，选择 2008—2014 年作为研究期是合理的。此外，本章选择 2008—2014 年作为研究时期也是出于数据局限性的考虑。一些航空公司 2008 年以前的数据无法在公共资源中找到，如海南航空和达美航空的 ATK 数据，法荷航空的 ATK、RTK、ASK 和 RPK 数据。

实证数据来自 19 家航空公司：中国东方航空、中国南方航空、大韩航空、澳航航空、法荷航空、汉莎航空、北欧航空、达美航空、中国国际航空、海南航空、阿联酋航空、加拿大航空、国泰航空、新加坡航空、全日空航空、长荣航空、土耳其航空、泰国航空和印尼鹰航。这 19 家航空公司都是传统的全服务航空公司。根据国际航空运输协会发布的世界航空运输统计数据（world air transport statistics，2019），2014 年，达美航空、中国南方航空、中国东方航空、汉莎航空和中国国际航空列入世界十大客运航空公司名单。同时，就收入客公里来看，世界十大航空公司包括达美航空、阿联酋航空、中国南方航空、汉莎航空和中国国际航空。根据国际航空运输协会（IATA airline industry economic performance，2019）公布的数据，2014 年全球航空业的总 RPK 约为 61 900 亿，而这 19 家航空公司的总 RPK 约为 23 740 亿，占行业的 38.35%。去除低成本航空，这 19 家航空公司的 RPK 占全球航空公司的很大一部分。因此，本章选取这些航空公司作为分析航空公司能源效率的样本。

从各航空公司的年报中获取了有关员工人数、机队维护成本、可用吨公里、可用座公里、机队规模、收入吨公里、收入客公里、销售成本和总营业收入的数据。航空煤油的数据来自 19 家航空公司的可持续发展报告、环境报告和企业社会责任报告。在效率测量过程中，本研究主要涉及与效率网络相关的直接投入和产出。其他影响因素，如通货膨胀和机队平均年龄，将在第 5.3.5 节中分析。

表 5-1 所示为投入、产出和中间产出的描述性统计。

表 5-1　投入、产出和中间产出的描述性统计

变量	均值	标准差	最小值	最大值
投入				
员工人数	38 953.87	30 966.53	4 486.00	119 084.00
航空煤油（10^4 t）	427.75	260.89	66.67	1 142.21
维修成本（10^8 美元）	7.19	5.46	0.44	23.96
目的地数量	165.82	91.32	51.00	469.00
销售成本	7.26	4.51	0.65	18.28
产出				
营业总收入（10^8 美元）	138.75	102.40	16.08	419.18
中间产出				
可用座公里（10^6）	130 575.19	85 197.98	24 672.00	385 710.59
可用吨公里（10^6）	13 688.90	11 171.76	504.00	50 844.00
机队规模	273.74	202.41	53.00	772.00
收入客公里（10^6 客公里）	103 767.69	72 775.06	17 677.00	370 806.86
收入吨公里（10^6 t·km）	9 286.03	8 524.33	357.33	36 131.93

投入和产出的皮尔斯相关系数 [52，53] 如表 5-2 所示。可以看到，大多数系数为正，超过 81% 的系数高于 0.56。虽然 ATK 和 NE，RTK 和 FS 以

及 RTK 和 ND 的系数低于 0.5，但参考现有文献的变量选择 [6，40]，本章仍保留这些变量。在 Li 等（2015）中，投入变量员工人数（NE）、航空煤油（AK）和销售成本（SC）被选取来代替 Mallikarjun（2015）的运营费用，这能够使航空公司费用内容更加具体。在 Mallikarjun（2015），机队规模和目的地数量是资本资产，并且不受航空公司运营经理的控制。相比于拥有更少机队规模和目的地数量的航空公司，拥有更多机队规模和目的地数量的航空公司在给定数量的 ASM 下，能获得更多的 RPM。这是因为多出的 FS 和 DS 为航空公司运营经理提供了更多选择。因此，本章的模型加入了 FS 和 DS 这两个变量，以确保不同航空公司的效率得分具有可比性。

表 5-2　投入 - 产出相关性

	ASK	ATK	FS	RPK	RTK	TBI
NE	0.828	0.444				
AK	0.961	0.653				
MC			0.782			
ASK				0.993	0.738	
ATK				0.72	0.949	
FS				0.845	0.493	
ND				0.73	0.42	
RPK						0.911
RTK						0.563
SC						0.667

注：所有相关系数都在 1% 的水平上显著。

5.3.3　具体效率模型

根据第 5.2 节中的综合 NEBM 和 NSBM 模型，规模报酬可变下的无导向效率模型如 5-12 所示。目标函数计算整体生产系统的松弛，表明四个阶段的权重相等。

$$\rho_0 = \min \dfrac{\min(\theta,1) - \dfrac{1}{5}\left(\varepsilon_x\left(\dfrac{w_{NE}s_0^{NE}}{NE_0} + \dfrac{w_{AK}s_0^{AK}}{AK_0}\right) + \dfrac{s_0^{MC}}{MC_0} + \dfrac{s_0^{ND}}{ND_0} + \dfrac{s_0^{SC}}{SC_0}\right)}{1 + \dfrac{s_0^{TBI}}{TBI_0}} \quad （5-12）$$

$$\text{s.t.} \begin{cases} \theta NE_0 = \sum_{j=1}^{l} \lambda_j NE_j + s_0^{NE} \\[2mm] \theta AK_0 = \sum_{j=1}^{l} \lambda_j AK_j + s_0^{AK} \\[2mm] \sum_{j=1}^{l} \lambda_j = 1 \\[2mm] MC_0 = \sum_{j=1}^{l} \omega_j MC_j + s_0^{MC} \\[2mm] \sum_{j=1}^{l} \omega_j = 1 \\[2mm] \sum_{j=1}^{l} (\lambda_j - \mu_j) ASK_j = 0 \\[2mm] \sum_{j=1}^{l} (\lambda_j - \mu_j) ATK_j = 0 \\[2mm] \sum_{j=1}^{l} (\omega_j - \mu_j) FS_j = 0 \\[2mm] ND_0 = \sum_{j=1}^{l} \mu_j ND_j + s_0^{ND} \\[2mm] \sum_{j=1}^{l} \mu_j = 1 \\[2mm] SC_0 = \sum_{j=1}^{l} \eta_j SC_j + s_0^{SC} \\[2mm] TBI_0 = \sum_{j=1}^{l} \eta_j TBI_j - s_0^{TBI} \\[2mm] \sum_{j=1}^{l} (\mu_j - \eta_j) RPK_j = 0 \\[2mm] \sum_{j=1}^{l} (\mu_j - \eta_j) RTK_j = 0 \\[2mm] \sum_{j=1}^{l} \eta_j = 1 \end{cases}$$

在总能源效率的目标函数中，网络结构被视为一个整体系统，以观察其总投入的冗余部分和产出的不足部分。

对于航空公司 j（$j=1$，$\cdots$，l），NE_j 表示员工人数，AK_j 表示航空煤油，MC_j 表示机队维护成本，ASK_j 表示可用座公里，ATK_j 表示可用吨公里，FS_j 表示机队规模，ND_j 表示目的地数量，SC_j 表示销售成本，RPK_j 表示收入客公里，RTK_j 表示收入吨公里，TBI_j 表示营业总收入。所有变量都是非负的。

运营阶段的效率为

$$\rho_1 = \theta - \varepsilon_x \left(\frac{w_{NE} s_0^{NE}}{NE_0} + \frac{w_{AK} s_0^{AK}}{AK_0} \right) \tag{5-13}$$

机队维护阶段的效率为

$$\rho_2 = 1 - \frac{s_0^{MC}}{MC_0} \tag{5-14}$$

服务阶段的效率为

$$\rho_3 = 1 - \frac{s_0^{ND}}{ND_0} \tag{5-15}$$

销售阶段的效率为

$$\rho_4 = \frac{1 - \dfrac{s_0^{SC}}{SC_0}}{1 + \dfrac{s_0^{TBI}}{TBI_0}} \tag{5-16}$$

5.3.4 效率结果分析

本章采用 MATLAB R2012b 编程软件进行模型构建。根据上文提出的效率模型，计算航空公司总能源效率和各阶段效率。表 5-3 呈现了 ε_x、w_{NE}、w_{AK} 的值。

表 5-3　ε_x，w_{NE} 和 w_{AK} 的值

年份	ε_x	w_{NE}	w_{AK}
2008	0.4765	0.5	0.5
2009	0.5598	0.5	0.5
2010	0.6192	0.5	0.5
2011	0.2495	0.5	0.5
2012	0.2474	0.5	0.50
2013	0.3435	0.5	0.5
2014	0.3285	0.5	0.5

表 5-4 所示呈现了这 19 家航空公司的总能源效率。

表 5-4　19 家航空公司的总能源效率

航空公司	2008 年	2009 年	2010 年	2011 年	2012 年	2013 年	2014 年	平均值
中国东方航空	0.454	0.434	0.227	0.219	0.201	0.436	0.538	0.359
中国南方航空	0.137	0.057	0.439	0.201	0.445	0.793	0.305	0.339
大韩航空	0.259	0.340	0.280	0.787	0.629	0.787	0.759	0.549
澳洲航空	0.021	0.403	0.240	0.325	0.340	0.403	0.310	0.292
法荷航空	0.921	0.950	0.520	0.468	0.455	0.447	0.400	0.594
汉莎航空	0.891	0.469	0.939	0.932	0.671	0.785	0.966	0.808
北欧航空	0.441	0.757	0.924	0.354	0.377	0.380	0.397	0.519
达美航空	1.000	0.206	0.189	0.226	0.250	0.337	1.000	0.458
中国国际航空	0.106	0.053	0.120	0.244	0.163	0.283	0.329	0.185
海南航空	1.000	0.307	0.362	0.453	0.314	0.358	0.369	0.452
阿联酋航空	0.038	0.149	0.035	0.142	0.145	0.323	0.377	0.173
加拿大航空	0.045	0.076	0.104	0.263	0.260	0.402	0.447	0.228
国泰航空	0.005	0.198	0.068	0.065	0.075	0.245	0.546	0.172
新加坡航空	0.237	0.188	0.450	0.580	0.558	0.624	0.656	0.470
全日空航空	0.243	0.448	0.400	0.813	0.499	0.602	0.623	0.518
长荣航空	0.233	0.194	0.259	0.389	0.463	0.701	1.000	0.463
土耳其航空	0.214	0.134	0.313	0.409	0.332	0.376	0.467	0.321
泰国航空	0.146	0.062	0.067	0.660	0.734	0.525	0.552	0.392
印尼鹰航	1.000	1.000	1.000	0.347	1.000	1.000	0.330	0.811

如表 5-4 所示，在 19 家航空公司中，印尼鹰航的平均能源效率最高，得分为 0.811。印尼鹰航的最高总能源效率来源于其在四个子阶段中的相对较高的效率，特别是在运营阶段和机队维护阶段的高效率。除了印尼鹰航之外，汉莎航空的平均总能源效率在 19 家航空公司中排名第二，其在销售阶段的效率很高。相比之下，由于销售阶段的低效率，国泰航空是 19 家航空公司中排名最低的航空公司。

为了更好地分析航空公司各阶段效率，各航空公司的平均阶段效率得分和排名如表 5-5 所示。根据表 5-5，可以分析各子阶段效率。本章中对航空公司的运营描述来自各航空公司年报。

表 5-5　航空公司四个阶段的效率及排名

航空公司	E_1	R_1	E_2	R_2	E_3	R_3	E_4	R_4
中国东方航空	0.822	8	0.389	10	0.674	10	0.430	18
中国南方航空	0.753	10	0.300	15	0.628	15	0.449	16
大韩航空	0.725	12	0.379	11	0.801	7	0.922	2
澳洲航空	0.609	14	0.117	19	0.477	19	0.792	5
法荷航空	0.773	9	0.407	9	0.835	5	0.866	3
汉莎航空	0.940	4	0.533	5	0.806	6	1.000	1
北欧航空	0.958	3	0.498	6	0.696	9	0.679	11
达美航空	0.687	13	0.486	7	0.670	12	0.694	8
中国国际航空	0.540	18	0.307	14	0.488	18	0.430	17
海南航空	0.938	5	0.599	3	0.777	8	0.539	12
阿联酋航空	0.458	19	0.440	8	0.670	13	0.463	15
加拿大航空	0.545	17	0.213	18	0.525	16	0.689	9
国泰航空	0.579	16	0.227	17	0.672	11	0.421	19
新加坡航空	0.732	11	0.285	16	0.972	3	0.715	7
全日空航空	0.836	6	0.315	13	0.654	14	0.686	10
长荣航空	0.974	2	0.560	4	0.989	1	0.518	13
土耳其航空	0.835	7	0.615	2	0.510	17	0.465	14
泰国航空	0.584	15	0.368	12	0.921	4	0.749	6
印尼鹰航	1.000	1	0.963	1	0.985	2	0.815	4

注：E 表示第阶段的效率值；R 表示第阶段的效率排名。

在运营阶段，从表 5-5 可以看出，印尼鹰航的效率在 7 年研究期里都达到了 1。其每航空煤油（AK）的平均 ATK 和 ASK 分别约为 4887.70 和 34 592.78，均在 19 家航空公司中排名第五。每员工人数（NE）的平均 ATK 和 ASK 分别约为 76 万和 538 万，分别排名第五和第四。在这 4 个相对较高的比率指标的相互作用下，印尼鹰航的运营效率得到了提高。根据印鹰航空年报，可以发现，其高效的运营主要来自较高的燃油效率和员工效率。印尼鹰航制定并实施了计算机化燃料节约计划，以节省燃料消耗并实现轻松监控燃料使用情况。印尼鹰航还通过有效地使用替代飞机和对现有机型的评估，确保每一架飞行的运行都能最有效地使用燃料，从而控制燃油成本。为提高员工的工作效率，印尼鹰航始终注重提高员工素质，根据公司需求和业务战略制定了员工发展计划。2014 年，印尼鹰航的员工培训次数为 36 290 人次，就公司大约 8500 名员工的数量来看，这说明每位员工平均每年有机会参加 2 ~ 5 次培训。

在新增的机队维护阶段，根据表 5-5 所示，印尼鹰航的平均效率在 19 家航空公司中排名第一。印尼鹰航每架飞机的平均维护成本相对较低，约为 1.564 万美元，而澳洲航空每架飞机的平均维护成本约为 5.106 万美元，一定程度上造成澳洲航空的机队维护阶段效率在 19 家航空公司中排名最低。国泰航空每架飞机的平均维护成本约为 7300 万美元，是 19 家航空公司中排名最高的。根据印尼鹰航年报，一方面，印尼鹰航更加注重飞机的维护。比如，印尼鹰航建立了飞机维护中心，专注于飞机和航空设施维护。该公司还建立了专注于机队维护的子公司——PT 鹰航亚洲航空维护中心（GMFAA），该机构的建立是为了执行和支持政府在国民经济发展中的政策和计划，特别是在航空工业的维护和创建及相关支撑设施的维护等方面。通过子公司的专业化运营，印尼鹰航能够有效降低维护成本和燃料成本。另一方面，印尼鹰航于 2012 年、2013 年、2014 年分别购买了 22 架、36 架、27 架新飞机，每年的新飞机数量平均约占飞机总数的 20%。新飞机的投入能够有效降低机队平均年龄和机队维护成本。此外，印尼政府的一揽子经济政策也有利于当地航空公司维护效率的提高。该政策计划允许进口飞机设备和零件的增值税（VAT）免除，一定程度上降低了飞机的运营和维护成本。

在服务阶段，长荣航空的平均效率为 0.989，在 19 家航空公司中排名第一，与排名第二的印尼鹰航（0.985）相差不大。长荣航空服务阶段的高效率主要来自其较高的货物载荷系数（RTK 和 ATK 的比率）和单架飞机 RTK 指数。长荣航空的这两个指标分别为 0.79 和 74.20，在 19 家航空公司中分别排名第二和第五。服务阶段平均效率最低的澳洲航空相应指标分别为 0.63 和 11.10，排名第 15 和第 16。根据长荣航空年报，长荣航空主要采取客运货运并重的运营策略。对于长荣航空，航空货运是其子行业之一，业务范围包括货物进出口、货物运输及报关单。此外，长荣航空还为国际展览提供包机运输服务。长荣航空对货物运输的全面关注是其在服务质量和服务效率上表现突出的主要原因。此外，根据 2014 年长荣航空的全球货运客户满意度调查，客户对其销售人员的服务满意度最高，这间接提高了长荣航空的服务阶段效率。

在销售阶段，汉莎航空排名第一，平均阶段效率为 1。其较高的销售阶段效率使汉莎航空在总能源效率排名中位居第二。汉莎航空每销售成本（SC）的营业总收入（TBI）和每 RPK 的营业总收入（TBI）分别为 36.54 和 19.83 美元 / 客公里，在 19 家航空公司中分别排名第二和第三。国泰航空每销售成本（SC）的营业总收入（TBI）约为 7.77，在 19 家航空公司中排名第 19，导致其销售阶段效率和整体效率都较低。根据汉莎航空年报，汉莎航空已将效率的不断提高视为其战略计划中的七个行动领域之一。此外，汉莎航空还实施了一项 SCORE 计划，该计划的重点是削减成本和提高效率。为了提高销售效率，汉莎航空采取了多项措施来重组和集中销售部门，例如，通过持续的流程优化实施严格的成本管理、对高度分散的网络的日益标准化、对销售生产和管理流程的优化和现代化，并为销售人员开发更基于业绩表现的薪酬模型。精简的销售组织对提高其销售阶段效率有重大影响。

为了分析 2008—2014 年航空公司的年效率变化，本章根据 Li 等（2015）定义了航空公司总能源效率变化指数，与 Malmquist 指数类似，航空公司的总能源效率变化指数为

$$M_{it} = \frac{E_{it}}{E_{it-1}}, \quad i=1, 2, \cdots, 19, \quad t=2, \cdots, 7 \qquad (5-16)$$

E_{it} 表示总能源效率。

第 s 阶段的阶段效率变化指数 M_{it}^s 定义为

$$M_{it}^s = \frac{E_{it}^s}{E_{it-1}^s}, \quad s=1, 2, \cdots, 4 \qquad (5-17)$$

E_{it}^s 表示第 s 阶段的阶段效率。

表 5-6 显示了 19 家航空公司 2009—2014 年的总能源效率变化指数。

从表 5-6 可以看出，一些航空公司的能源效率在某些年份中呈现大幅增长和大幅下降的现象。

表 5-6 总效率变化指数

航空公司	2009 年	2010 年	2011 年	2012 年	2013 年	2014 年
中国东方航空	0.96	0.52	0.96	0.92	2.18	1.23
中国南方航空	0.42	7.68	0.46	2.21	1.78	0.38
大韩航空	1.31	0.82	2.81	0.80	1.25	0.96
澳洲航空	18.86	0.60	1.35	1.04	1.19	0.77
法荷航空	1.03	0.55	0.90	0.97	0.98	0.89
汉莎航空	0.53	2.00	0.99	0.72	1.17	1.23
北欧航空	1.72	1.22	0.38	1.06	1.01	1.05
达美航空	0.21	0.92	1.20	1.10	1.35	2.97
中国国际航空	0.50	2.27	2.04	0.67	1.74	1.16
海南航空	0.31	1.18	1.25	0.69	1.14	1.03
阿联酋航空	3.86	0.24	4.01	1.03	2.22	1.17
加拿大航空	1.71	1.36	2.54	0.99	1.55	1.11
国泰航空	40.89	0.35	0.95	1.16	3.26	2.22
新加坡航空	0.79	2.39	1.29	0.96	1.12	1.05
全日空航空	1.85	0.89	2.03	0.61	1.21	1.03
长荣航空	0.83	1.34	1.50	1.19	1.52	1.43
土耳其航空	0.63	2.34	1.31	0.81	1.13	1.24
泰国航空	0.42	1.08	9.88	1.11	0.71	1.05
印尼鹰航	1.00	1.00	0.35	2.88	1.00	0.33

为了分析这些急剧变化趋势的原因，本章主要关注年变化指数小于 0.6 或大于 3 的航空公司，结果如表 5-7 和表 5-8 所示。

表 5-7 对总能源效率大幅下降的航空公司的分析

航空公司	年份	效率同步下降的子阶段	原因
中国东方航空	2009—2010	1，2，3，4	AK、MC、ND、SC 增加
中国南方航空	2008—2009	1，2，4	AK、NE 和 SC 增加，TBI 减少
	2010—2011	1，2，3	AK、MC 和 ND 增加
	2013—2014	1，3，4	AK、NE、FS 和 SC 增加
法荷航空	2009—2010	1，2，3，4	AK、SC 增加
汉莎航空	2008—2009	1，2，3	AK、NE、MC 和 ND 增加，RTK 减少
北欧航空	2010—2011	2，3，4	MC、ASK、ATK 和 SC 增加，FS 和 RTK 减少
达美航空	2008—2009	1，2，3，4	AK、NE、MC、ND 和 SC 增加，TBI 减少
中国国际航空	2008—2009	2，3，4	MC、ND 增加，TBI 减少
海南航空	2008—2009	1，2，3，4	AK、MC、ND 和 SC 增加

航空公司	年份	效率同步下降的子阶段	原因
阿联酋航空	2009—2010	1，2，3，4	AK、NE、FS 增加，MC 大幅增加
国泰航空	2009—2010	2，3，4	MC、ND 和 SC 增加
泰国航空	2008—2009	1，2，4	AK 和 NE 增加，ASK 和 ATK 大幅下降，TBI 急剧下降
印尼鹰航	2010—2011	3，4	ND 和 SC 增加
	2013—2014	2，3，4	MC、ND 和 SC 增加

表 5-8　对总能源效率大幅上升的航空公司的分析

航空公司	年份	效率同步上升的子阶段	原因
中国南方航空	2009—2010	1，2，3，4	ASK、ATK、FS、RTK、RPK 和 TBI 的大幅增加减
澳洲航空	2008—2009	1，2，3	FS 增加，AK、NE 和 ND 减少
阿联酋航空	2008—2009	1，3	ASK、ATK、FS 增加，RPK 和 RTK 大幅增加
	2010—2011	1，2，4	ASK、ATK、FS 和 TBI 大幅增加
国泰航空	2008—2009	1，2，3	FS 增加，AK、MC 和 ND 减少
	2012—2013	1，2，3	AK、NE 和 MC 增加，FS 和 RPK 增加
泰国航空	2010—2011	1，2，3，4	ASK、ATK 和 TBI 增加

从表 5-6 所示可以看出，除一些急剧波动外，大多数时候航空公司效率变化是稳定的。由于美国的金融危机，效率下降主要集中在 2008—2011 年，如表 5-7 所示。在 2008—2011 年，表 5-8 中航空公司的能源效率大幅上升，主要是这些航空公司在 2008 年效率较低而在之后的年份里效率得到提升。

5.3.5　影响因素分析

为进一步探索航空公司能源效率提升的驱动因素，本章通过回归分析来确定影响航空公司能源效率的因素。根据现有论文 [57-61]，选取了六个指标来分析航空公司能源效率的影响因素，如表 5-9 所示。

表 5-9　航空公司能源效率影响因素

影响因素	数据来源
人均 GDP（美元）	世界银行（www.worldbank.org.cn）
机队平均年龄（年）	航空公司年报

续表

影响因素	数据来源
目的地数量	航空公司年报
平均运距（km）	航空公司年报
通货膨胀率	世界银行（www.worldbank.org.cn）
消费者信心指数（CCI）	交易经济网站（www.tradingeconomics.com）

回归分析结果如表5-10所示。

表5-10　回归分析结果

效率	影响因素	系数	t-分析	P值
总能源效率	人均GDP（美元）	5.25E-06	1.201	0.233
	机队平均年龄（年）	6.12E-02	2.108	0.038
	目的地数量	-1.14E-04	-0.155	0.877
	平均运距（km）	-7.44E-05	-0.457	0.649
	通货膨胀率	6.24E-05	0.004	0.997
	消费者信心指数（CCI）	3.02E-03	0.693	0.490
运营阶段效率	人均GDP（美元）	5.80E-06	1.876	0.064
	机队平均年龄（年）	-1.33E-02	-0.649	0.518
	目的地数量	-1.41E-04	-0.271	0.787
	平均运距（km）	1.96E-04	1.702	0.092
	通货膨胀率	-9.94E-03	-0.833	0.407
	消费者信心指数（CCI）	5.43E-03	1.759	0.082
机队维护阶段效率	人均GDP（美元）	2.59E-06	0.695	0.489
	机队平均年龄（年）	2.55E-02	1.028	0.306
	目的地数量	4.60E-04	0.733	0.465
	平均运距（km）	-2.71E-05	-0.195	0.846
	通货膨胀率	-9.16E-03	-0.637	0.526
	消费者信心指数（CCI）	2.36E-03	0.634	0.528
服务阶段效率	人均GDP（美元）	3.24E-06	0.986	0.326
	机队平均年龄（年）	1.32E-02	0.603	0.548
	目的地数量	-8.34E-04	-1.506	0.135
	平均运距（km）	1.80E-05	0.146	0.884
	通货膨胀率	-1.18E-02	-0.933	0.353
	消费者信心指数（CCI）	2.21E-03	0.674	0.502
销售阶段效率	人均GDP（美元）	-2.74E-06	-0.672	0.503
	机队平均年龄（年）	8.62E-02	3.179	0.002
	目的地数量	5.47E-04	0.795	0.429
	平均运距（km）	-2.05E-04	-1.349	0.180
	通货膨胀率	3.06E-02	1.941	0.055
	消费者信心指数（CCI）	-3.86E-03	-0.948	0.345

如表 5-10 所示，只有机队平均年龄对总能源效率有显著影响，而其他五个因素对航空能源效率的影响并不显著。机队平均年龄与航空公司总能源效率正相关，且对销售阶段效率产生积极而显著的影响。其对销售阶段效率的积极影响进而正向影响航空公司总能源效率。这是一个出乎意料但可以理解的结果，可以通过一些航空公司的现实情况加以说明。如达美航空 2014 年的机队平均年龄为 16.8 岁，在 19 家航空公司中排名第一，而其相应的平均销售阶段效率为 0.694，在 19 家航空公司中排名第 8。达美航空机队平均年龄较大可能是由 2008 年达美航空和西北航空的合并造成的。二者的合并增强了达美航空的航线和品牌优势，可能会带来更多的营业总收入，因此其销售阶段效率相对较高。

对于运营阶段，只有人均 GDP 对运营阶段效率有积极显著的影响。这与预期结果一致，因为人均 GDP 高代表着高经济水平和高就业率及物质效率，因此，人均 GDP 可以在将员工人数（NE）和航空煤油（AK）转换为可用座公里（ASK）及可用吨公里（ATK）的过程中发挥积极作用。除了机队平均年龄，通货膨胀率对销售阶段效率也有积极的显著影响。高通胀率意味着高票价和高总营业收入，因此，通货膨胀率与销售阶段效率呈正相关关系。

这是一个出乎意料的结果，机队平均年龄与总能源效率正相关，因此我们尝试去除机队平均年龄，再应用其他五个影响因素进行回归分析，结果如表 5-11 所示。

表 5-11　除去机队平均年龄后的结果

效率	影响因素	系数	$t-$ 分析	P 值
	人均 GDP（美元）	3.13E-06	0.723	0.471
	目的地数量	−1.92E-04	−0.257	0.798
总能源效率	平均运距（km）	−4.90E-05	−0.297	0.767
	通货膨胀率	9.01E-04	0.053	0.958
	消费者信心指数（CCI）	5.31E-03	1.236	0.219

续表

效率	影响因素	系数	t-分析	P值
运营阶段效率	人均GDP（美元）	6.26E–06	2.087	0.039
	目的地数量	−1.24E–04	−0.239	0.812
	平均运距（km）	1.91E–04	1.663	0.099
	通货膨胀率	−1.01E–02	−0.851	0.397
	消费者信心指数（CCI）	4.93E–03	1.654	0.101
机队维护阶段效率	人均GDP（美元）	1.71E–06	0.471	0.639
	目的地数量	4.28E–04	0.682	0.497
	平均运距（km）	−1.66E–05	−0.120	0.905
	通货膨胀率	−8.81E–03	−0.613	0.541
	消费者信心指数（CCI）	3.31E–03	0.918	0.361
服务阶段效率	人均GDP（美元）	2.79E–06	0.873	0.385
	目的地数量	−8.51E–04	−1.544	0.126
	平均运距（km）	2.34E–05	0.192	0.848
	通货膨胀率	−1.17E–02	−0.922	0.359
	消费者信心指数（CCI）	2.70E–03	0.853	0.396
销售阶段效率	人均GDP（美元）	−5.73E–06	−1.382	0.170
	目的地数量	4.36E–04	0.609	0.544
	平均运距（km）	−1.69E–04	−1.070	0.287
	通货膨胀率	3.18E–02	1.932	0.056
	消费者信心指数（CCI）	−6.46E–04	−0.157	0.876

从表5–11中可以发现，五个影响因素中没有一个对航空总能源效率产生重大影响，对四个阶段效率的影响与表5–11相同。这说明表5–11中的结果是稳健的，且机队平均年龄对航空总能源效率的积极影响是由于其对销售阶段效率的影响造成的。

5.4 本章小结

本章研究了航空公司的能源效率问题。航空能源效率过程分为四个阶段：运营阶段、机队维护阶段、服务阶段和销售阶段。选取员工人数和航空煤油作为运营阶段的投入，产生ASK和ATK。机队维护成本作为机队维护阶段的投入，产生机队规模。运营阶段和机队维护阶段的产出及目的地数量作为服务阶段的投入，以生成RTK和RPK。RTK、RPK和销售成本是销售阶段的投入，以生成营业总收入。提出了一种全面综合的方法，即网络EBM和网络SBM的综合方法，用于评估2008—2014年19家航空公司的能源效率。根据效率得分，分析了影响航空能源效率的因素。

总体而言，本章对现有文献的贡献体现在两个方面。首先，本章提出了一个新的航空公司能源效率四阶段运营框架。与现有研究相比，本章选取了全面的投入指标以使能源效率结构更加完整。本章的概念丰富了航空公司管理研究的理论和方法，为评估航空公司的绩效提供了新的视角。其次，本章提出了一种网络 EBM 和网络 SBM 综合方法，该方法通过应用 NSBM 模型改进了 NEBM 模型中的单投入情况。

在未来的研究中，将侧重于通过增加时间维度来评估航空公司的效率，通过动态网络 DEA 模型来测量特定时期内的航空效率变化。

6 考虑物质平衡原则的航空公司 环境效率测度

6.1 研究问题介绍

近年来，航空业的二氧化碳排放引起了极大的关注。根据国际航空运输协会（IATA）2014 年的统计数据，每年航空运输产生的二氧化碳量约占人为碳排放量的 2%。虽然这一比例较小，但航空业普遍意识到，必须更加努力地提高环境效率才能实现长期可持续性。此外，国际民航组织（ICAO）预测，若不采取任何缓解措施，在空中交通量增加 7 倍的推动下，到 2050 年，与航空运输相关的温室气体（GHG）排放总量将比 2010 年高出 400% ~ 600%。欧盟（EU）于 2008 年 11 月颁布了 2008/101/EC 法令，其中国际航空业务被纳入欧盟排放交易计划（EU ETS）。从 2012 年 1 月 1 日起，每个在欧盟起飞和降落的国际航班都将获得排放许可（EU ETS，2016）。这项政策引起了全世界的巨大争议，并未成为一个全球行动框架。

2016 年 10 月 6 日，在蒙特利尔召开的第 39 届国际民用航空组织会议通过了一项决议，即国际民航组织成员国必须共同努力，从 2020 年开始实现航空碳中和增长。该决议被称为 2020 年碳中和增长战略，简称为 CNG2020 战略。CNG2020 战略是第一个针对具体行业减排的全球市场机制，其核心是建立一系列基于市场的政策措施，如征税、排放交易系统和碳抵消。因此，该计划将对航空公司产生重大影响，全球航空公司的环境绩效也将引起广泛关注。

另一方面，为了应对碳排放政策，许多航空公司制订了相应的碳排放控制计划，如新加坡航空的"渴望"计划，葡萄牙TAP的"碳排放抵消计划"和达美航空的"碳排放政策"。因此，有必要构建一个模型来评估这些项目执行多年后的效果。本章需要解答的关键问题如下。如何通过模型评估航空公司的环境绩效？如何更准确地描述整个网络结构的生产过程？针对这些问题，本章提出一个结合弱G处置法的网络RAM模型，来评估航空公司的环境效率。

6.2 模型介绍

数据包络分析（Charnes等，1978）是用于评估具有多投入和多产出的决策单元（DMU）相对效率的一种非参数方法。当测量比率时，任何决策单元可能在也可能不在效率前沿上。从某决策单元的实际点到前沿面的距离被认为是决策单元的无效率部分，该距离可能是由决策单元特有的各种因素引起的。若效率值为1，则该决策单元是技术有效的；若效率值低于1，则该决策单元在技术上是无效的。

在考虑非期望产出时，学者们也提出了许多非期望产出的处理方法。如Färe等（2007）提出的弱处置法，Hailu和Veeman（2001）提出的强处置法，Murty等（2012）提出的副产品模型，Sueyoshi和Goto（2012）提出的自然处置法与管理处置法，以及Hampf和Rødseth（2015）提出的弱G处置法。正如Hoang和Coelli（2011）以及Hampf和Rødseth（2015）所言，在管道末端技术存在的条件下，弱处置法可以与物质平衡原则兼容以减少污染。然而，在许多情况下，管端设备在技术上不可用或在经济上无法承受（Rødseth和Romstad，2013）。对于副产品模型，在实际应用中，在进行任何效率评估之前，需要先将投入分为污染性和无污染性投入，并且可能很难确定一些投入是否可分为污染性或无污染性投入（Dakpo 等，2016），因此，副产品模型的应用范围很有限。

在 Sueyoshi 和 Goto（2012）中，自然处置法相当于强处置法，即将非期望产出视为投入，并假定企业对非期望产出的排放无能为力。管理处置法则认为企业可以通过增加投入，来提高期望产出水平，同时减少非期望产出水平。该观点建立在企业的管理能动性上，例如，企业可以通过采用减排新技术来降低非期望产出。对于航空公司，新技术包括替代能源技术以及新型飞机和发动机。但是，如 Dakpo 等（2016）所述，由于自然处置法将非期望产出视为投入，可能导致全球技术的错误规范。而管理处置法将投入视为期望产出是违反直觉的，因为投入的消耗会给企业带来成本。虽然 Sueyoshi 和 Goto（2012）开发了一个自然处置法和管理处置法相统一的框架，但该框架中引入的非线性可能会产生一些主导高效的决策单元（Dakpo 等，2016）。因此，综合考虑，本章采用弱 G 处置法来评估航空公司的环境效率。

Hampf 和 Rødseth（2015）认为弱处置法与某些物理定律不相符，如物质平衡原则（MBP），因此，在弱处置法基础上提出了弱 –G 处置法。基于此，本章提出了基于 RAM 的详细弱 –G 处置法模型。RAM 模型由 Aida 等（1998）和 Cooper 等（1999）提出，并已广泛应用于效率评价，如基于 RAM 的网络 DEA 方法（Avkiran 和 McCrystal，2012）和基于 RAM 的动态 DEA 方法（Li 等，2016a）。

基本的 RAM 模型是

$$\theta = 1 - \max \frac{1}{M+N} \left(\sum_{m=1}^{M} \frac{s_{m0}^{-}}{R_m^{-}} + \sum_{n=1}^{N} \frac{s_{n0}^{+}}{R_n^{+}} \right) \tag{6-1}$$

$$\text{s.t.} \begin{cases} x_{m0} = \sum_{k=1}^{K} \lambda_k x_{mk} + s_{m0}^{-}, \quad m=1, 2, \cdots, M \text{（C1）} \\ y_{n0} = \sum_{k=1}^{K} \lambda_k y_{nk} - s_{n0}^{+}, \quad n=1, 2, \cdots, N \text{（C2）} \\ \sum_{k=1}^{K} \lambda_k = 1 \text{（C3）} \end{cases}$$

$$\lambda_k, \ s_{m0}^-, \ s_{n0}^+ \geqslant 0$$

其中，x_{mk}，y_{nk} 表示 DMU_k（$k=1，2，\cdots，K$）的第 m 个投入和第 n 个产出；M，N，K 分别表示投入、产出和 DMU（决策单元）的数量；$R_m^- = \max\limits_{k=1,2,\cdots,K}(x_{mk}) - \min\limits_{k=1,2,\cdots,K}(x_{mk})$ 和 $R_n^+ = \max\limits_{k=1,2,\cdots,K}(y_{nk}) - \min\limits_{k=1,2,\cdots,M}(y_{nk})$ 是投入和产出的极差；s_m^- 和 s_n^+ 表示第 m 个投入和第 n 个产出的松弛；λ 为权重。

具体的结合弱 G 处置法的 RAM 模型为

$$\theta = 1 - \max \frac{1}{M+N+J}\left(\sum_{m=1}^{M}\frac{s_{m0}^-}{R_m} + \sum_{n=1}^{N}\frac{s_{n0}^+}{R_n} + \sum_{j=1}^{J}\frac{s_{j0}^-}{R_j}\right) \qquad (6\text{-}2)$$

$$\text{s.t.} \begin{cases} x_{m0} = \displaystyle\sum_{k=1}^{K}\lambda_k x_{mk} + s_{m0}^-, \quad m=1，2，\cdots，M \text{（C1）} \\[2mm] y_{n0} = \displaystyle\sum_{k=1}^{K}\lambda_k y_{nk} - s_{n0}^+, \quad n=1，2，\cdots，N \text{（C2）} \\[2mm] u_{l0} = \displaystyle\sum_{k=1}^{K}\lambda_k u_{lk} + s_{l0}^-, \quad l=1，2，\cdots，L \text{（C3）} \\[2mm] \displaystyle\sum_{m=1}^{M}Fx_m s_{m0}^- + \sum_{n=1}^{N}Fy_n s_{n0}^+ - \sum_{l=1}^{L}s_{l0}^- = 0 \text{（C4）} \\[2mm] \displaystyle\sum_{k=1}^{K}\lambda_k = 1 \text{（C5）} \\[2mm] \lambda_k, \ s_{m0}^-, \ s_{n0}^+, \ s_{l0}^- \geqslant 0 \end{cases}$$

其中，u_{lk} 表示 DMU_k 的第 l 个非期望产出；s_l^- 表示第 l 个非期望产出的松弛；L 为非期望产出的数量；Fx_m 表示第 m 个投入的排放因子；Zy_n 表示第 n 个产出的恢复因子，恢复因子是包含在期望产出中的指定材料投入量的比率；其他变量与模型 6-1 中的变量相同。

可以发现，与模型 6-1 中的强处置法相比，除了非期望产出的约束条件 C3 外，模型 6-2 对投入松弛、期望产出松弛和非期望产出松弛设有附加约束条件 C4。Hampf 和 Rødseth（2015）认为，约束条件 C4 可以反映模型中的物质平衡原则。

但结合弱 G 处置法的 RAM 模型也有局限性。在效率评估的过程中，它没有考虑与决策单元运营绩效的测量有关的内部结构。大多数决策单元

由很多部门组成，在探索航空公司整体效率提升时，部门效率非常重要（Li
等，2015）。因此，本章提出了结合弱 G 处置法的详细网络 RAM 模型。
我们假设每个决策单元有 J 个部门，部门 j（$j=1$，2，…，J）有 M_j 个投入、
N_j 个期望产出和 L_j 个非期望产出。具体模型为

$$\theta = 1 - \max \sum_{j=1}^{J} \frac{w_j}{M_j + N_j + L_j} \left(\sum_{m=1}^{M_j} \frac{s_{m0}^{j-}}{R_m^-} + \sum_{n=1}^{N} \frac{s_{n0}^{j+}}{R_n^-} + \sum_{l=1}^{L} \frac{s_{l0}^{j-}}{R_l^-} \right) \tag{6-3}$$

$$\text{s.t.} \begin{cases} x_{m0}^j = \sum_{k=1}^{K} \lambda_k^j x_{mk}^j + s_{m0}^{j-}, \quad m=1, 2, \cdots, M_j, \ j=1, 2, \cdots J \ (\text{C1}) \\[2mm] y_{n0}^j = \sum_{k=1}^{K} \lambda_k^j y_{nk}^j - s_{n0}^{j+}, \quad n=1, 2, \cdots, N_j, \ j=1, 2, \cdots J \ (\text{C2}) \\[2mm] u_{l0}^j = \sum_{k=1}^{K} \lambda_k^j u_{lk}^j + s_{l0}^{j-}, \quad l=1, 2, \cdots, L_j, \ j=1, 2, \cdots J \ (\text{C3}) \\[2mm] \sum_{m=1}^{M} Fx_m s_{m0}^{j-} + \sum_{n=1}^{N} Fy_n s_{n0}^{j+} - \sum_{l=1}^{L} s_{l0}^{j-} = 0, \quad j=1, 2, \cdots J \ (\text{C4}) \\[2mm] \sum_{k=1}^{K} \lambda_k^j z_k^{(j, h)} = \sum_{k=1}^{K} \lambda_k^h z_k^{(h, j)}, \quad j=1, 2, \cdots J \ (\text{C5}) \\[2mm] \sum_{k=1}^{K} \lambda_k^j = 1, \quad j=1, 2, \cdots J \ (\text{C6}) \\[2mm] \lambda_k^j, \ s_{m0}^{j-}, \ s_{n0}^{j+}, \ s_{l0}^{j-} \geqslant 0 \end{cases}$$

其中，J 为部门数量，$R_m^- = \max(x_m) - \min(x_m)$，$R_n^+ = \max(y_n) - \min(y_n)$ 和 $R_l^- = \max$
（u_l）$-\min$（u_l）分别是投入、期望产出和非期望产出的极差；$z^{(j, h)}$ 表示
部门 j 和部门 h 之间的中间产出；w_j 为部门 j 的权重；N_j，M_j 和 L_j 分别表
示部门 j 的期望产出、投入和非期望产出的数量；x，y 和 u 分别表示投入、
期望产出和非期望产出；λ^j，λ^h 是权重；s_m^-，s_m^+ 和 s_l^- 分别表示第 m 个投入、
第 n 个期望产出和第 l 个非期望产出的松弛；Fx_m 是第 m 个投入的排放因子；
Fy_n 是第 n 个产出的恢复因子。

模型 6-3 具有以下两个属性：（P1）$0 \leqslant \theta \leqslant 1$；（P2）$\theta$ 为可以测
量投入和产出的替代单位常数。证明过程可以参考 Cooper 等（1999）。此
外，模型 6-3 是一个无导向模型，松弛来自投入和产出。与投入导向模型

和产出导向模型相比，模型 6-3 中有效决策单元的数量可能更少。

在模型 6-3 中，约束条件 C4 表示投入、产出和非期望产出之间的权衡。若非期望产出的松弛 s_l^{j-} 增加，根据约束条件 C4，投入的松弛 s_m^{j-} 或期望产出的松弛 s_n^{j+} 肯定会增加。一方面，若投入松弛 s_m^{j-} 增加，而产出松弛 s_n^{j+} 保持不变或 s_n^{j+} 的减少率小于 s_m^{j-}，由于投入松弛表示冗余，这意味着决策单元的投入远大于所需的水平。通常，如果决策单元消耗更多投入，则更多投入应该产生更多产出，由于期望产出松弛表示产出不足，其期望产出松弛应该等距地减小。然而，s_n^{j+} 的减少率小于 s_m^{j-}，这意味着如果非期望产出增加，决策单元必须为减少的期望产出付出代价。另一方面，如果期望产出松弛 s_n^{j+} 增加，并且投入松弛 s_m^{j-} 保持不变或 s_m^{j-} 减小率小于 s_n^{j+}，由于期望产出松弛表示期望产出不足，这意味着决策单元的期望产出远小于所需的产出水平。也就是说，如果非期望产出增加，则决策单元必须为减少的期望产出付出代价。因此，约束条件 C4 可以表示投入、期望产出和非期望产出之间的权衡。

约束条件 C4 适用于航空公司。为了控制排放，航空公司需要引进更多的新飞机或增加维护成本。根据机会成本理论，这将导致航空公司收入减少，因为航空公司可以将这笔钱投资于其他领域以增加收入。

部门 j 的部门效率为

$$\theta = 1 - \max \frac{1}{M_j + N_j + L_j} \left(\sum_{m=1}^{M_j} \frac{s_{m0}^{j+}}{R_m^-} + \sum_{n=1}^{N} \frac{s_{n0}^{j+}}{R_n^-} + \sum_{l=1}^{L} \frac{s_{l0}^{j-}}{R_l^-} \right) \quad (6\text{-}4)$$

6.3 实证研究

6.3.1 航空公司效率框架

本章在前人文献综述的基础上，构建了航空效率的新理论模型。遵循 Mallikarjun（2015）、Li 等（2015）和 Li 等（2016b），将航空公司的生产流程划分为运营阶段、服务阶段和销售阶段。结合 Mallikarjun（2015）和

Li 等（2015）的研究，选择投入、产出和中间产出指标如下。

运营阶段：

投入 1 = 员工人数（NE）和航空煤油（AK）

产出 1 = 可用座公里（ASK）

服务阶段：

投入 2 = 可用座公里（ASK）和机队规模（FS）

产出 2 = 收入客公里（RPK）

非期望产出：温室气体排放（GHG）

销售阶段：

投入 3 = 收入客公里（RPK）和销售成本（SC）

产出 3 = 总收入（TR）

中间产出：

连接（运营阶段到服务阶段）：可用座公里（ASK）

连接（服务阶段到销售阶段）：收入客公里（RPK）

遵循 Li 等（2016b），将温室气体排放（GHG）定义为服务阶段的非期望产出。航空排放包括 CO_2、H_2O、NOx、SOx 和烟尘，其中 CO_2 是最重要的温室气体（Sausen 等，2005）。飞机的排放量与其实际载荷及飞行距离密切相关，并且，排放量通常也由机队规模决定。总收入包括客运服务收入、货运服务收入、货邮服务收入和其他收入。详细的三阶段的网络结构如图 6-1 所示。

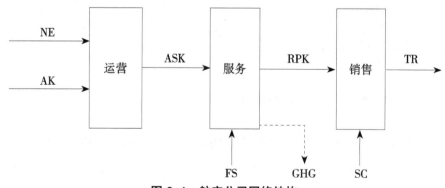

图 6-1　航空公司网络结构

6.3.2 数据介绍

本章实证数据来自29家全球航空公司：俄罗斯航空、柏林航空、法荷航空、汉莎航空、北欧航空，伊比利亚航空、瑞安航空、英国航空、葡萄牙航空、挪威航空、芬兰航空、土耳其航空、易捷航空、维珍航空、中国东方航空、中国南方航空、大韩航空、澳洲航空、达美航空、中国国际航空、海南航空、阿联酋航空、加拿大航空、国泰航空、新加坡航空、全日空航空、长荣航空、泰国航空和印尼鹰航。在这些航空公司中，有7家航空公司的旅客周转量在全球排名前十（达美航空、阿联酋航空、中国南方航空、汉莎航空、英国航空、法荷航空、中国国际公司）。该样本涵盖了来自亚洲、欧洲、大洋洲和美国的航空公司，可以在一定程度上代表全球航空公司。因此，选择这些航空公司作为研究样本。

本章的实证研究将使用2008—2015年的八年期数据。运营费用、可用座公里、机队规模、销售成本、总收入和收入客公里数据均来自各航空公司年报。温室气体排放数据来自29家航空公司的可持续发展报告或环境和企业社会责任报告。本章不考虑全服务运营商和低成本运营商之间的区别。

表6-1列出了2008—2015年投入、产出和中间产出的描述性统计数据。

表6-1　2008—2015年投入与产出的描述性统计数据

变量	均值	标准差	最小值	最大值
投入				
员工人数	30 575.74	27 891.76	1 238.00	119 559.00
航空煤油（1000 t）	4 255.43	3 468.30	236.40	14 409.10
机队规模	283.49	208.94	53.00	809.00
销售成本（10^6 美元）	719.97	518.03	65.00	2 387.00
期望产出				
总收入（10^6 美元）	13 461.94	9 697.06	1 271.00	42 609.00
非期望产出				
温室气体排放（1000 t）	15 018.35	8 529.73	3 280.00	42 150.00
中间产出				
可用座公里（10^6）	136 153.16	95 406.45	2 791.48	559 878.00
收入客公里（10^6 客公里）	108 408.26	82 138.15	1 943.04	485 690.00

注：销售成本和总收入以美元的平价购买力表示。

表 6-2 所示为投入和产出的皮尔森相关系数矩阵。

表 6-2 投入 – 产出相关性

	ASK	RPK	GHG	TR
NE	0.483	–	–	–
AK	0.728	–	–	–
ASK	–	0.992	0.869	–
FS	–	0.796	0.707	–
RPK	–	–	–	0.782
SC	–	–	–	0.528

注：所有关联系数都在 1% 显著性水平上显著。

如表 6-2 所示，大部分系数为正数且数值相对较大，说明投入和产出间关系紧密。

6.3.3 效率结果分析

根据 6.2 节中结合弱 G 处置法的网络 RAM 模型，三阶段的权重对结果有直接影响，必须提前提供权重系数。在现有的效率文献中，Yu（2010）、Lozano 和 Guti é rrez（2014）为每个阶段设定了相同的权重。因此，本章将航空效率三个阶段的权重系数设定为，并介绍了详细的模型。

航空煤油（AK）仅与温室气体排放直接相关，排放因子为 3.157（Cui 和 Li，2016），因此其值应为 3.157。此外，由于总收入（TR）是唯一的期望产出，航空煤油（AK）是主要的物质型投入，故将 k 航空公司总收入（TR）的回收因子定义为燃料成本除 TR 的商。

结合弱 G 处置法的详细网络 RAM 模型为

$$\theta = 1 - \max\left(\frac{1}{6} \times \left(\frac{s_0^{\text{NE}}}{\text{RNE}} + \frac{s_0^{\text{AK}}}{\text{RAK}} + \frac{s_0^{\text{FS}}}{\text{RFS}} + \frac{s_0^{\text{GHG}}}{\text{RGHG}} + \frac{s_0^{\text{SC}}}{\text{RSC}} + \frac{s_0^{\text{TR}}}{\text{RTR}}\right)\right) \quad （6-5）$$

$$s.t.\begin{cases} \mathrm{NE}_0 = \sum_k \lambda_k \mathrm{NE}_k + s_0^{\mathrm{NE}} \\[2mm] \mathrm{AK}_0 = \sum_k \lambda_k \mathrm{AK}_k + s_0^{\mathrm{AK}} \\[2mm] \sum_k \lambda_k = 1 \\[2mm] \sum_k (\lambda_k - \mu_k) \mathrm{ASK}_k = 0 \\[2mm] \mathrm{FS}_0 = \sum_k \mu_k \mathrm{FS}_k + s_0^{\mathrm{FS}} \\[2mm] \mathrm{GHG}_0 = \sum_k \mu_k \mathrm{GHG}_k + s_0^{\mathrm{GHG}} \\[2mm] \sum_k \mu_k = 1 \\[2mm] \sum_k (\mu_k - \eta_k) \mathrm{RPK}_k = 0 \\[2mm] \mathrm{SC}_0 = \sum_k \eta_k \mathrm{SC}_k + s_0^{\mathrm{SC}} \\[2mm] \mathrm{TR}_0 = \sum_k \eta_k \mathrm{TR}_k - s_0^{\mathrm{TR}} \\[2mm] \sum_k \eta_k = 1 \\[2mm] F_{x0} s_0^{\mathrm{AK}} + F_{y0} s_0^{\mathrm{TR}} - s_0^{\mathrm{GHG}} = 0 \end{cases}$$

在该模型中，AK、TR 和 GHG 分别属于不同的阶段，但它们必须遵守物质平衡原则（MBP），因此在模型 6-5 中构建最后一个约束条件以反映整个过程中的 MBP。

所有变量均为非负数，NE_k 表示航空公司 k 的员工人数；AK_k 表示航空公司 k 的航空煤油消耗；FS_k 表示航空公司 k 的机队规模；ASK_k 表示航空公司 k 的可用座公里数；GHG_k 表示航空公司 k 的温室气体排放量；SC_k 表示航空公司 k 的销售成本；RPK_k 表示航空公司 k 的收入客公里数；TR_k 表示航空公司 k 的总收入；RNE 表示员工人数极差；RAK 表示航空煤油消耗极差；RFS 表示机队规模极差；RSC 表示销售成本极差；RGHG 表示温室气体排放量的极差；RTR 表示总收入极差。

运营阶段的效率是

$$\theta_1 = 1 - \frac{1}{2} * \left(\frac{s_0^{NE}}{RNE} + \frac{s_0^{AK}}{RAK} \right)$$ （6-6）

服务阶段的效率是

$$\theta_2 = 1 - \frac{1}{2} * \left(\frac{s_0^{FS}}{RFS} + \frac{s_0^{GHG}}{RGHG} \right)$$ （6-7）

销售阶段的效率是

$$\theta_3 = 1 - \frac{1}{2} * \left(\frac{s_0^{SC}}{RSC} + \frac{s_0^{TR}}{RTR} \right)$$ （6-8）

应用模型 6-5 至模型 6-8 来获得这些航空公司在 2008—2015 年的整体效率和平均阶段效率，如表 6-3 和表 6-4 所示。详细的阶段效率可以在附录 1 中找到。

表 6-3　2008—2015 年航空公司总效率

航空公司	2008	2009	2010	2011	2012	2013	2014	2015	平均值	排名
俄罗斯航空	0.889	0.890	0.827	0.841	0.828	0.778	0.773	0.741	0.821	18
柏林航空	0.887	0.869	0.847	0.838	0.809	0.815	0.786	1.000	0.856	14
法荷航空	0.654	0.813	0.670	0.653	0.635	0.629	0.632	0.621	0.663	28
汉莎航空	0.787	0.702	0.714	0.714	0.700	0.799	0.807	0.620	0.730	24
北欧航空	0.968	0.980	0.986	0.967	0.985	0.985	0.988	0.988	0.981	2
伊比利亚航空	0.749	0.595	0.586	0.586	0.581	0.607	1.000	1.000	0.713	26
瑞安航空	0.887	0.870	0.810	0.800	0.792	0.784	0.785	0.830	0.820	19
英国航空	0.798	0.782	0.776	0.764	0.729	0.707	0.677	0.682	0.739	23
葡萄牙航空	0.920	0.923	0.913	0.922	0.927	0.930	0.957	0.931	0.928	7
挪威航空	0.866	0.848	0.831	0.819	0.811	0.832	0.823	0.940	0.846	16
芬兰航空	0.922	0.917	0.927	0.941	0.941	0.943	0.968	1.000	0.945	6
土耳其航空	0.909	0.905	0.865	0.854	0.827	0.789	0.762	0.823	0.842	17
易捷航空	0.951	0.941	0.954	0.965	0.965	0.939	0.944	0.916	0.947	5
维珍航空	1.000	1.000	0.999	1.000	1.000	0.939	0.928	0.937	0.975	3
中国东方航空	0.849	0.823	0.840	0.826	0.820	0.686	0.677	0.650	0.771	22
中国南方航空	0.799	0.772	0.714	0.731	0.676	0.606	0.585	0.598	0.685	27
大韩航空	0.910	0.900	0.919	0.934	0.938	0.917	0.919	0.820	0.907	10
澳洲航空	0.828	0.860	0.851	0.858	0.857	0.851	0.855	0.820	0.848	15
达美航空	0.538	0.552	0.556	0.580	0.568	0.500	1.000	0.485	0.598	29
中国国际航空	0.845	0.820	0.736	0.735	0.720	0.685	0.678	0.620	0.730	25
海南航空	1.000	0.867	0.855	0.830	0.839	0.915	0.909	0.940	0.894	12
阿联酋航空	0.970	0.879	0.968	0.968	0.964	0.957	0.957	0.587	0.906	11
加拿大航空	0.888	0.890	0.886	0.895	0.905	0.871	0.865	0.868	0.883	13
国泰航空	0.807	0.772	0.760	0.747	0.752	0.757	0.744	0.843	0.773	21

航空公司	2008	2009	2010	2011	2012	2013	2014	2015	平均值	排名
新加坡航空	0.903	0.800	0.922	0.933	0.944	0.921	0.931	0.941	0.912	8
全日空航空	0.787	0.802	0.792	0.828	0.796	0.770	0.765	0.723	0.783	20
长荣航空	0.996	1.000	1.000	1.000	1.000	1.000	0.990	0.978	0.995	1
泰国航空	0.883	0.888	0.903	0.914	0.936	0.890	0.899	0.954	0.908	9
印尼鹰航	1.000	1.000	1.000	1.000	1.000	0.931	0.917	0.894	0.968	4

表 6-4 2008—2015 年航空公司平均阶段效率

航空公司	运营	排名	服务	排名	销售	排名
俄罗斯航空	0.900	11	0.757	22	0.806	18
柏林航空	0.994	2	0.880	16	0.696	26
法荷航空	0.484	29	0.673	26	0.833	16
汉莎航空	0.499	28	0.692	25	1.000	1
北欧航空	0.967	8	1.000	1	0.976	3
伊比利亚航空	0.782	22	0.582	28	0.776	21
瑞安航空	0.932	10	0.738	23	0.789	20
英国航空	0.674	25	0.813	20	0.731	25
葡萄牙航空	0.983	5	0.952	8	0.849	15
挪威航空	1.000	1	0.986	4	0.553	28
芬兰航空	0.976	7	0.991	3	0.868	13
土耳其航空	0.870	13	0.856	19	0.799	19
易捷航空	0.963	9	0.975	5	0.902	11
维珍航空	0.991	4	0.971	7	0.963	4
中国东方航空	0.735	23	0.765	21	0.814	17
中国南方航空	0.637	26	0.667	27	0.751	23
大韩航空	0.867	15	0.906	14	0.949	8
澳洲航空	0.816	20	0.861	18	0.866	14
达美航空	0.541	27	0.521	29	0.732	24
中国国际航空	0.695	24	0.727	24	0.767	22
海南航空	0.826	18	0.933	11	0.925	9
阿联酋航空	0.818	19	0.948	9	0.952	6
加拿大航空	0.867	14	0.888	15	0.895	12
国泰航空	0.809	21	0.873	17	0.636	27
新加坡航空	0.884	12	0.927	12	0.925	10
全日空航空	0.860	16	0.944	10	0.545	29
长荣航空	0.992	3	1.000	1	0.994	2
泰国航空	0.850	17	0.923	13	0.952	5
印尼鹰航	0.979	6	0.974	6	0.950	7

从表 6-3 中可以发现，在 2008—2015 年，长荣航空是这 29 家航空公司中平均整体效率最高的航空公司，因此它可以作为这 29 家航空公司的

基准航空公司。长荣航空在 2009—2013 年效率较高，而在其他年份效率较低。在表 6-4 中，从 2008—2015 年，其服务阶段的平均效率为 1，在这 29 家航空公司中排名第一。运营阶段和销售阶段的平均效率分别为 0.992 和 0.994，在这 29 家航空公司中排名第三和第二。因此，高平均整体效率与服务阶段的高平均效率密切相关。由于非期望产出——温室气体排放（GHG），被设定为服务阶段的非期望产出，服务阶段的高效率与长荣航空的碳排放控制措施密切相关。

长荣航空建立了一个可持续发展环境促进委员会来分析各类飞机的燃油效率，并根据短途、中途、长途及乘客数量安排最合适的飞机机型。此外，长荣航空已经展开实施了许多提高效率的措施，如机队现代化、机型轻量化和导航操作最优化等。在机队现代化方面，长荣航空订购了一些环保型机型，如波音 787、波音 777-300ER 和空中客车 A321。与旧机型相比，这些新型飞机可节省约 20%～25% 的燃油消耗。为了减轻飞机荷载，长荣航空已应用了许多新材料餐车和餐具来减轻飞机负荷，并根据航道特征和实际乘客数量调整了水的运载量。长荣航空还采用了许多新的行李箱来取代旧的重型集装箱，并使用电子飞行数据包来取代纸质手册。

为了优化导航操作，长荣航空根据最佳路线和大气层，来准确掌握起飞重量并计算最经济的燃油负荷。当飞机在地面上作业时，长荣航空使用机场提供的动能和空调，减少飞机辅助动力系统的使用，以减少温室气体排放。并且，长荣航空通过追踪每架飞机的性能趋势和每条航线的燃油消耗量，来调整油量计算因子，从而避免过多的油荷载。在这些措施的实施下，长荣航空在 2013 年、2014 年和 2015 年分别节省了约 29 825 t、40 415 t、50 169 t 的二氧化碳排放量。通过这些措施，长荣航空的环境效率得到了提高。

值得注意的是，达美航空在 29 家航空公司中处于效率排名的最低点。达美航空在运营阶段的平均效率为 0.542，排名第 27 位；服务阶段的平均阶段效率为 0.521，排名第 29 位；销售阶段的平均阶段效率为 0.732，排名第 24 位。因此，服务阶段的低效率导致平均整体效率较低。该结果与达美航空的机队状况密切相关。2014 年，达美航空的机队平均年龄为 16.8 岁，在 29 家航空公司中排名第一。机队的平均年龄较大可能是由于达美航空与西北航空公司在 2008 年的合并所致。因此，对于达美航空，应该引入更多的新机型来提高环境效率。

接下来，讨论 2009—2015 年的年效率变化。根据 Cui 等（2014），航空公司 i 的年效率变化指数 M_{it} 为

$$M_{it}=\frac{E_{it}}{E_{it-1}}, \quad i=1, 2, \cdots, 29, \quad t=2010, \cdots, 2015 \qquad (6-9)$$

E_{it} 表示航空公司 i 在第 t 年的效率。

总体效率变化指数如表 6-5 所示。

表 6-5　总体效率变化指数

航空公司	2009 年	2010 年	2011 年	2012 年	2013 年	2014 年	2015 年
俄罗斯航空	1.000	0.930	1.017	0.985	0.940	0.993	0.959
柏林航空	0.980	0.975	0.989	0.966	1.007	0.964	1.272
法荷航空	1.244	0.824	0.974	0.973	0.991	1.005	0.982
汉莎航空	0.892	1.016	1.001	0.980	1.142	1.010	0.768
北欧航空	1.012	1.006	0.981	1.018	1.000	1.003	1.000
伊比利亚航空	0.794	0.985	1.001	0.991	1.045	1.646	1.000
瑞安航空	0.981	0.931	0.987	0.991	0.989	1.002	1.057
英国航空	0.980	0.993	0.984	0.955	0.970	0.957	1.007
葡萄牙航空	1.004	0.990	1.009	1.006	1.003	1.030	0.973
挪威航空	0.979	0.981	0.985	0.990	1.026	0.989	1.142
芬兰航空	0.995	1.010	1.015	1.000	1.002	1.027	1.033
土耳其航空	0.995	0.956	0.987	0.968	0.955	0.966	1.080
易捷航空	0.989	1.014	1.012	0.999	0.973	1.006	0.970
维珍航空	1.000	0.999	1.001	1.000	0.939	0.988	1.009
中国东方航空	0.969	1.021	0.983	0.993	0.837	0.987	0.961
中国南方航空	0.967	0.924	1.024	0.925	0.896	0.966	1.022
大韩航空	0.988	1.022	1.017	1.004	0.977	1.002	0.892
澳洲航空	1.038	0.990	1.008	0.999	0.992	1.005	0.960
达美航空	1.026	1.007	1.043	0.979	0.880	2.000	0.485
中国国际航空	0.971	0.898	0.998	0.980	0.952	0.989	0.915
海南航空	0.867	0.987	0.971	1.011	1.090	0.993	1.034
阿联酋航空	0.906	1.101	0.999	0.996	0.993	1.000	0.613
加拿大航空	1.002	0.996	1.010	1.012	0.962	0.993	1.004
国泰航空	0.957	0.985	0.982	1.008	1.007	0.982	1.132
新加坡航空	0.886	1.153	1.012	1.011	0.976	1.011	1.010
全日空航空	1.019	0.987	1.045	0.962	0.968	0.993	0.945

续表

航空公司	2009 年	2010 年	2011 年	2012 年	2013 年	2014 年	2015 年
长荣航空	1.004	1.000	1.000	1.000	1.000	0.990	0.987
泰国航空	1.006	1.017	1.012	1.024	0.951	1.010	1.061
印尼鹰航	1.000	1.000	1.000	1.000	0.931	0.984	0.975
最大值	1.244	1.153	1.045	1.024	1.142	2.000	1.272
平均值	0.981	0.990	1.002	0.991	0.979	1.051	0.974

从表 6-5 中可以看到，2014 年的平均效率变化指数是 2009—2015 年的最高水平，这主要与达美航空公司 2014 年异常的效率变化指数有关。2015 年，达美航空运营阶段、服务阶段和销售阶段的效率分别是 2013 年的 2.199 倍、2.599 倍和 1.528 倍。2014 年，达美航空的员工人数、航空煤油、机队规模和销售成本分别为 2013 年的 1.024 倍、1.017 倍、1.039 倍，而其总收入是 2013 年的 1.069 倍。投入的增长滞后于产出的增长，故其效率在 2013 年至 2014 年有显著的提高。

法荷航空是 2008—2009 年效率变化指数最大的航空公司。2009 年，其运营阶段、服务阶段和销售阶段的效率分别是 2008 年的 1.349 倍、1.379 倍和 1.101 倍；其员工人数、航空煤油、机队规模和销售成本分别是 2008 年的 0.979 倍、0.919 倍、0.990 倍和 0.997 倍；但其 2009 年的总收入是 2008 年的 1.052 倍；温室气体排放量是 2008 年的 0.919 倍。新加坡航空是 2009—2010 年效率变化指数最大的航空公司。2010 年，其运营阶段、服务阶段和销售阶段的效率分别是 2009 年的 1.239 倍、1.156 倍和 1.070 倍；其员工人数、航空煤油、机队规模和销售成本分别是 2009 年的 0.409 倍、1.066 倍、1.000 倍、1.146 倍，但其 2010 年的总收入是 2009 年的 11.431 倍。全日空航空是 2010—2011 年效率变化指数最大的航空公司。2011 年，其运营阶段、服务阶段和销售阶段的效率分别是 2010 年的 1.011 倍、1.009 倍和 1.158 倍；其员工人数、航空煤油、机队规模和销售成本分别是 2010 年的 1.005 倍、0.962 倍、1.028 倍和 0.988 倍，但其 2011 年的总收入是 2010 年的 1.237 倍。

泰国航空是 2011—2012 年效率变化指数最大的航空公司。2012 年，其运营阶段、服务阶段和销售阶段的效率分别是 2011 年的 1.032 倍、1.025

倍和 1.016 倍；其员工人数、航空煤油、机队规模和销售成本分别为 2011
年的 0.983 倍、1.013 倍、1.067 倍，但其 2012 年的总收入是 2011 年的 1.139 倍。
汉莎航空是 2012—2013 年效率变化指数最大的航空公司。2013 年，其运
营阶段、服务阶段和销售阶段的效率分别是 2012 年的 1.803 倍、0.958 倍
和 1.000 倍；其员工人数、航空煤油，机队规模和销售成本分别是 2012 年
的 0.463 倍、0.958 倍、0.992 倍和 0.910 倍，而其 2013 年的总收入是 2012
年的 1.023 倍。柏林航空是 2014—2015 年效率变化指数最大的航空公司。
2015 年，其运营阶段、服务阶段和销售阶段的效率分别是 2014 年的 1.000
倍、1.247 倍和 1.800 倍；其员工人数、航空煤油、机队规模和销售成本分
别是 2014 年的 1.051 倍、0.810 倍、1.067 倍和 0.132 倍；但其 2015 年的总
收入是上一年的 2.821 倍。

6.3.4 影响因素分析

为了分析影响航空公司效率的主要因素，进行了回归分析。根据现
有论文（Simar 和 Wilson，1998；Banker 和 Natarajan，2008；Cui 和 Li，
2015a；Dožić 和 Kalić，2015；Wanke 等，2015），选择了四个重要指标来
寻找影响因素，如表 6-6 所示。

表 6-6 影响因素及数据来源

影响因素	数据来源
所在地人均国内生产总值（美元）	世界银行（www.worldbank.org.cn）
机队平均年龄（年）	航空公司年报
目的地数量	航空公司年报
平均运距（km）	航空公司年报

本章应用 Stata 12.0 进行 Tobit 回归分析，结果如表 6-7 所示。

表 6-7 回归分析结果

效率	影响因素	系数	t- 值	显著性水平
总体效率	所在地人均国内生产总值（美元）	3.94E-07	0.68	0.500
	机队平均年龄（年）	-.0065404	-1.59	0.115
	目的地数量	-.0000433	-0.34	0.734
	平均运距（km）	-4.57E-06	-0.47	0.640
		R-squared = 0.0197	F= 0.64	Prob > F = 0.6333

续表

效率	影响因素	系数	t- 值	显著性水平
运营阶段效率	所在地人均国内生产总值（美元）	2.74E-07	0.32	0.747
	机队平均年龄（年）	−.0065005	−1.08	0.280
	目的地数量	−.0000347	−0.19	0.851
	平均运距（km）	−.0000116	−0.81	0.417
	R−squared =0.0119	*F* =0.38	Prob > *F* = 0.8195	
服务阶段效率	所在地人均国内生产总值（美元）	8.55E-07	1.14	0.255
	机队平均年龄（年）	−.0099229	−1.88	0.063
	目的地数量	−.0000407	−0.25	0.804
	平均运距（km）	−4.21E-06	−0.34	0.737
	R−squared=0.0296	*F* =0.97	Prob > *F* =0.4238	
销售阶段效率	所在地人均国内生产总值（美元）	8.75E-09	0.01	0.990
	机队平均年龄（年）	−.0029301	−0.57	0.568
	目的地数量	−.0000664	−0.42	0.675
	平均运距（km）	1.72E-06	0.14	0.887
	R−squared =0.0070	*F*=0.23	Prob > *F* = 0.9236	

　　若显著性水平较低，则该因素对航空公司效率有显著影响。从表6–7中的F检验结果可以看出，总体而言，这些因素对航空公司效率影响并不显著，只有机队平均年龄对整体效率有轻微影响，显著性水平为20%。这表明，通过结合弱G处置法的网络RAM模型计算出的结果，基本上不受外部因素的影响。也就是说，结合弱G处置法的网络RAM模型计算出的结果是稳健的。这与机队平均年龄对服务效率的影响有直接关系。对于服务阶段效率，只有机队平均年龄具有显著的负面影响，显著性水平为10%，这与预期结果一致。机队平均年龄较大意味着更多的旧飞机和更少的新飞机，而旧的飞机将带来不良的乘客体验，并影响乘客的选择。这不利于负载系数的增加，因此，机队平均年龄对服务效率具有负面影响。

　　从表6–7中可以发现，四个指标中没有一个对运营效率和销售效率产生显著影响，因此，运营效率和销售效率的结果也较稳健。

6.4　本章小结

　　本章旨在衡量航空公司的环境效率，该过程分为三个阶段：运营、服务和销售。选择员工人数（NE）和航空煤油（AK）作为运营阶段的投入，该投入在运营阶段产生可用座公里（ASK）。可用座公里（ASK）和机队规模（FS）作为服务阶段的投入，用于产生收入客公里（RPK）和温室气体排放（GHG）。收入客公里（RPK）和销售成本（SC）是销售阶段的投入，用于产生总收入（TR）。本章提出了一个新的模型，即结合弱 G 处置法的网络 RAM 模型，来评估 2008—2015 年航空公司的环境效率。继而讨论了年度效率变化，并根据实证数据分析了效率变化原因。最后，进行回归分析，探讨了影响航空公司环境效率的重要因素。结果表明，只有机队平均年龄对航空公司整体效率和服务阶段效率有轻微影响。

为了测量航空公司的环境效率，本章提出了一个新的模型，即结合弱 G 处置法的网络 RAM 模型。与现有模型相比，该模型考虑了物质平衡原则（MBP）和与决策单元运营表现衡量有关的内部结构。基于这些优点，新模型可广泛应用于考虑非期望产出的环境效率测量。排放因子和回收因子的设定可为弱 G 处置法的应用提供参考。

通过对长荣航空的分析和影响因子结果的分析，发现机队升级对航空公司非常重要。机队平均年龄对服务阶段效率产生显著的消极影响，新机型意味着更高效的服务。根据中国南方航空公司的企业社会责任报告和 Cui 等（2016a），新飞机比旧飞机能更有效地节省燃料和减少排放。例如，每百公里乘客的 A380 燃油消耗量约为 2.9L，比某些传统飞机低 30%。因此，航空公司应更加注重升级机队，以提高环境效率。

在表 6-3 中可以发现，每个年份都有若干个有效的决策单元，但模型无法区分这些决策单元。在未来的研究中，将探索区分高效率决策单元的方法。

附录 1

航空公司	2008年			2009年			2010年			2011年			2012年			2013年			2014年			2015年		
	1	2	3	1	2	3	1	2	3	1	2	3	1	2	3	1	2	3	1	2	3	1	2	3
俄罗斯航空	0.906	0.834	0.928	0.933	0.841	0.895	0.921	0.775	0.785	0.911	0.809	0.802	0.899	0.776	0.809	0.870	0.637	0.827	0.869	0.630	0.820	0.890	0.755	0.578
柏林航空	0.995	0.857	0.810	0.993	0.867	0.747	0.961	0.910	0.671	1.000	0.876	0.639	1.000	0.862	0.566	1.000	0.867	0.578	1.000	0.802	0.556	1.000	1.000	1.000
法荷航空	0.408	0.644	0.908	0.551	0.888	1.000	0.476	0.712	0.823	0.455	0.694	0.809	0.445	0.639	0.820	0.448	0.634	0.806	0.438	0.663	0.797	0.648	0.511	0.703
汉莎航空	0.505	0.855	1.000	0.450	0.657	1.000	0.447	0.693	1.000	0.429	0.714	1.000	0.408	0.691	1.000	0.736	0.662	1.000	0.733	0.689	1.000	0.287	0.574	1.000
北欧航空	0.905	1.000	1.000	0.940	1.000	1.000	0.957	1.000	1.000	0.959	1.000	0.942	0.988	1.000	0.966	1.000	1.000	0.955	1.000	1.000	0.964	0.983	1.000	0.983
伊比利亚航空	0.764	0.566	0.918	0.652	0.412	0.722	0.679	0.434	0.645	0.687	0.451	0.620	0.697	0.400	0.646	0.777	0.391	0.654	1.000	1.000	1.000	1.000	1.000	1.000
瑞安航空	0.941	0.827	0.893	0.932	0.826	0.851	0.919	0.755	0.756	0.909	0.724	0.766	0.912	0.712	0.752	0.930	0.639	0.783	0.930	0.656	0.769	0.979	0.769	0.742
英国航空	0.713	0.892	0.788	0.693	0.864	0.790	0.713	0.846	0.771	0.704	0.824	0.763	0.666	0.783	0.739	0.647	0.760	0.714	0.621	0.761	0.649	0.636	0.773	0.637
葡萄牙航空	0.977	0.893	0.889	0.977	0.911	0.881	0.978	0.914	0.849	0.971	0.983	0.812	0.977	0.981	0.823	0.990	0.934	0.866	1.000	1.000	0.872	0.992	0.999	0.803
挪威航空	1.000	0.989	0.609	1.000	1.000	0.543	1.000	0.999	0.494	1.000	0.991	0.466	1.000	0.983	0.451	1.000	0.986	0.511	1.000	0.999	0.471	0.998	0.941	0.881
芬兰航空	0.947	0.984	0.836	0.946	0.975	0.832	0.970	0.989	0.822	0.977	0.994	0.822	0.982	0.992	0.849	0.988	0.995	0.845	1.000	1.000	0.904	1.000	1.000	1.000
土耳其航空	0.932	0.902	0.893	0.920	0.928	0.867	0.910	0.900	0.787	0.895	0.901	0.765	0.879	0.902	0.699	0.845	0.806	0.717	0.829	0.791	0.666	0.752	0.718	0.927
易捷航空	0.969	0.987	0.896	0.961	0.973	0.888	0.972	0.980	0.910	0.976	0.989	0.931	0.979	0.992	0.923	0.972	0.984	0.860	0.968	0.984	0.881	0.906	0.915	0.881
维珍航空	1.000	1.000	1.000	1.000	1.000	1.000	0.997	1.000	1.000	1.000	1.000	1.000	1.000	1.000	1.000	0.976	0.913	0.928	0.976	0.906	0.881	0.983	0.950	0.877

续表

航空公司	2008 年			2009 年			2010 年			2011 年			2012 年			2013 年			2014 年			2015 年		
	1	2	3	1	2	3	1	2	3	1	2	3	1	2	3	1	2	3	1	2	3	1	2	3
中国东方航空	0.776	0.836	0.934	0.776	0.843	0.850	0.844	0.828	0.848	0.845	0.807	0.826	0.820	0.801	0.838	0.595	0.626	0.839	0.572	0.617	0.842	0.651	0.762	0.538
中国南方航空	0.754	0.760	0.884	0.735	0.749	0.833	0.670	0.729	0.742	0.720	0.713	0.758	0.614	0.665	0.748	0.513	0.550	0.754	0.471	0.538	0.746	0.620	0.633	0.540
大韩航空	0.867	0.898	0.966	0.839	0.894	0.965	0.876	0.920	0.961	0.879	0.924	1.000	0.884	0.931	1.000	0.871	0.879	1.000	0.865	0.891	1.000	0.850	0.913	0.697
澳洲航空	0.783	0.851	0.851	0.804	0.898	0.878	0.816	0.870	0.868	0.828	0.850	0.895	0.817	0.845	0.910	0.815	0.800	0.937	0.817	0.819	0.928	0.848	0.952	0.661
达美航空	0.422	0.335	0.857	0.471	0.464	0.722	0.508	0.517	0.645	0.547	0.573	0.620	0.539	0.520	0.646	0.455	0.391	0.654	1.000	1.000	1.000	0.383	0.366	0.708
中国国际航空	0.815	0.827	0.893	0.783	0.826	0.851	0.721	0.739	0.749	0.714	0.724	0.766	0.692	0.705	0.763	0.635	0.639	0.783	0.608	0.656	0.769	0.592	0.703	0.566
海南航空	1.000	1.000	1.000	0.736	0.909	0.955	0.718	0.918	0.930	0.619	0.908	0.964	0.661	0.944	0.913	0.949	0.940	0.857	0.948	0.914	0.865	0.975	0.931	0.914
阿联酋航空	0.910	1.000	1.000	0.770	0.867	1.000	0.904	1.000	1.000	0.903	1.000	1.000	0.891	1.000	1.000	0.872	1.000	1.000	0.871	1.000	1.000	0.425	0.720	0.615
加拿大航空	0.873	0.894	0.896	0.877	0.898	0.894	0.884	0.903	0.871	0.876	0.892	0.916	0.855	0.919	0.941	0.855	0.830	0.928	0.852	0.828	0.914	0.862	0.944	0.799
国泰航空	0.835	0.907	0.678	0.788	0.879	0.648	0.820	0.906	0.555	0.797	0.882	0.561	0.811	0.888	0.559	0.810	0.840	0.623	0.795	0.842	0.595	0.814	0.842	0.871
新加坡航空	0.832	0.960	0.916	0.749	0.831	0.821	0.928	0.961	0.878	0.918	0.947	0.934	0.931	0.954	0.946	0.900	0.914	0.949	0.911	0.931	0.951	0.905	0.918	1.000
全日空航空	0.856	0.956	0.549	0.866	0.979	0.562	0.865	0.952	0.559	0.875	0.961	0.648	0.840	0.918	0.629	0.861	0.894	0.557	0.836	0.903	0.555	0.877	0.988	0.304
长荣航空	1.000	1.000	0.987	1.000	1.000	1.000	1.000	1.000	1.000	1.000	1.000	1.000	1.000	1.000	1.000	1.000	1.000	1.000	0.971	1.000	1.000	0.965	1.000	0.968
泰国航空	0.814	0.900	0.935	0.817	0.898	0.948	0.840	0.918	0.952	0.844	0.918	0.979	0.871	0.941	0.929	0.835	0.906	0.995	0.841	0.904	0.951	0.938	0.998	0.926
印尼鹰航	1.000	1.000	1.000	1.000	1.000	1.000	1.000	1.000	1.000	1.000	1.000	1.000	1.000	1.000	1.000	0.952	0.944	0.898	0.941	0.927	0.882	0.943	0.922	0.817

注：1、2、3分别表示运营阶段、服务阶段和销售阶段

7 强处置和弱处置下航空公司能源效率比较分析

7.1 研究问题介绍

近年来，随着世界经济的快速发展和居民消费水平的提高，能源供需差距不断扩大。根据国际航空运输协会的统计数据，2012年全球所有航空公司的能源总成本超过1600亿美元，二氧化碳排放量超过6.76亿 t。在过去的10年里，航空业是少数几个能源消耗增长超过6%的行业之一。然而，能源产量却落在了后面，同期的增幅不到6%。能源供需差距越来越明显。与此同时，根据中国商飞（COMAC 2014）对未来20年的预测，未来20年，航空行业旅客周转量（RPK，revenue passenger kilometers）将以每年4.8%的速度增长，而客运总需求将是目前水平的2.6倍。对航空运输的巨大需求将刺激更高水平的能源消耗。此外，2014年，航空业的二氧化碳排放量约占全球总排放量的2%。因此，航空业的能源利用问题引起了公众的极大关注。能源效率被定义为反映能源是否得到有效利用（Clinch等，2001；Blomberg等，2012）。

此外，航空业的二氧化碳排放也引起了极大的关注。根据国际航空运输协会的统计数据，2014年，航空运输每年约占人为碳排放的2%。虽然这一比例相对较小，但工业界认识到，为了实现长期的可持续性，它必须更加努力地为环境而努力。此外，国际民用航空组织预测，在缺乏缓解措施的情况下，由于空中交通增长了 7 倍，2050 年与航空相关的温室气体（GHG）排放总量将比 2010 年高出 400% ～ 600%。在此背景下，提出了一些控制飞机排放的政策，以实现航空业的可持续发展。欧洲联盟（欧盟）于 2008 年 11 月颁布 2008/101/EC 令，将国际航空公司业务纳入欧盟排放交易系统。从 2012 年 1 月 1 日起，每架在欧盟境内起降的国际航班都需要获得排放许可（Cui 等，2016a）。这项政策在全世界引起了很大的争议。面对巨大的外交压力，欧盟暂停了非欧盟航空公司的排放税，并继续对欧盟航空公司征收排放税。另一方面，2016 年国际民航组织第 39 届会议实施了"2020 年碳中和增长"（CNG 2020）战略，实现航空运输碳中和增长。这一战略的核心是将市场措施（MBM）纳入整体战略，确定航空公司分担减排成本的途径。因此，对于航空公司来说，提高能源效率不仅仅是生产经营的需要，更是环保的要求。航空公司的能源效率评估应该考虑二氧化碳的排放，这样可以使评估结果更加合理。

在现有的能源效率论文中，主要非期望产出是 CO_2 排放，如 Wei 等（2007）、Mandal（2010）和 Tao 等（2012），本章选择 CO_2 排放作为非期望产出。

7.2　模型介绍

数据包络分析（Charnes 等，1978）是一种评价多投入多产出决策单元相对效率的数据规划方法。它已应用于理论创新、模型开发和实际应用。

设数据集为 (Y, X)，Y 表示 $K \times N$ 产出矩阵，X 表示 $K \times M$ 投入矩阵 $Y = \begin{bmatrix} y_1^{'} \\ \vdots \\ y_n^{'} \end{bmatrix}$，$X = \begin{bmatrix} x_1^{'} \\ \vdots \\ x_n^{'} \end{bmatrix}$。$E, N, M$ 分别表示决策单元数、产出数量和投入数量。

DEA 模型试图度量产出与投入的比值，例如 $u'y_i/v'x_i$，其中 u, v 是产出和投入的权重向量。对于每一个决策单元，都有以下线性规划问题：

$$\max \boldsymbol{u}'y_i / \boldsymbol{v}'x_i = 1 \qquad\qquad (7\text{-}1)$$

$$\text{s.t.} \quad \boldsymbol{u}'y_k - \boldsymbol{v}'x_k \leq 0 \quad j=1, 2, \cdots, K$$

$$\boldsymbol{u} \geq 0, \ \boldsymbol{v} \geq 0$$

当比率被测量时，决策单元中的任何一个都可能处于前沿，也可能不处于前沿。从某一特定决策单元的实际到前沿的距离被认为是决策单元效率低下的表现，这可能是由特定于决策单元的各种因素造成的。如果 DMU_i 的效率为 1，则 DMU_i 在技术上是有效的；如果它的效率小于 1，那么它在技术上就是低效的。上面的问题假设规模收益（CRS）不变。

为了同时观察效率和松弛度，提出了许多基于松弛的测度 DEA 模型（slacks-based measure DEA model，SBM）——Tone（2001）中的 slacks-based measure 和一些派生模型，如 Network DEA 的 SBM（Tone 和 tsutsui，2009）和 Dynamic DEA 的 SBM（Tone 和 Tsutsui，2010）。

Tone（2001）的基本模型是

$$\min \rho = \frac{1 - \dfrac{1}{M}\displaystyle\sum_{m=1}^{M} \dfrac{s_i^-}{x_{i0}}}{1 + \dfrac{1}{N}\displaystyle\sum_{r=1}^{N} \dfrac{s_r^+}{y_{r0}}} \qquad\qquad (7\text{-}2)$$

$$\text{s.t.} \begin{cases} x_0 = X\lambda + s^- \\ y_0 = Y\lambda - s^+ \\ e\lambda = 1 \\ \lambda \geq 0, \ s^- \geq 0, \ s^+ \geq 0 \end{cases}$$

其中，X，Y 表示投入和产出；s^+，s^- 表示投入过剩和产出不足；λ 是重量。

然而，原始的 SBM 模型并没有考虑非期望产出。针对这一问题，提出了非期望产出的 SBM 模型（Avkiran 和 Rowlands，2008；Liu 等，2010；Barros 等，2012）。非期望产出基本 SBM 模型为

$$T=f\ (\ x,\ y,\ u\ ) \qquad\qquad (7\text{-}3)$$

$$\text{s.t.} \begin{cases} x_0=X\lambda+s^- \\ y_0=Y\lambda-s^+ \\ u_0=U\lambda+ss^- \\ e\lambda=1 \\ \lambda \geqslant 0,\ s^- \geqslant 0,\ s^+ \geqslant 0 \end{cases}$$

其中, X,Y,U 表示投入、期望产出和非期望产出; s^+,s^- 和 ss^- 表示投入松弛、期望产出松弛和非期望产出松弛。

然而, 在传统的 SBM 模型中, 每个决策单元都将其生产能力与最优真实前沿的生产能力进行比较 (Xue 和 Harker, 2002)。当结果为 1 时, 决策单元在技术上是有效的; 否则, 决策单元在技术上是低效的。然而, 它不能区分有效决策单元之间的差异。

为了克服这一不足, 基于虚拟前沿的原理, 提出了一种弱处置、强处置的虚拟前沿 SBM 模型。Bian 和 Xu (2013) 首先提出了虚拟前沿的概念, 并将其应用于传统的 DEA 模型上, 构建虚拟前沿 DEA 模型。Cui 和 Li (2015a) 运用虚拟前沿 DEA 模型对 15 个国家的交通碳效率进行了评价。Cui 和 Li (2014) 提出了一个三阶段虚拟前沿 DEA 模型, 该模型可以消除一些环境因素对效率的影响。Cui 和 Li (2015b) 将虚拟前沿 DEA 模型与仁慈型交叉效率模型相结合, 提出了一种虚拟前沿仁慈 DEA 交叉效率模型。这些模型没有考虑到松弛, 有效地提高了决策单元的效率。

Li 等 (2015) 将虚拟前沿的思想应用到网络模型中, 提出了一种虚拟前沿网络 SBM 模型。该模型考虑到效率的内部活动或联系活动, 但没有考虑到结转活动的影响。Li 等 (2016a) 提出了一种虚拟前沿动态 RAM 来评估航空公司的能源效率, 但没有分析外部因素对效率的影响。崔等人 (2016b) 提出了一种基于虚拟前沿动态 SBM 来计算 2008—2012 年 21 家航空公司的能源效率。

然而, 这些模型并没有考虑非期望产出的可处置性。如果考虑到非期望产出, 可以用两种方式处置: 弱处置和强处置。弱处置性认为, 增加期望产出导致非期望产出的增加，减少非期望产出导致期望产出的减少。强处置相信环境对非期望产出的处理能力，认为环境可以处理尽可能多的非期望产出。这两种方式已经在学术期刊上进行了激烈的争论（Hailu 和 Veeman，2001；Färe 和 Grosskopf，2003；Hailu，2003），表明了用于处理非期望产出方法的重要性。Li 等（2016b）比较了强处置和弱处置下的 NSBM（Network Slacks Based Measure）测量模型在航空公司能源效率测量中的结果。

若 ζ 为评价决策单元集，Ψ 为参考决策单元集（虚拟前沿），则非期望产出的虚拟前沿 SBM 模型为

$$\min \ \theta = \left.\left(1 - \frac{1}{M+Q}\left(\sum_{i=1}^{M}\frac{s_i^-}{x_{i0}} + \sum_{j=1}^{Q}\frac{s_j^-}{u_{j0}}\right)\right)\middle/\left(1 + \frac{1}{N}\sum_{r=1}^{N}\frac{s_r^+}{y_{r0}}\right)\right.$$

$$\text{s.t.}\begin{cases} \sum_{n=1}^{K}\lambda_n xx_{in} + s_i^- = x_{i0}, \ i=1,2,\cdots,M & (\text{C}1)\\[2mm] \sum_{n=1}^{K}\lambda_n yy_{rn} - s_r^+ = y_{r0}, \ r=1,2,\cdots,N & (\text{C}2)\\[2mm] \sum_{n=1}^{K}\lambda_n uu_{jn} + s_j^- = u_{j0}, \ j=1,2,\cdots,Q & (\text{C}3)\\[2mm] \sum_{n=1}^{K}\lambda_n = 1 & (\text{C}4)\\[2mm] \lambda_n, s_i^-, s_r^+, s_j^- \geq 0 \end{cases} \qquad （7-4）$$

其中，xx_{in}，yy_{rn}，uu_{jn} 表示虚拟参考集合中的投入、产出和非期望产出；M，N，Q，K 是投入、期望产出、非期望产出和决策单元的数量。

在该模型中，参考决策单元集和评价决策单元集是两个不同的集；这为区分传统 SBM 模型中的有效决策单元提供了可能。在评价过程中，参考决策单元集保持不变，使其结果可能比现有模型更合理。

接下来，本章将介绍参考决策单元集的选择。$x_{i*} = \min_{n}\{x_{in}\}$，$y_{r*} = \max_{n}\{y_{rn}\}$ 和 $u_{j*} = \min_{n}\{u_{jn}\}$，$n=1$，$2$，$\cdots$，$K$ 表示 DMUs，x_{in} 表示 DMUn 的第 i 个投入，y_{rn} 表示 DMUn 的第 r 个产出，u_{jn} 是 DMUn 的第 j 个非期望产出。对于参考集，

投入为 $xx_{in}=0.95x_{i*}$，其产出为 $yy_{rn}=1.05y_{r*}$，非期望产出为 $uu_{jn}=0.95u_{j*}$。

可以获得 Virtual Frontier SBM 模型的两个属性。

属性 1. Virtual Frontier SBM 模型的效率低于相应的 SBM 模型的效率。

证明：将虚拟前沿 SBM 模型的效率、投入、权重、投入松弛、产出、期望产出松弛和非期望产出松弛定义为 $\theta\theta$、$\lambda\lambda$、xx、ss_i^-、yy、ss_r^+ 和 ss_j^-。对应的 SBM 模型中的记为 θ，λ，x，s_i^-，y，s_r^+ 和 s_j^-。

因为 $\sum\limits_{n=1}^{K}\lambda\lambda_n=\sum\limits_{n=1}^{K}\lambda_n=1$，有 $\sum\limits_{n=1}^{K}\lambda\lambda_n xx_{in}=0.95\times\min(x_{in})\times\sum\limits_{n=1}^{K}\lambda\lambda_n=0.95\times\min(x_{in})<\min(x_{in})\leqslant\sum\limits_{n=1}^{K}\lambda_n x_{in}$，因此 $ss_i^-=x_{i0}-\sum\limits_{n=1}^{K}\lambda\lambda_n xx_{in}>s_i^-=x_{i0}-\sum\limits_{n=1}^{K}\lambda_n x_{in}$。$ss_j^->s_j^-$ 的证明过程相同。

类似地，$\sum\limits_{n=1}^{K}\lambda\lambda_n yy_{rn}=1.05*\max(y_{rn})\times\sum\limits_{n=1}^{K}\lambda\lambda_n=1.05\times\max(y_{rn})>\max(y_{rn})\geqslant\sum\limits_{n=1}^{K}\lambda_n y_{rn}$，因此 $ss^+=\sum\limits_{n=1}^{K}\lambda\lambda_n xx_{rn}-y_{r0}>s^+=\sum\limits_{n=1}^{K}\lambda_n y_{rn}-y_{r0}$。且其他参数相同，因此 $\theta\theta<\theta$，虚拟前沿 SBM 模型的效率低于相应的 SBM 模型。

属性 2. 在 Virtual Frontier SBM 模型中不会有两个具有相同效率的决策单元，除非这两个决策单元的投入，理想产出和非期望产出完全相同。

证明：讨论了三种情况。投入不同，但期望产出和非期望产出相同；当期望产出不同，但投入和期望产出相同时；当非期望产出不同，但投入和期望产出相同时。

对于第一种情况，把两个决策单元标为 A 和 B，A 和 B 的投入分别为 x_A 和 x_B，$x_A\neq x_B$。因为 $\sum\limits_{n=1}^{K}\lambda_n=1$，$\sum\limits_{n=1}^{K}\lambda_n xx_{in}=0.95\times\min(x_{in})\times\sum\limits_{n=1}^{K}\lambda_n=0.95\times\min(x_{in})$，这个参考集对于 A 和 B 是相同的，因为 $x_A\neq x_B$，那么 ss^- 对于 A 和 B 是不同的，因此，A 和 B 的效率是不同的。

第一个属性可以保证所有决策单元的效率都小于 1，第二个属性可以确保所有决策单元都没有相同的效率。这两个属性可以完全区分决策单元并体现新模型的优点。

7.3　实证研究

7.3.1　投入和产出的选择

本章在前人文献综述和航空业现实的基础上，选择了航空公司能源效率的投入和产出。选择三个可衡量的变量作为投入：劳动力（number of employees 员工数量，NE）、资本（capital stock 资本存量，CS）和能源（tons of aviation kerosene 航空煤油，AK）。由于超过 95% 的能源消耗是航空煤油，因此本章选择它作为能源投入的指标。选择四个可测量的变量作为产出：收入吨公里（revenue tonne kilometers，RTK）、收入客公里（revenue passenger kilometers，RPK）、总营业收入（total business income，TBI）和二氧化碳排放（CO_2）。

考虑到非期望产出对能源效率的影响，本章采用二氧化碳排放作为非期望产出。应该注意的是，不同类型的喷气燃料具有不同的 CO_2 排放。然而，由于本章中的二氧化碳排放来自可持续性发展报告、环境报告和企业社会责任报告，因此将其作为产出具有高可靠性。

7.3.2　数据

本章的实证研究将使用 2008—2012 年的五年期数据进行。自 2008 年以来，美国的金融危机严重影响了全球航空公司和能源市场。为了尽量减少金融危机的影响，许多航空公司都寄希望于提高整体效率，并且由于能源价格上涨，能源效率已成为一个重要的考虑因素。研究这一时期一些主要航空公司的能源效率是有意义的。

实证数据从 22 航空公司：中国东方航空、中国南方航空、大韩航空、澳洲航空、法荷航空、汉莎航空、北欧航空、达美航空、阿拉斯加航空、中国国际航空、海南航空、阿联酋航空、埃塞俄比亚航空、格陵兰航空、加拿大航空、国泰航空、肯尼亚航空、马来西亚航空、韩亚航空、西南航空、新加坡航空和全日空航空公司。据国际航空运输协会世界航空运输统计，在这22家航空公司中，有6家收入乘客数量在2012年进入全球前10名（达美航空、西南航空、中国南方航空、中国东方航空、汉莎航空和法荷航空）。2012年全球排名前20的航空公司中，有10家跻身其中［另外4家分别是中国国际航空公司（Air China）、澳洲航空公司（Qantas Airways）、全日空航空公司（All Nippon Airways）和阿联酋航空公司（Emirates）］。这22家航空公司分别来自亚洲、美洲、欧洲、非洲和大洋洲，是全球航空公司的代表。员工人数、资本存量、营业总收入、收入吨公里和收入客公里等数据均来自年度报告。航空煤油吨数、CO_2排放量数据来源于22家企业的可持续发展报告、环境报告和企业社会责任报告。由于本章的主题是探讨航空公司的能源效率，所以没有考虑低成本航空公司和全服务航空公司的区别。

表7-1 投入和产出的描述性统计

变量	均值	标准差	最小值	最大值
投入				
员工数量	35 593.68	29 448.21	626	119 084.00
资本存量（10^8美元）	144.48	115.93	0.01	580.33
航空煤油（10^4 t）	1 053.51	2 611.41	33.8	12 838.75
期望产出				
收入吨公里（10^6 t·km）	6 240.11	6 632.17	47.96	23 672.00
收入客公里（10^6 t·km）	85 882.58	72 566.22	442.45	310 875.37
总营业收入（10^8美元）	144.48	144.09	0.04	735.42
期望产出				
CO_2排放（10^4 t）	1 415.73	1 252.29	82.43	6 027.14

注：销售成本和总营业收入以购买力平价美元表示。

由表7-1可知，CO_2排放量与航空煤油量之间没有显著的线性关系。

表7-2所示为投入与产出之间的Pearson相关系数（Pearson等，2002；崔等，2013）。

表7-2 投入产出关系

	RTK	RPK	CO_2	TBI
NE	0.501 （Sig. 0.001）	0.649 （Sig. 0.002）	0.535 （Sig. 0.002）	0.811 （Sig. 0.008）
AK	0.621 （Sig. 0.001）	0.830 （Sig. 0.004）	0.687 （Sig. 0.001）	0.617 （Sig. 0.002）
CS	0.531 （Sig. 0.005）	0.723 （Sig. 0.003）	0.623 （Sig. 0.005）	0.711 （Sig.0.003）

注：sig表示符号级别。

如表 7–2 所示，所有的系数都为正且相对较高，这就保证了投入和产出是紧密相关的。此外，AK 与 CO_2 的相关系数为 0.687，验证了 CO_2 与航空煤油用量之间没有显著的线性关系。

这里，每个航空公司被定义为一个决策单元（DMU），每个决策单元有三个投入、三个产出和一个非期望产出。

7.3.3 非期望产出的传统 SBM 模型的结果

为了验证新模型的合理性，本章首先利用模型 7–3 中非期望产出的传统 SBM 模型来计算能源效率。结果如表 7–3 所示。

表 7–3 非期望产出的传统 SBM 模型的结果

航空公司	2008 年	2009 年	2010 年	2011 年	2012 年
中国东方航空	1	1	1	1	1
中国南方航空	1	1	1	1	1
大韩航空	0.787	1	1	0.642	0.624
澳洲航空	1	1	0.937	1	1
法荷航空	1	1	1	1	1
汉莎航空	1	1	1	1	1
北欧航空	1	1	1	1	1
达美航空	1	1	1	1	1
阿拉斯加航空	0.215	1	1	1	1
中国国际航空	1	0.553	0.868	1	1
海南航空	1	1	1	1	1
阿联酋航空	1	1	1	1	1
埃塞俄比亚航空	1	1	1	1	1
格陵兰航空	1	1	1	1	1
加拿大航空	1	1	1	1	1
国泰航空	1	1	1	1	1
肯尼亚航空	1	1	1	1	1
马来西亚航空	1	1	1	1	1
韩亚航空	1	1	1	1	1
西南航空	1	1	1	1	1
新加坡航空	0.55	0.679	0.513	1	1
全日空航空	0.422	1	1	1	1

如表 7–3 所示，许多决策单元的效率为 1，传统的 SBM 无法区分它们。

7.3.4　非期望产出的虚拟前沿 SBM 模型的结果

本章通过 MATLAB 编程，对模型 7–4 中非期望产出虚拟前沿 SBM 模型进行了建模，其结果如表 7–4 所示。

表 7–4　强处置非期望产出的能源效率

航空公司	2008 年	2009 年	2010 年	2011 年	2012 年	平均
中国东方航空	0.01	0.011	0.016	0.015	0.025	0.015
中国南方航空	0.011	0.011	0.015	0.018	0.02	0.015
大韩航空	0.011	0.011	0.014	0.015	0.018	0.014
澳洲航空	0.008	0.008	0.01	0.011	0.013	0.01
法荷航空	0.011	0.01	0.012	0.012	0.015	0.012
汉莎航空	0.009	0.009	0.013	0.015	0.015	0.012
北欧航空	0.015	0.02	0.023	0.024	0.027	0.022
达美航空	0.007	0.007	0.01	0.011	0.014	0.01
阿拉斯加航空	0.002	0.002	0.002	0.002	0.003	0.002
中国国际航空	0.009	0.009	0.012	0.013	0.013	0.011
海南航空	0.001	0.001	0.001	0.001	0.001	0.001
阿联酋航空	0.011	0.011	0.014	0.016	0.02	0.015
埃塞俄比亚航空	0.002	0.003	0.004	0.003	0.005	0.004
格陵兰航空	0.002	0.001	0.002	0.001	0.002	0.002
加拿大航空	0.003	0.002	0.003	0.003	0.003	0.003
国泰航空	0.012	0.01	0.014	0.015	0.019	0.014
肯尼亚航空	0.003	0.003	0.004	0.002	0.004	0.003
马来西亚航空	0.003	0.003	0.005	0.005	0.006	0.004
韩亚航空	5.22E–05	5.79E–05	0.015	9.32E–05	0.02	0.007
西南航空	0.005	0.006	0.006	0.007	0.008	0.006
新加坡航空	0.011	0.011	0.011	0.014	0.016	0.013
全日空航空	0.005	0.007	0.008	0.009	0.009	0.007

从表 7–4 可以看出，虚拟前沿 SBM 模型能够区分决策单元，因为决策单元的效率并不完全相同。由于参考决策单元具有较大的产出和较低的投入水平，所有决策单元的效率都低于传统 SBM 模型。当参考决策单元是有效的，所有被评估的决策单元的效率都低于传统的 SBM 模型。

在虚拟前沿 SBM 模型中，所有的航空公司都是低效的；从而可以看出效率的差异，改善了传统 SBM 模型的局限性。

如果非期望产出弱处置，参考 Fare 等（1989）和 Li 等（2016），建立弱处置的虚拟前沿 SBM 模型。若 ζ 为评价决策单元集，Ψ 为参考决策

单元集（虚拟前沿），则弱处置的虚拟前沿 SBM 模型为

$$\min \ \theta = \left(1 - \frac{1}{M}\left(\sum_{i=1}^{M}\frac{s_i^-}{x_{i0}}\right)\right)\Bigg/\left(1 + \frac{1}{N}\sum_{r=1}^{N}\frac{s_r^+}{y_{r0}}\right) \qquad (7\text{--}5)$$

$$\text{s.t.}\begin{cases} \sum_{n=1}^{K}\lambda_n xx_{in} + s_i^- = x_{i0}, \ i = 1,2,\cdots,M & (C1)\\[2mm] \sum_{n=1}^{K}\lambda_n yy_{rn} - s_r^+ = y_{r0}, \ r = 1,2,\cdots,N & (C2)\\[2mm] \sum_{n=1}^{K}\lambda_n uu_{jn} = u_{j0}, \ j = 1,2,\cdots,Q & (C3)\\[2mm] \sum_{n=1}^{K}\lambda_n = 1 & (C4)\\[2mm] \lambda_n, s_i^-, s_r^+, s_j^- \geqslant 0 \end{cases}$$

其中，xx_{in}，yy_{rn}，uu_{jn} 代表虚拟参考集中的投入，产出和非期望产出；M，N，Q，K 是投入，期望产出，非期望产出和决策单元的数量。对于参考集，投入被设置为 $xx_{in}=0.95x_{i*}$，其产出被设置为 $yy_{rn}=1.05y_{r*}$，由于目标函数没有非期望产出的松弛，非期望产出对效率得分没有直接影响。因此，参考集中的非期望产出保持不变。结果如表 7–5 所示。

表 7–5　当非期望产出被弱处置时的能源效率

航空公司	2008 年	2009 年	2010 年	2011 年	2012 年	平均
中国东方航空	0.008	0.008	0.012	0.01	0.015	0.011
中国南方航空	0.008	0.009	0.012	0.014	0.015	0.012
大韩航空	0.009	0.009	0.013	0.012	0.014	0.011
澳洲航空	0.006	0.007	0.009	0.009	0.01	0.008
法荷航空	0.007	0.008	0.009	0.009	0.011	0.009
汉莎航空	0.008	0.007	0.011	0.012	0.011	0.01
北欧航空	0.012	0.016	0.019	0.019	0.02	0.017
达美航空	0.005	0.004	0.006	0.005	0.006	0.005
阿拉斯加航空	0.001	0.001	0.001	0.001	0.001	0.001
中国国际航空	0.008	0.007	0.009	0.01	0.009	0.009
海南航空	0.001	0.001	0.001	0.001	0.001	0.001
阿联酋航空	0.009	0.009	0.012	0.013	0.016	0.012

续表

航空公司	2008 年	2009 年	2010 年	2011 年	2012 年	平均
埃塞俄比亚航空	0.002	0.003	0.004	0.003	0.005	0.003
格陵兰航空	0.002	0.001	0.002	0.001	0.002	0.002
加拿大航空	0.001	0.001	0.001	0.001	0.001	0.001
国泰航空	0.01	0.009	0.013	0.012	0.015	0.012
肯尼亚航空	0.002	0.002	0.004	0.002	0.004	0.003
马来西亚航空	0.003	0.004	0.006	0.006	0.007	0.005
韩亚航空	6.16E–05	6.77E–05	0.014	1.07E–04	0.018	0.006
西南航空	0.005	0.005	0.006	0.006	0.006	0.005
新加坡航空	0.009	0.009	0.009	0.012	0.013	0.01
全日空航空	0.004	0.005	0.006	0.007	0.006	0.006

如表 7-4 和表 7-5 所示，北欧航空公司 2008—2012 年的平均能源效率最高，也就是说，无论对非期望产出进行强处置还是弱处置，对航空公司的基准都是相同的。该结果验证了虚拟前沿模型稳健性。

在表 7-4 中，北欧航空公司 2008—2012 年的平均能源效率为 0.022，表 7-5 中为 0.017。其主要原因在于其高收益生产效率和成熟的处理二氧化碳的能力。单位航空煤油的平均业务总收入在 22 家航空公司中排名第一，约为 4.550，而加拿大航空公司的单位航空煤油的平均业务总收入约为 0.007。北欧航空公司单位员工的总营业收入排名第一，约为 0.035，而马来西亚航空公司的最低单位员工的总营业收入约为 0.001。而它的单位股本总营业收入排名第二，约为 4.809（肯尼亚航空公司排名第一），而最少一家海南航空公司的总营业收入约为 0.298。而其单位股本的平均二氧化碳排放量排名第 22 位，约为 3.366，而最大的韩亚航空公司的平均二氧化碳排放量约为 426.50。因此，高收益生产效率和成熟的二氧化碳处理能力对北欧航空公司的能源效率有着重要的影响。

如果不考虑非期望产出，则虚拟前沿 SBM 模型变为

$$\min \ \theta = \frac{(1 - \dfrac{1}{M} \sum_{i=1}^{M} \dfrac{s_i^-}{x_{i0}})}{(1 + \dfrac{1}{N} \sum_{r=1}^{N} \dfrac{s_r^+}{y_{r0}})} \tag{7-6}$$

$$
\text{s.t.} \begin{cases} \sum_{n=1}^{K} \lambda_n xx_{in} + s_i^- = x_{i0}, \ i = 1, 2, \cdots, M & \text{(C1)} \\ \sum_{n=1}^{K} \lambda_n yy_{rn} - s_r^+ = y_{r0}, \ r = 1, 2, \cdots, N & \text{(C2)} \\ \sum_{n=1}^{K} \lambda_n = 1 & \text{(C3)} \\ \lambda_n, s_i^-, s_r^+ \geq 0 \end{cases}
$$

投入仍然是劳动力、资本和能源。产出变化为：收入吨公里、收入客公里和营业总收入。对于参考集，投入设置为 $xx_{in}=0.95x_{i*}$，产出设置为 $yy_{rn}=1.05y_{r*}$。采用虚拟前沿 SBM 模型计算航空公司的能源效率，结果如表 7-6 所示。

表 7-6　不考虑非期望产出时的能源效率

航空公司	2008 年	2009 年	2010 年	2011 年	2012 年
中国东方航空	0.008	0.008	0.012	0.01	0.015
中国南方航空	0.008	0.009	0.012	0.014	0.015
大韩航空	0.009	0.009	0.013	0.012	0.014
澳洲航空	0.006	0.007	0.009	0.009	0.01
法荷航空	0.007	0.008	0.009	0.009	0.011
汉莎航空	0.008	0.007	0.011	0.012	0.011
北欧航空	0.012	0.016	0.019	0.019	0.02
达美航空	0.005	0.004	0.006	0.005	0.006
阿拉斯加航空	0.001	0.001	0.001	0.001	0.001
中国国际航空	0.008	0.007	0.009	0.01	0.009
海南航空	0.001	0.001	0.001	0.001	0.001
阿联酋航空	0.009	0.009	0.012	0.013	0.016
埃塞俄比亚航空	0.002	0.003	0.004	0.003	0.005
格陵兰航空	0.002	0.001	0.002	0.001	0.002
加拿大航空	0.001	0.001	0.001	0.001	0.001
国泰航空	0.01	0.009	0.013	0.012	0.015
肯尼亚航空	0.002	0.002	0.004	0.002	0.004
马来西亚航空	0.003	0.004	0.006	0.006	0.007
韩亚航空	6.16E-05	6.77E-05	0.014	1.07E-04	0.018
西南航空	0.005	0.005	0.006	0.006	0.006
新加坡航空	0.009	0.009	0.009	0.012	0.013
全日空航空	0.004	0.005	0.006	0.007	0.006

为了更清晰地对比表 7-4 和表 7-6，本章定义了非期望产出的两个影响指标：强影响指标和弱影响指标。前者定义为表 7-4 中效率与表 7-6 中相应效率的商，后者定义为表 7-5 中效率与表 7-6 中相应效率的商。例如，

在表 7-4 中，中国东方航空公司 2008 年的能源效率为 0.010，对应的效率在表 7-6 中也为 0.008，因此，中国东方航空公司 2008 年非期望产出的影响指数为 1.269。影响指标结果如表 7-7 所示。

表 7-7　非期望产出的影响指数

航空公司	2008 年		2009 年		2010 年		2011 年		2012 年	
	强	弱	强	弱	强	弱	强	弱	强	弱
中国东方航空	1.269	1	1.317	1	1.345	1	1.481	1	1.636	1
中国南方航空	1.263	1	1.264	1	1.246	1	1.281	1	1.344	1
大韩航空	1.195	1	1.155	1	1.152	1	1.251	1	1.293	1
澳洲航空	1.213	1	1.186	1	1.173	1	1.251	1	1.298	1
法荷航空	1.598	1	1.214	1	1.252	1	1.298	1	1.317	1
汉莎航空	1.217	1	1.231	1	1.23	1	1.328	1	1.372	1
北欧航空	1.261	1	1.265	1	1.245	1	1.28	1	1.351	1
达美航空	1.617	1	1.696	1	1.64	1	2.053	1	2.138	1
阿拉斯加航空	1.403	1	1.536	1	1.555	1	1.855	1	1.942	1
中国国际航空	1.205	1	1.247	1	1.24	1	1.281	1	1.455	1
海南航空	1.127	1	1.236	1	1.217	1	1.259	1	1.54	1
阿联酋航空	1.277	1	1.266	1	1.188	1	1.217	1	1.247	1
埃塞俄比亚航空	1.005	1	1.013	1	0.936	1	1.091	1	1.031	1
格陵兰航空	1.123	1	1.123	1	1	1	1.114	1	1.006	1
加拿大航空	3.228	1	3.173	1	2.863	1	4.18	1	3.234	1
国泰航空	1.153	1	1.192	1	1.148	1	1.222	1	1.229	1
肯尼亚航空	1.336	1	1.376	1	1.059	1	1.37	1	1.079	1
马来西亚航空	0.8	1	0.795	1	0.793	1	0.8	1	0.803	1
韩亚航空	0.849	1	0.856	1	1.084	1	0.868	1	1.121	1
西南航空	1.159	1	1.151	1	1.096	1	1.179	1	1.273	1
新加坡航空	1.231	1	1.229	1	1.212	1	1.176	1	1.213	1
全日空航空	1.268	1	1.272	1	1.254	1	1.298	1	1.431	1
平均	1.309	1	1.309	1	1.269	1	1.415	1	1.425	1

由表 7-7 可知，在强处置情况下，CO_2 排放对航空公司的能源效率变化影响显著。在 22 家航空公司中，加拿大航空公司的能源效率受 CO_2 排放的影响最大，CO_2 排放对能源效率有着重要的影响，应该引起重视。在 22 家航空公司中，二氧化碳排放影响最大的发生在 2012 年。这一结果与 CO_2 排放的可处置方式有着密切的关系。在强处置的情况下，CO_2 排放被认为是一种投入，大部分航空公司的 CO_2 排放在 2008—2012 年一直在增加。因此，最大的影响出现在 2012 年。

另一方面，从表 7-7 中可以知道，在不考虑非期望产出的情况下，弱处置的效率得分是相同的。结果表明，虽然模型 5 与模型 6 相比，具有弱处置约束 C3，但约束 C3 对权重的影响较小，与模型 6 相比，结果相差不大。

7.3.5　政策启示

根据 2016 年 10 月第 39 届国际民航组织会议决议的原则，可以发现每家航空公司都有很大的责任来控制碳排放。碳排放抵消是航空公司提高能源效率的重要推动力。从本章的结果中，可以得到以下政策。

（1）北欧航空公司的平均能源效率是 22 家航空公司中最高的，其所采取的一些措施可供其他航空公司参考。北欧航空公司已经采取了许多措施来提高能源效率和保护环境。自 2007 年起，该航空公司公布了一项气候指数，该指数指不包括噪声在内的加权气候影响，即二氧化碳（CO_2）和氮氧化物（NOx）的排放。该指数衡量的是航空公司相对于以 RPK 衡量的客流量的整体气候影响。此外，自 1996 年以来，该航空公司一直使用环境指数来衡量生态效率，其中环境影响是相对于生产来衡量的。这些指数是管理和跟踪航空公司环保表现的工具。从 2009 年 2 月开始，该航空公司为碳抵消提供了一个简化的支付方案。自 2012 年起，碳抵消已被纳入排放交易计划。碳抵消收入完全归航空公司的合作伙伴碳中和公司（Carbon Neutral Company）所有，该公司负责为基于可再生能源的能源项目和认证项目提供资金。所有的商务旅行都被抵消，相当于每年 4 ~ 5000 t 的排放量。

其他航空公司应该建立自己的气候指数或环境指数，以跟踪它们在控制排放方面所做努力的效果。更重要的是，其他航空公司应该寻求第三方合作伙伴参与碳抵消，比如北欧航空公司的碳中性公司。碳抵消合作伙伴可以帮助航空公司实现碳减排目标。

（2）航空公司应高度重视非期望产出。根据本章虚拟前沿模型的结果，CO_2 排放对强处置的航空公司的能源效率变化影响显著，而弱处置的航空公司的能源效率变化影响较小。这表明，强处置比弱处置更能反映非期望产出的影响。这一结论与 Li 等(2016b)的结论一致,即在处理非期望产出时,强处置比弱处置更合理。根据强处置的原则,该结果表明,目前的排放量还没有超过环境的承载能力。然而,弱处置的原则更适合航空业的长期可持续发展,航空公司必须采取措施减少非期望产出。

7.4 本章小结

本章以航空公司的能源效率为研究主题。选择员工人数、资本存量和航空煤油吨数作为投入。以收入吨公里、收入客公里、营业总收入为产出,CO_2 排放为非期望产出。提出并应用虚拟前沿 SBM 模型对 2008—2012 年 22 家航空公司的能源效率进行了评估。结果验证了新模型的合理性。

总的来说,本章对文学的贡献体现在两个方面。首先,在现有航空公司能源效率研究论文的基础上,考虑了航空公司的非期望产出。除了可持续管理,快速增长的碳排放是促使航空公司提高能源效率的另一个重要因素。这一思想丰富了能源研究的理论和方法,为评价航空公司的发展提供了新的视角。其次,提出了虚拟前沿 SBM 模型。它可以解决传统的 SBM 模型在有效决策单元识别方面的局限性。结果验证了新模型的合理性。

未来的研究可以集中于探索航空公司能源效率的重要影响因素。

8　考虑碳减排的航空公司能源效率测量

8.1　研究问题介绍

近年来，航空业的二氧化碳排放问题引起了人们的广泛关注。根据国际航空运输协会的统计数据，航空运输每年约占人为碳排放的 2%（IATA，2019）。虽然这一比例相对较小，但工业界认识到，为了实现长期的可持续性发展，它必须更加努力地为环境而努力。此外，国际民用航空组织预测，在缺乏缓解措施的情况下，由于空中交通增长了 7 倍，2050 年与航空相关的温室气体（GHG）排放总量将比 2010 年高出 400% ～ 600%。

为了控制排放，许多政府机构和航空公司已经采取了许多措施。欧盟于 2008 年 11 月颁布 2008/101/EC 令，将国际航空公司业务纳入欧盟排放交易系统。从 2012 年 1 月 1 日起，每架在欧盟境内起降的国际航班都将获得排放许可（Anger 和 Kohler，2010；Ares，2012）。这一政策在全世界引起了很大的争议，但它反映了欧盟在控制航空排放方面的作用。

航空业也认识到，为了实现长期的可持续发展，它必须更加努力地考虑环境，这将给予行业增长许可。不同的航空公司采取了许多不同的措施来控制碳排放。例如，南航采取的措施包括优化机队、优化航线、引入速度管理、采用二次释放技术和安装翼尖翅片等。东航通过优化机队、优化航线、采用基于性能的导航、自动监控广播和电子飞行包等新技术控制了碳排放。

然而，很少有论文从投入产出的角度来评价这些措施的效果。不同的航空公司采取了不同的措施，有些措施确实在控制排放方面取得了很好的效果，但许多航空公司也支付了大量的污染减排费用。例如，中国东方航空公司 2012 年减少了约 22.5 万 t 二氧化碳排放，中国南方航空公司 2012 年减少了约 3.36 万 t 二氧化碳排放。然而，2012 年中国东方航空公司的污染治理费用约为 1.16 亿美元，而中国南方航空公司的污染治理费用约为 1.11 亿美元。从投入产出的角度，很难比较这两家航空公司的措施效果。

本章主要从污染减排效率的角度对这些效果进行评价。减排效率可以衡量航空公司在某一年的减排投入与产出之间的关系。高效率的航空公司可以使用固定的投入来产生最大的产出，或者当产出是固定的，他们可以将投入最小化。因此，需要回答的关键问题包括如下两个。如何从效率角度分析这些污染效应？如何将污染减排效率纳入整体航空公司效率？针对这些问题，本书建立了新的航空公司能源效率结构，并评估了 22 家航空公司的能源效率，以检查碳控制措施的效果。

8.2 模型介绍

数据包络分析（Charnes 等，1978）是一种评价多投入多产出决策单元相对效率的非参数方法。当比率被测量时，决策单元中的任何一个都可能处于前沿，也可能不处于前沿。从某一特定决策单元的实际分配到边界的距离被认为是决策单元效率低下的表现，这可能是由特定于决策单元的各种因素造成的。如果 DMUi 的效率为 1，则 DMUi 在技术上是有效的；如果它的效率小于 1，那么它在技术上就是低效的。

为了观察松弛，Tone（2001）提出了一种 Slacks−Based Measure（SBM）模型。如 Tone（2001）所述，SBM 模型可以满足单位不变、相对于松弛的单调性和依赖于引用集的特性，并且可以从 SBM 的松弛中得到许多改进。

此外，SBM 模型被广泛应用于航空公司效率的测量，如 Chang 等（2014）、Tavassoli 等（2014）、Li 等（2015）和 Cui 等（2016）。因此，将 SBM 模型作为评价航空公司能源效率的基本模型。

一些基于 SBM 模型的派生模型也被提出，如网络 DEA 中的 SBM（Tone 和 Tsutsui，2009）和动态 DEA 中的 SBM（Tone 和 Tsutsui，2010）。由于本章的航空公司样本是跨数年的，因此规模收益可变（VRS）的假设比规模收益不变（CRS）的假设更合适。此外，由于无导向 SBM 模型可以同时显示投入和产出松弛，这些松弛可以很好地从投入和产出两个方面改进决策单元，因此本书使用 Tone（2001）中的无导向 SBM 模型作为基本模型。

Tone（2001）基本模型的效率计算方法为

$$\min \ \rho = \frac{1 - \dfrac{1}{M}\sum_{i=1}^{M}\dfrac{s_i^-}{x_{i0}}}{1 + \dfrac{1}{N}\sum_{r=1}^{N}\dfrac{s_r^+}{y_{r0}}} \tag{8-1}$$

$$\text{s.t.} \begin{cases} x_{i0} = \sum_{j=1}^{n}\lambda_j x_{ij} + s_i^- & i=1,2,\cdots,M \\ y_{r0} = \sum_{i=1}^{n}\lambda_j y_{rj} + s_r^+ & r=1,2,\cdots,N \\ \sum_{j=1}^{n}\lambda_j = 1 \\ \lambda \geq 0, s^- \geq 0, s^+ \geq 0 \end{cases}$$

其中，n 是决策单元的数量；x_{ij}，y_{rj} 表示 DMU_j（j=1，2，…，n）的第 i 个投入和第 r 个产出；s_i^-，s_r^+ 代表第 i 个投入的松弛和第 r 个产出的松弛；λ 即权重；N，M 分别表示产出和投入的数量。

正如 Tone 和 Tsutsui（2009）所述，Tone（2001）模型的缺点之一是忽视内部或链接活动，不能在一个步骤直接处理中间产品。本章将航空公司分为几个部门，对于航空公司来说，在探索整体能源效率发展的过程中，阶段效率是非常重要的。因此，Tone 和 Tsutsui（2009）的网络 SBM 模型作为评价航空公司能源效率的基本模型是合适的。

Tone 和 Tsutsui（2009）网络 SBM 模型的效率为

$$\rho = \min_{\lambda^k, s^{k-}, s^{k+}} \frac{\sum_{k=1}^{K} w^k \left(1 - \frac{1}{m_k} \sum_{i=1}^{m_k} \frac{s_i^{k-}}{x_{i0}^k}\right)}{\sum_{k=1}^{K} w^k \left(1 + \frac{1}{r_k} \sum_{r=1}^{r_k} \frac{s_r^{k+}}{y_{r0}^k}\right)} \qquad (8-2)$$

$$\text{s.t.} \begin{cases} x_{i0}^k = \sum_{j=1}^{n} \lambda_j^k x_{ij}^k + s_i^{k-} & i=1,2,\cdots,m_k \quad k=1,2,\cdots,K \\ y_{r0}^k = \sum_{j=1}^{n} \lambda_j^k y_{rj}^k - s_r^{k+} & r=1,2,\cdots,r_k \quad k=1,2,\cdots,K \\ \sum_{j=1}^{n} \lambda_j^k z_{fj}^{(k,h)} = \sum_{j=1}^{n} \lambda_j^h z_{fj}^{(h,k)} & f=1,2,\cdots,F \quad k,h=1,2,\cdots,K \\ \sum_{j=1}^{n} \lambda_j^k = 1 & k=1,2,\cdots,K \\ \lambda^k \geqslant 0, s^{k-} \geqslant 0, s^{k+} \geqslant 0 \end{cases}$$

其中，K 代表部门的数量；n 是决策单元的数量；x_{ij}^k，y_{rj}^k 表示在部门 k（$k=1$，2，$\cdots$，K）中 DMU$_j$（$j=1$，2，$\cdots$，n）的第 i 个投入和第 r 个产出；s_i^{k-}，s_i^{k+} 表示在部门 k 中第 i 个投入的松弛和第 r 个产出的松弛；w^k 是部门 k 权重；m_k，r_k 表示部门 k 的投入和产出的个数；F 是中间产物的个数。$Z^{(k,h)}$ 为部门 k 与部门 h 之间的中间产物。

部门 k 效率为

$$\rho_k = \frac{1 - \frac{1}{m_k} \sum_{i=1}^{m_k} \frac{s_i^{k-}}{x_{i0}^k}}{1 + \frac{1}{r_k} \sum_{r=1}^{r_k} \frac{s_r^{k+}}{y_{r0}^k}} \qquad (8-3)$$

如果考虑到非期望产出，两种流行的方法可以处理它们：弱处置和强处置。

从 Fare 等（2007）的研究中，可以发现将期望产出与非期望产出联系起来的两个公理：

$U=0$ 　　则有　$Y=0$, for 　$(Y, U) \in P(X)$ 　　　（8-4）

$(Y, U) \in P(X)$ 则有　　$(\theta Y, \theta U) \in P(X)$ for $\theta \in [0, 1]$ （8-5）

式 8-4 表示当产生期望产出时，必然会产生非期望产出。式 8-5 是一个弱处置公理，表明增加期望产出必然导致非期望产出增加，控制非期望产出必然导致期望产出减少。

除了弱处置，另一种流行的方式是强处置。当对非期望产出进行强处置处理时，将其视为投入。强处置相信环境对非期望产出的处理能力，认为环境可以处理尽可能多的非期望产出。这两种方式已经在学术期刊上进行了激烈的争论（Hailu 和 Veeman，2001；Fare 和 Grosskopf，2003；Hailu，2003）。辩论表明了对非期望产出采取处置方式的重要性。Yang 和 Pollitt（2010）做了一些工作，在各种非期望产出中区分弱处置假设和强处置假设。Li 等（2016）比较了弱处置和强处置的网络 SBM 测度模型，发现弱处置在区分效率得分上比强处置更合理。

另一方面，弱处置公理被认为更能代表航空运营商，因为他们可以提高机票价格，以满足更严格的环境法规，然后航空运输量会减少。因此，当航空公司效率被测度时，使用弱处置来处理非期望产出。

Fare 和 Grosskopf（2003）提出了弱处置的详细模型，但它是一个带有非线性约束的非线性模型。然后 Kuosmanen（2005）建立了一个线性化模型来解决这个问题。由于本章的航空公司样本是跨数年的，因此规模收益可变（VRS）的假设比规模收益不变（CRS）的假设更合适。因此，直接运用 Kuosmanen（2005）的原理，建立了一个假设可变规模收益（VRS）下的弱处置的网络 SBM 模型：

$$\rho = \min_{\lambda^k, s^{k-}, s^{k+}} \frac{\displaystyle\sum_{k=1}^{K} w^k \left(1 - \frac{1}{m_k} \sum_{i=1}^{m_k} \frac{s_i^{k-}}{x_{i0}^k}\right)}{\displaystyle\sum_{k=1}^{K} w^k \left(1 + \frac{1}{r_k} \sum_{r=1}^{r_k} \frac{s_r^{k+}}{y_{r0}^k}\right)} \tag{8-6}$$

$$s.t. \begin{cases} x_{i0}^k = \sum_{j=1}^{n} \left(\lambda_j^k + \mu_j^k\right) x_{ij}^k + s_i^{k-} & i = 1, 2, \cdots, m_k \quad k = 1, 2, \cdots, K \\[2mm] y_{r0}^k = \sum_{j=1}^{n} \lambda_j^k y_{rj}^k - s_r^{k+} & r = 1, 2, \cdots, r_k \quad k = 1, 2, \cdots, K \\[2mm] u_{s0}^k = \sum_{j=1}^{n} \lambda_j^k u_{sj}^k & s = 1, 2, \cdots, s_k \\[2mm] \sum_{j=1}^{n} \left(\lambda_j^k + \mu_j^k\right) z_{fj}^{(k,h)} = \sum_{j=1}^{n} \lambda_j^h z_{fj}^{(h,k)} & f = 1, 2, \cdots, F \quad k, h = 1, 2, \cdots, K \\[2mm] \sum_{j=1}^{n} \left(\lambda_j^k + \mu_j^k\right) = 1 & k = 1, 2, \cdots, K \\[2mm] \lambda^k, \mu^k \geq 0, s^{k-} \geq 0, s^{k+} \geq 0 \end{cases}$$

其中，K 代表部门的数量；n 是决策单元的数量；x_{ij}^k，y_{rj}^k 表示在部门 k（$k=1$，2，$\cdots$，K）中 DMU_j（$j=1$，2，$\cdots$，n）的第 i 个投入和第 r 个期望产出；u_{sj}^k 表示在部门中 DMU_j（$j=1$，2，$\cdots$，n）的第 s 个非期望产出；s_i^{k-}，s_i^{k+} 表示在部门 k 中第 i 个投入的松弛和第 r 个期望产出的松弛；w^k 是部门 k 权重；m_k，r_k，s_k 表示部门 k 的投入、期望产出、非期望产出的个数；F 是中间产物的个数；$Z^{(k,\ h)}$ 为部门 k 与部门 h 之间的中间产物。在模型中，所有的约束都是线性的。

部门 k 效率为

$$\rho_k = \frac{1 - \dfrac{1}{m_k}\displaystyle\sum_{i=1}^{m_k}\dfrac{s_i^{k-}}{x_{i0}^k}}{1 + \dfrac{1}{r_k}\displaystyle\sum_{r=1}^{r_k}\dfrac{s_r^{k+}}{y_{r0}^k}} \tag{8-7}$$

8.3 实证研究

8.3.1 效率框架

本章在前人研究的基础上，结合航空工业的实际，构建了航空公司能源效率的理论模型。受 Bian 等（2015）的启发，本书将航空公司的能源效率划分为两个阶段：运营阶段和碳减排阶段。

工资、薪酬和福利（SWB），燃料费用（FE）和总资产（TA）被定义为运营阶段的投入，这些投入反映了人力、物料和资本方面的投入。碳减排阶段的产出是一种非期望产出——二氧化碳（CO_2）。航空排放包括 CO_2、H_2O、NO_x、SO_x 和煤灰，而 CO_2 是最主要的温室气体（Sausen 等，2005）。因此，本章的非期望产出定义为 CO_2。本书将运营阶段的非期望产出定义为估算的 CO_2，这是根据航空煤油的数量得出的。计算公式为 $ECO_2 = \lambda AK$，λ 为排放系数，ECO_2 为二氧化碳估算值，AK 为航空煤油。根据 ICAO 碳排放计算方法第 7 版（ICAO，2019）的推荐值，航空煤油的排放系数可设为 3.157。CO_2 代表这 22 家公司的可持续发展、环境和企业社会责任报告的净排放量，具体来源将在 8.4.2 节中介绍。

减排费用（AE）是航空公司与环境有关的费用，包括节能技术、发动机升级、飞机外观清洁等方面的费用。这些费用可以节约能源消耗，减少碳排放。以平面外观清洁为例，及时清洗可以保证外观清洁，降低阻力，降低油耗，减少碳排放。根据中国南方航空公司的企业社会责任报告，当阻力增加 1% 时，波音 757 的载重量将减少 0.9 t，年燃油消耗将增加 75 t，碳排放将增加 236.34 t。对于波音 737，当阻力增加 1% 时，对应的数据分别为 0.6 t，45 t 和 141.75 t。减排费用（AE）与航空公司的碳排放有着密切的关系，因此我们选择它作为减排阶段的投入。

投入、产出和中间产品总结如下。

运营阶段：

投入 1= 工资、薪酬及福利（SWB）、燃料费用（FE）及总资产（TA）

产出 1= 收入客公里（RPK）、收入吨公里（RTK）和估算二氧化碳（ECO_2）

碳减排阶段：

投入 2= 估算二氧化碳（ECO_2）和减排费用（AE）

产出 2= 二氧化碳排放量（CO_2）

中间产品：

链接（运营阶段到碳减排阶段）：预估二氧化碳排放量（ECO_2）

详细的网络结构如图 8-1 所示。

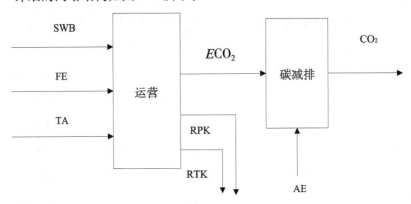

图 8-1　网络结构图

8.3.2 数据介绍

本章将以 2008—2012 年为 5 年的数据进行实证研究。2008 年，欧盟宣布从 2012 年 1 月 1 日起，所有在欧盟着陆的国际航班都将获得排放许可。2008—2012 年为缓冲期。许多航空公司寄希望于提高效率，在利润和欧盟要求之间找到平衡。研究这一时期主要航空公司的能源效率具有重要意义。

实证数据从 22 航空公司：加拿大航空、中国国际航空、法荷航空、全日空航空、全美航空、韩亚航空、英国航空、国泰航空、中国东方航空、中国南方航空、达美航空、阿联酋航空、海南航空、日本航空、大韩航空、汉莎航空、马来西亚航空、澳洲航空、北欧航空、新加坡航空、泰国航空和土耳其航空。根据"Airline Business"，在这 22 家航空公司中，有 8 家航空公司的收入乘客（Revenue Passengers）进入了 2012 年全球前 10 名（达美航空、全美航空、阿联酋航空、汉莎航空、法荷航空、英国航空、中国南方航空和中国东方航空）。2012 年全球排名前 20 位的航空公司有 13 家（另外 5 家分别是中国国际航空、国泰航空、新加坡航空、加拿大航空、澳洲航空和土耳其航空）。这 22 家航空公司分别来自亚洲、美洲、欧洲和大洋洲，在一定程度上代表了全球航空公司。此外，所有的航空公司都是网络运营商，因此可以选择它们作为模型的同质决策单元。在表 8-1 中总结了航空公司联盟和主要子公司。

表 8-1　各航空公司详细信息

航空公司	联盟	主要附属航空公司（括号内数字表示股权）
加拿大航空	星空联盟	无
中国国际航空	星空联盟	中国货运航空（51%）、深圳航空（51%）、澳门航空（66.9%）、大连航空（80%）、北京航空（51%）、内蒙古航空（80%）、山东航空（22.8%）、国泰航空（29.99%）
法荷航空	天合联盟	无
全日空航空	星空联盟	香草航空（100%），乐桃航空（38.67%）
全美航空	寰宇一家	特使航空（100%），全美航空
韩亚航空	星空联盟	釜山航空（46%），首尔航空
英国航空	寰宇一家	无
国泰航空	寰宇一家	港龙航空（100%），香港航空（60%），中国国际航空（21.3%），中国货运航空（25%）

航空公司	联盟	主要附属航空公司（括号内数字表示股权）
中国东方航空	天合联盟	中国东方航空江苏（62.56%），中国东方航空武汉（60%），上海航空（100%），中国货运航空（51%），中国东方航空（90.36%），中国联合航空（100%）
中国南方航空	天合联盟	厦门航空（51%），汕头航空（60%），珠海航空（60%），贵州航空（60%），重庆航空（60%），河南航空（60%）
达美航空	天合联盟	维珍航空（49%）
阿联酋航空	无	斯里兰卡航空（43.6%）
海南航空	无	新华航空（100%），长安航空（67.01%），山西航空（50.60%），祥鹏航空（86.68%），乌鲁木齐航空（86.32%），福州航空（60%）
日本航空	寰宇一家	日本跨洋航空公司（72.8%），日航快运（100%），日本通勤航空（60%），J-AIR（100%），琉球空中通勤（74.5%）
大韩航空	天合联盟	捷克航空（44%）
汉莎航空	星空联盟	多洛米蒂航空（100%），奥地利航空（100%），爱德尔维斯航空（100%），德国之翼（100%），瑞士欧洲航空（100%），瑞士国际航空（100%），蒂罗林航空（100%），汉莎航空（100%），阳光国际航空（50%）
马来西亚航空	寰宇一家	飞萤航空（100%），马来西亚之翼航空（100%）
澳洲航空	寰宇一家	无
北欧航空	星空联盟	北欧航空挪威（100%），北欧航空瑞典（100%）
新加坡航空	星空联盟	新加坡航空货运（100%），新加坡胜安航空（100%），新加坡酷航空（100%），欣丰虎航（100%）
泰国航空	星空联盟	微笑泰航（100%）
土耳其航空	星空联盟	阳光国际航空（50%）

一个联盟中的航空公司有很多代码共享，但是没有加入任何联盟的航空公司也有很多代码与联盟航空公司共享。在这 22 家航空公司中，阿联酋航空和海南航空是联盟中仅有的两家未加入联盟的航空公司。阿联酋航空和澳洲航空有很多代码共享，海南航空和全美航空也有很多代码共享。此外，虽然很多航空公司都有一些子公司，但本章的数据并没有对这些子公司进行归纳。

员工人数、飞机数量、收入吨公里和收入客公里等数据均来自年度报告。加拿大航空、中国国航、法荷航空、全日空航空、东方航空、南方航空、达美航空和海南航空的 CO_2、航空煤油以及减排费用数据均来自企业社会责任报告。全美航空、英国航空、马来西亚航空、泰国航空和土耳其航空的这些数据来自其年度报告。韩亚航空、大韩航空、汉莎航空、北欧航空和新加坡航空的这些数据来自可持续发展报告。其他航空公司的数据来自环境报告。对于中国的航空公司（国航、东航、南航、海南航空），这些报告来自上海证券交易所网站。对于其他航空公司，这些报告可以从航空公司的网站上收集。减排费用的数据不能直接从报告中获取，而是根据 4.1 节的定义，通过收集相关数据得到。本研究未考虑技术变革、通货膨胀等因素的影响。

表 8-2 所示提供了投入、产出和中间产品的描述性统计。

表 8-2　投入产出的描述性统计

变量	均值	标准差	最小值	最大值
投入				
工资、薪酬及福利（10^8 美元）	32.72	28.06	0.01	134.54
燃料费用（10^8 美元）	45.49	52.14	0.01	306.81
总资产（10^8 美元）	183.93	116.66	1.43	477.26
减排费用（10^8 美元）	1.58	1.82	0.01	7.78
产出				
收入吨公里（10^6 t·km）	7 899.37	6379.38	353.43	23 672.00
收入客公里（10^6 客公里）	95 387.92	65 440.85	1 943.04	310 875.37
二氧化碳（10^4 t）	1 706.38	1 452.12	365.40	6 027.14
中间产品				
估算二氧化碳（10^4 t）	2 070.32	2 324.68	366.21	13 390.16

注：工资、薪酬及福利，燃料费用，总资产及减排费用均以购买力平价美元表示。

表 8-3 给出了投入和产出之间的 Pearson 相关系数。

表 8-3　投入产出关系

	RTK	RPK	ECO_2	CO_2
SWB	0.241	0.636	0.327	0.047
FE	0.373	0.579	0.272	0.058
TA	0.296	0.600	0.307	0.066
AE	0.165	0.156	0.209	0.080
ECO_2	**	**	1.000	0.606

注：所有相关系数在 1% 水平上显著。

如表 8-3 所示，所有的系数都是正的，这就保证了投入和产出之间的关系是紧密的。

8.3.3　结果分析

基于公式 (8-6)，本章提出了一种弱处置的详细模型

$$\min \rho_0 = \frac{1 - \dfrac{1}{4} \times \left(\dfrac{s_0^{\mathrm{NE}}}{\mathrm{NE}_0} + \dfrac{s_0^{\mathrm{AK}}}{\mathrm{AK}_0} + \dfrac{s_0^{\mathrm{FS}}}{\mathrm{FS}_0} + \dfrac{s_0^{\mathrm{AE}}}{\mathrm{AE}_0} \right)}{1 + \dfrac{1}{2} \times \left(\dfrac{s_0^{\mathrm{RPK}}}{\mathrm{RPK}_0} + \dfrac{s_0^{\mathrm{RTK}}}{\mathrm{RTK}_0} \right)} \qquad （8-8）$$

$$\text{s.t.} \begin{cases} \mathrm{NE}_0 = \sum_k \lambda_k \mathrm{NE}_k + s_0^{\mathrm{NE}} \\[1mm] \mathrm{AK}_0 = \sum_k \lambda_k \mathrm{AK}_k + s_0^{\mathrm{AK}} \\[1mm] \mathrm{FS}_0 = \sum_k \lambda_k \mathrm{FS}_k + s_0^{\mathrm{FS}} \\[1mm] \mathrm{RPK}_0 = \sum_k \lambda_k \mathrm{RPK}_k - s_0^{\mathrm{RPK}} \\[1mm] \mathrm{RTK}_0 = \sum_k \lambda_k \mathrm{RTK}_k - s_0^{\mathrm{RTK}} \\[1mm] \sum_k \lambda_k = 1 \\[1mm] \sum_k (\lambda_k - \mu_k - \eta_k) E_{\mathrm{CO2}k} = 0 \\[1mm] \mathrm{CO2}_0 = \sum_k \mu_k \mathrm{CO2}_k \\[1mm] \mathrm{AE}_0 = \sum_k (\mu_k + \eta_k) \mathrm{AE}_k + s_0^{\mathrm{AE}} \\[1mm] \sum_k (\mu_k + \eta_k) = 1 \end{cases}$$

第一阶段的效率是

$$\rho_1 = \frac{1 - \dfrac{1}{3} \times \left(\dfrac{s_0^{\mathrm{NE}}}{\mathrm{NE}_0} + \dfrac{s_0^{\mathrm{AK}}}{\mathrm{AK}_0} + \dfrac{s_0^{\mathrm{FS}}}{\mathrm{FS}_0} \right)}{1 + \dfrac{1}{2} \times \left(\dfrac{s_0^{\mathrm{RPK}}}{\mathrm{RPK}_0} + \dfrac{s_0^{\mathrm{RTK}}}{\mathrm{RTK}_0} \right)} \qquad （8-9）$$

第二阶段的效率为

$$\rho_2 = 1 - \frac{s_0^{\mathrm{AE}}}{\mathrm{AE}_0} \qquad （8-10）$$

其中，变量有

NE_k：航空公司的员工人数

AK_k：航空公司的航空煤油

FS_k：航空公司的机队规模

ECO_{2k}：航空公司的预估二氧化碳排放量

AE_k：航空公司的减排费用

CO_{2k}：航空公司的二氧化碳排放量

RPK_k：航空公司的收入客公里

RTK_k：航空公司的收入吨公里

在模型中，所有的变量都是非负的。

首先，通过弱处置的网络 SBM 模型计算航空公司的能源效率，如表 8-4 与 8-5 所示。

表 8-4 弱处置的网络 SBM 模型的总体能源效率

航空公司	2008 年	2009 年	2010 年	2011 年	2012 年	平均
加拿大航空	1.000	1.000	1.000	1.000	1.000	1.000
中国国际航空	0.503	0.375	0.487	0.599	0.585	0.510
法荷航空	0.816	0.808	0.809	0.820	0.832	0.817
全日空航空	0.161	0.448	0.572	0.365	0.802	0.470
全美航空	0.379	0.423	0.416	0.382	0.401	0.400
韩亚航空	1.000	0.786	0.776	0.772	0.772	0.821
英国航空	0.617	0.481	0.414	0.451	0.433	0.479
国泰航空	0.752	0.755	0.756	0.765	0.773	0.760
中国东方航空	0.446	0.390	0.432	0.553	0.446	0.453
中国南方航空	0.591	0.488	0.765	0.517	0.538	0.580
达美航空	1.000	1.000	1.000	1.000	1.000	1.000
阿联酋航空	1.000	1.000	1.000	1.000	0.930	0.986
海南航空	1.000	1.000	1.000	1.000	0.875	0.975
日本航空	0.519	0.408	0.336	0.414	0.399	0.415
大韩航空	0.820	0.786	0.809	0.894	0.851	0.832
汉莎航空	0.671	0.640	0.756	1.000	0.896	0.793
马来西亚航空	1.000	1.000	1.000	1.000	1.000	1.000
澳洲航空	0.662	0.609	0.737	0.769	0.739	0.703
北欧航空	0.126	1.000	1.000	1.000	1.000	0.825
新加坡航空	0.763	0.317	0.385	0.407	0.459	0.466
泰国航空	0.774	0.531	0.522	0.589	0.643	0.612
土耳其航空	1.000	1.000	1.000	1.000	1.000	1.000
欧洲航空公司平均	0.646	0.786	0.796	0.854	0.832	0.783
非欧洲航空公司平均	0.728	0.666	0.705	0.707	0.718	0.705

表 8-5　两阶段效率

航空公司	2008 年		2009 年		2010 年		2011 年		2012 年	
	1st	2nd	1st	2nd	1st	2nd	1st	2nd	1st	2nd
加拿大航空	1.000	1.000	1.000	1.000	1.000	1.000	1.000	1.000	1.000	1.000
中国国际航空	0.611	0.181	0.465	0.104	0.496	0.458	0.593	0.617	0.633	0.439
法荷航空	1.000	0.265	1.000	0.233	1.000	0.235	1.000	0.279	1.000	0.329
全日空航空	0.203	0.035	0.533	0.194	0.674	0.268	0.442	0.171	1.000	0.209
全美航空	0.473	0.097	0.559	0.018	0.551	0.010	0.483	0.080	0.524	0.032
韩亚航空	1.000	1.000	1.000	0.144	1.000	0.105	1.000	0.089	1.000	0.088
英国航空	0.804	0.056	0.630	0.034	0.546	0.019	0.592	0.026	0.569	0.027
国泰航空	1.000	0.009	1.000	0.020	1.000	0.025	1.000	0.059	1.000	0.090
中国东方航空	0.501	0.278	0.394	0.380	0.403	0.519	0.405	1.000	0.261	1.000
中国南方航空	0.736	0.156	0.619	0.094	1.000	0.062	0.588	0.305	0.600	0.353
达美航空	1.000	1.000	1.000	1.000	1.000	1.000	1.000	1.000	1.000	1.000
阿联酋航空	1.000	1.000	1.000	1.000	1.000	1.000	1.000	1.000	1.000	0.720
海南航空	1.000	1.000	1.000	1.000	1.000	1.000	1.000	1.000	1.000	0.499
日本航空	0.690	0.005	0.530	0.040	0.423	0.075	0.500	0.156	0.488	0.132
大韩航空	1.000	0.278	1.000	0.146	1.000	0.236	1.000	0.578	1.000	0.405
汉莎航空	0.822	0.219	0.699	0.466	0.674	1.000	1.000	1.000	0.875	0.960
马来西亚航空	1.000	1.000	1.000	1.000	1.000	1.000	1.000	1.000	1.000	1.000
澳洲航空	0.840	0.128	0.655	0.470	0.810	0.518	0.818	0.623	0.798	0.562
北欧航空	0.079	0.268	1.000	1.000	1.000	1.000	1.000	1.000	1.000	1.000
新加坡航空	1.000	0.052	0.409	0.039	0.431	0.245	0.437	0.319	0.538	0.223
泰国航空	0.990	0.124	0.627	0.244	0.607	0.268	0.690	0.284	0.801	0.168
土耳其航空	1.000	1.000	1.000	1.000	1.000	1.000	1.000	1.000	1.000	1.000
平均	0.807	0.416	0.778	0.438	0.801	0.502	0.798	0.572	0.822	0.511

　　如表 8-4 和 8-5 所示，如果一家航空公司是高效的，那么它需要这两个阶段都是高效的。平均整体航空公司能源效率最高的是加拿大航空公司、达美航空公司、马来西亚航空公司和土耳其航空公司，它们在每年的每个阶段都是高效的。由于效率模型首次加入了碳减排阶段，本书重点研究了碳减排阶段的高效性以及在能源和环境方面的措施，可以为其他航空公司提高能源效率提供一些参考。

　　加拿大航空公司建立了一个基于 ISO 14001 的环境管理体系，该体系规定了一套系统的方法来规划、实施、监测和不断改善其环境绩效。自 1990 年以来，加拿大航空公司的平均燃油效率提高了 33%。2006—2011 年，其实施的燃油效率计划累计减少了 31.8 万 t 二氧化碳排放。加拿大航空运营着北美主要航空公司中最年轻的机群之一，但机群更新仍在进行中。2012 年，加拿大航空（Air Canada）敲定了 2013 年 6 月至 2014 年 2 月期间进入机队的 5 架波音 777 飞机的订单，这些飞机将采用更高密度的座位安排，以进一步提高效率。加拿大航空公司已经建立了一个替代燃料工作组，其目标是倡导并积极支持发展低碳替代燃料，以减少二氧化碳排放。加拿大航空公司参加了 ENGAGE，这是与加拿大航空交通管制局 Nav Canada，英国对应的 NATS 和法国航空公司的联合计划，旨在测试北大西洋上更有效的"绿色走廊"路线。为了配合 2012 年 6 月的世界环境日，加拿大航空公司使用测试路线运营多伦多 – 法兰克福回程航班，结果比平常少排放了 2 200 kg 二氧化碳。

达美航空符合美国环境保护局和国际民用航空组织的现行标准。自 2005 年以来，该公司一直致力于通过减少燃料消耗和其他努力，将其运营过程中温室气体排放的影响降到最低，并实现了温室气体排放水平的降低。它通过退役和更换机队的某些组成部分，以及使用更新、更节省燃料的飞机，减少了它们的飞机队对燃料的需求。此外，它还在飞行和地面支持工作中实施了节油程序，进一步减少了碳排放。作为他们减少排放和尽量减少对环境影响的努力的一部分，它还支持美国开发替代燃料和实现空中交通控制系统现代化的努力。

对于马来西亚航空公司来说，这一结果与其提高燃油效率的措施有着密切的关系。2012 年，它的燃料消费 168 万 t 左右，比 2011 年下降 9.7%。马来西亚航空公司 2008—2012 年每吨公里的耗油量分别为 0.34 kg，0.33 kg，0.31 kg，0.31 kg 和 0.32 kg。低燃油效率得益于飞机技术、飞行操作、空中交通基础设施和经济方面的措施。在飞机技术中，机群的不断更新发挥了重要作用。到 2015 年，该公司不仅拥有亚洲最年轻的机群，而且是最环保的机群之一。通过淘汰旧飞机，机队的平均燃油效率得到了提高。在相同距离内，每携带一吨有效载荷，燃油效率高的 B738 燃料消耗减少 25%。它庞大的机群也是如此。对于飞行操作，飞机会定期清洗，因为脏飞机会产生更多的阻力，消耗更多的燃料。发动机也要清洗，因为清洁发动机内部部件可以提高效率。新型飞机配备了轻型座椅，货物集装箱由轻质材料制成，饮用水的装载量根据乘客人数进行了优化。外部柴油地面动力装置已应用于斜坡上的固定飞机，与机载辅助喷气发动机（称为辅助动力装置）相比，它消耗的燃料要少得多。在航空交通基础设施方面，马来西亚航空公司投资了最先进的飞行计划和航班跟踪软件，但在缩短飞行时间和减少排放方面，他们只能做这么多。航空交通管理和机场效率是共同的责任。从长远来看，航空公司的经济措施，包括监管计划（如 EU-ETS）和自愿计划（如其自己的自愿碳抵消计划），将被要求支持 IATA 的航空能源目标。

土耳其航空公司为最有效地使用燃料，从而减少温室气体排放做出了许多努力，同时也从来不忽视飞行安全。2012 年，它燃料消耗同比下降2.18 万 t，二氧化碳排放总量下降约 6.87 万 t。这些进展主要是通过在飞行驾驶实践中采取更有效的措施，以及通过只携带飞行所需的燃料而大大减轻飞机总重量来实现的。燃油消耗率从 2010 年的 3.41 升 /100ASK（lt/100 ASK）下降到 2012 年的 3.37 升 /100ASK（lt/100 ASK）。

值得注意的是，全美航空在 22 家航空公司的平均效率排名（0.400）中垫底。如表 8-5 所示，其在碳减排阶段的效率得分较低。这些结果与它的碳减排现实相符。其减少的温室气体仅占生产总量的 14%，远低于许多其他航空公司，例如，加拿大航空公司减少的温室气体的百分比约为78.2%。这些都与该航空公司的机队有着密切的关系。2012 年 12 月 31 日，美国航空拥有 614 架飞机，但平均服役年限超过 15 年的飞机数量为 370 架，约占机队总数的 60%。一些飞机的服役年限超过 20 年，如 15 架波音 767-200 ER 和 191 架麦道 MD-80。这些老旧的飞机需要大量的维护费用，增加了总减排费用，导致减排阶段的效率得分较低。

从这两个阶段的效率可以看出，大部分航空公司在运营阶段的效率得分都高于碳减排阶段。结果表明，航空公司在运营阶段的平均效率（0.801）远高于碳减排阶段（0.488）。这些结果可能表明，在目前的形势下，航空公司可能仍然更重视运营，而不是碳减排。然而，为了提高整体效率，航空公司应该更多地关注碳减排阶段。

样本中有 5 家欧洲航空公司（法荷航空、汉莎航空、北欧航空、英国航空和土耳其航空）和 17 家非欧洲航空公司。如表 8-4 所示，除 2008 年外，其他年份欧洲航空公司的平均航线效率远高于非欧洲航空公司。将欧洲航空公司纳入欧盟的 ETS 迫使它们提高效率，以应对有限的碳排放许可。尽管非欧洲航空公司没有被纳入欧盟的 ETS，但它们也应该做出更多努力来提高效率。

然后本书将讨论 2008—2012 年每年的效率变化。与 Malmquist 指数相似（Cui 等，2014；Cui 和 Li，2015b；Li 等，2015），定义航空公司的效率变化指数 M_{it} 是：

$$M_{it} = \frac{E_{it}}{E_{it-1}}, \quad i=1,2,\cdots,22, \quad t=2,3,4,5 \qquad (8-11)$$

其中，E_{it} 表示航空公司的能源效率。

2009—2012 年的效率变化指数如表 8-6 所示。

表 8-6 效率变化指数

航空公司	2009 年	2010 年	2011 年	2012 年	平均值
加拿大航空	1.000	1.000	1.000	1.000	1.000
中国国际航空	0.746	1.299	1.230	0.977	1.063
法荷航空	0.990	1.001	1.014	1.015	1.005
全日空航空	2.783	1.277	0.638	2.197	1.724
全美航空	1.116	0.983	0.918	1.050	1.017
韩亚航空	0.786	0.987	0.995	1.000	0.942
英国航空	0.780	0.861	1.089	0.960	0.922
国泰航空	1.004	1.001	1.012	1.010	1.007
中国东方航空	0.874	1.108	1.280	0.807	1.017
中国南方航空	0.826	1.568	0.676	1.041	1.027
达美航空	1.000	1.000	1.000	1.000	1.000
阿联酋航空	1.000	1.000	1.000	0.930	0.983
海南航空	1.000	1.000	1.000	0.875	0.969
日本航空	0.786	0.824	1.232	0.964	0.951
大韩航空	0.959	1.029	1.105	0.952	1.011
汉莎航空	0.954	1.181	1.323	0.896	1.088
马来西亚航空	1.000	1.000	1.000	1.000	1.000
澳洲航空	0.920	1.210	1.043	0.961	1.034
北欧航空	7.937	1.000	1.000	1.000	2.734
新加坡航空	0.415	1.215	1.057	1.128	0.954

航空公司	2009 年	2010 年	2011 年	2012 年	Average
泰国航空	0.686	0.983	1.128	1.092	0.972
土耳其航空	1.000	1.000	1.000	1.000	1.000
欧洲航空公司平均	2.332	1.009	1.085	0.974	1.350
非欧洲航空公司平均	0.994	1.087	1.019	1.058	1.039

从表 8-6 可以看出，2008—2012 年，几乎所有航空公司的整体能源效率都有所提高。这表明，面对来自欧盟 ETS 的压力，许多航空公司都在努力提高效率。另外，研究结果表明，将航空纳入欧盟 ETS 对提高航空效率具有一定的积极作用。

此外，由于欧盟在 2008 年底颁布了 2008/101/EC 法令，因此，效率的比较可以作为分析欧盟政策影响的指南。如表 8-6 所示，欧洲航空公司的平均效率变化指数略高于非欧洲航空公司。由于欧洲航空公司肯定会被纳入欧盟 ETS，与非欧洲航空公司相比，他们在提高效率方面有更大的主动性。

8.3　政策含义

无论是欧洲航空公司还是非欧洲航空公司，在《京都议定书》的限制下，每个航空公司都有很大的责任来控制碳排放。航空业可以通过以下政策来实现这一目标。

（1）对于航空公司来说，提高碳减排阶段的效率是非常重要的。在实证研究中，可以发现碳减排阶段的效率得分远低于运营阶段。提高第二阶段的效率分数，提高碳控制效率是一个重要的途径。总结加拿大航空公司、达美航空公司、马来西亚航空公司和土耳其航空公司的经验，主要有两个步骤。首先，航空公司应遵守现有的国际碳排放标准，如国际民用航空组织标准、欧盟 ETS 标准和 ISO 14001 标准。其次，应在飞机技术、飞行操作和空中交通基础设施方面采取更多措施，如升级正在服役的机队、定期清洗和应用一些导航技术等。

（2）推广使用可再生能源。在国际能源机构（IEA）的定义中，可再生能源分为三类：① 水力燃料；② 地热、太阳能、潮汐和风能燃料；③

可燃可再生能源和废弃物（Chien 和 Hu，2007）。航空煤油占工业能源消耗的 98% 以上。利用可再生能源发电可以有效降低温室气体排放，提高能源效率（Macintosh 和 Wallace，2009）。在本章中，可以发现非欧洲航空公司的平均效率低于欧洲航空公司，许多欧洲航空公司都尝试推广可再生能源，因此非欧洲航空公司应该更加重视可再生能源的使用。

8.4　本章小结

本章研究了具有网络结构的航空公司能源效率问题。效率过程分为两个阶段：运营阶段和碳减排阶段。选择员工人数、航空煤油和机队规模作为运营阶段的投入。这些在运营阶段产生估算的二氧化碳。减排费用和估算的二氧化碳是减排阶段的投入。在此基础上，建立了弱处置的网络 SBM 模型，对 2008—2012 年 22 家航空公司的效率进行了评价。然后可以得到一些结论。

总体而言，本章对文献的贡献体现在提出了一个新的航空公司能源效率两阶段战略运营框架。与现有文献相比，考虑了非期望产出，首次将碳减排阶段引入航空公司能源效率。这一思想丰富了航空公司管理研究的理论和方法，为航空公司绩效评价提供了新的视角。在此基础上，建立了一个弱处置的网络 SBM 模型，实现了两阶段框架。该模型是 Kuosmanen（2005）的一个新应用。结果验证了该模型的合理性。

在未来的研究中，将重点探索影响航空公司能源效率的重要因素。

9 基于动态 EBM 模型的航空公司动态效率测量

9.1 研究问题介绍

航空公司的发展受到许多因素，包括经济问题、自然灾害和人为灾难的影响。在过去的几年中，高油价提高了航空公司的运营成本，并影响了航空业的净利润。根据国际航空运输协会（IATA，2019）的年度评估，在2010—2014 年，每桶石油的平均价格分别为 79 美元、111 美元、111.8 美元、124.5 美元和 116.6 美元。高油价增加了航空公司的运营成本，行业净利润也随之波动。在 2010—2014 年，航空业的净利润分别为 192 亿美元，88 亿美元、76 亿美元、106 亿美元和 164 亿美元（IATA，2019）。然而，同期的总旅客周转量分别为 4 000 亿客公里、4 380 亿客公里、4 580 亿客公里、4 827 亿客公里和 5 122 亿客公里（IATA，2019）。平均增长率为 5.61%。旅客周转的增加、油价的波动和利润的浮动表明航空公司迫切地需要提高效率，以应对外部挑战。

航空公司的效率可以衡量某一年航空公司投入和产出之间的关系。具有最佳效率的航空公司可以应用固定的投入来产生最大产出，或者当产出固定时，它们可以最小化投入（Li 等，2015）。一些论文应用径向数据包络分析（DEA）模型来衡量航空公司的效率，例如 Wang 等（2011）的标准 DEA 模型，但该模型忽略了非径向松弛对效率的影响。另一方面，一些研究航空公司效率的论文采用非径向 DEA 模型，例如 Li 等（2015）的 SBM（slacks-based measure）模型和 Li 等（2016a）的 RAM（range adjusted measure）模型。但是，对于这些非径向模型，松弛度不一定与投入或产出成比例，航空公司可能会失去原始投入或产出的比例，因此，有必要将径向 DEA 和非径向 DEA 编译成复合模型，以整合它们的优点，例如 Tone 和 Tsutsui（2010a）的研究中的 EBM（epsilon-based measure）。此外，对于航空公司而言，若连续两年都存在一些结转活动，这些结转活动会对航空公司的效率有直接影响，例如资本存量。资本存量可以表示该航空公司现有的资本资源，反映了该航空公司某一年的生产和经营规模。从这个意义上说，它可以被视为当年的产出。另一方面，它是该航空公司在明年投入的各种资本的总和，因此它也可以被视为明年的投入。因此，如何处理结转活动对于衡量航空公司的效率非常重要。

在这种情况下，需要回答的关键问题包括以下几个方面。如何衡量考虑结转活动的航空公司效率？如何编制航空公司效率中的径向效率和非径向效率？针对这些问题，本章着重对航空公司的动态效率进行了评价。

9.2 模型介绍

数据包络分析（Charnes 等，1978）是一种评价多投入多产出决策单元（decision-making units，DMU）相对效率的非参数方法。设数据集为（Y,X），Y 表示产出的 $s \times n$ 矩阵，X 表示投入的 $m \times n$ 矩阵，$Y=\{y_{ij}\}^{s \times n}$，$X=\{x_{ij}\}^{m \times n}$。$n$、$s$ 和 m 分别表示决策单元、产出和投入的数量。投入导向的 CCR 模型通过求解以下线性规划可得到 DMU_0 的效率 θ^*：

$$\theta^* = \min \theta$$

$$\text{s.t.} \begin{cases} \theta x_{i0} = \sum_{j=1}^{n} \lambda_j x_{ij} + s_i^-, & i = 1, 2, \cdots, m \\ y_{r0} \leq \sum_{j=1}^{n} \lambda_j y_{rj}, & r = 1, 2, \cdots, s \\ \lambda \geq 0, s_i^- \geq 0 \end{cases} \quad （9-1）$$

其中，s^- 是投入松弛；x_{ij}, y_{rj} 代表 DMU_j 的第 i 个投入和第 r 个产出；λ 是强度变量；n，s，m 分别代表决策单元、产出和投入的数量。当测量效率时，任何决策单元可能在也可能不在前沿上。如果 DMU_i 的效率为 1，那么 DMU_i 在技术上是一个有效的决策单元；如果它的效率小于 1，那么它在技术上就是低效的。

为了观察松弛，许多 SBM 模型被提出。Tone（2001）的 SBM 和一些衍生模型，例如网络 DEA 中的 SBM（Tone and Tsutsui，2009）和动态 DEA 中的 SBM（Tone and Tsutsui，2010b）。Tone（2001）中投入导向的 SBM 的效率通过以下方式计算：

$$\tau^* = \min \ 1 - \frac{1}{m}\sum_{i=1}^{m}\frac{s_i^-}{x_{i0}}$$

$$\text{s.t.} \begin{cases} x_{i0} = \sum_{j=1}^{n}\lambda_j x_{ij} + s_i^-, & i = 1, 2, \cdots, m \\ y_{r0} \leq \sum_{j=1}^{n}\lambda_j y_{rj}, & r = 1, 2, \cdots, s \\ \lambda_j \geq 0, s_i^- \geq 0 \end{cases} \qquad (9\text{-}2)$$

其中，s^- 是投入松弛；x_{ij}，y_{rj} 代表 DMU_j 的第 i 个投入和第 r 个产出；λ 是强度变量；n，s，m 分别代表决策单元、产出和投入的数量。

Tone 和 Tsutsui（2010a）认为，CCR 模型和 SBM 模型存在一些不足。对于 CCR 模型，其主要缺点是忽略了非径向松弛对效率的影响。对于 SBM 模型，由于不一定能成比例，预测的决策单元可能会失去原模型的比例。因此，Tone 和 Tsutsui（2010a）提出了一个新的 EBM（epsilon-based measure）模型，将径向和非径向特征结合在一个统一的框架内。

投入导向的 EBM 是

$$\gamma^* = \min \ \theta - \varepsilon_x \sum_{i=1}^{m}\frac{w_i^- s_i^-}{x_{i0}}$$

$$\text{s.t.} \begin{cases} \theta x_{i0} = \sum_{j=1}^{n}\lambda_j x_{ij} + s_i^-, & i = 1, 2, \cdots, m \\ y_{r0} \leq \sum_{j=1}^{n}\lambda_j y_{rj}, & r = 1, 2, \cdots, s \\ \lambda \geq 0, s_i^- \geq 0 \end{cases} \qquad (9\text{-}3)$$

其中，x_{ij}，y_{rj} 表示 DMU$_j$ 的第 i 个投入和第 r 个产出；n，s，m 分别代表决策单元、产出和投入的数量；w_i^- 为投入 i 的相对重要性，而且满足 $\sum\limits_{i=1}^{m} w_i^-=1$ 且 $w_i^- \geq 0$；ε_x 是能够将径向和非径向模型结合起来的参数。w_i^- 和 ε_x 在测量效率之前必须预先提供。

近年来已经提出了一些衍生的 EBM 模型，例如 Tavana 等（2013）的网络 EBM 模型。Xu 和 Cui（2017）的网络 EBM 和网络 SBM 的集成模型。然而，正如 Tone 和 Tsutsui（2010b）所述，这些模型没有考虑跨期效率的变化。为了测量跨期效率变化，提出了许多模型，如 Klopp（1985）的窗口分析，Färe 等（1994）的 Malmquist 指数 DEA 模型，Färe 和 Grosskopf（1996）以及 Tone 和 Tsutsui（2010b）的动态 DEA 模型。与动态模型相比，窗口分析和 Malmquist 指数 DEA 模型没有解释两个连续项之间的结转活动（carry-over activities）的影响，而是明确地解释了时期之间的连接活动（connecting activities）的影响（Tone 和 Tsutsui，2010b）。

因此，我们提出了一种 DEBM（dynamic epsilon-based measure）方法来评估跨时间效率的变化。被称为链接的结转活动可以分为四类：好的、不良的、自由的和固定的（Tone 和 Tsutsui，2010b）。对于好的链接，它们被视为产出，并且链接值被限制为不小于所观察到的值。不良链接被视为投入，它的值被限制为不大于观察到的值。对于自由链接，它的值可以从观察到的值增加或减少。与当前值的偏差并没有直接反映在效率评价中，但是下一节解释的两项之间的连续性条件会对效率评分产生间接的影响。固定链接表示该链接不受决策单元控制，其值固定在观测水平。

9.2.1　投入导向的 DEBM

投入导向的 DEBM 主要处理当产出水平一定的情况下，投入因素的减少量，因此投入松弛和不良链接应该最大化。模型是

$$\gamma^* = \min \sum_{t=1}^{T} W^t \left(\theta_t - \varepsilon_{xt} \left(\sum_{i=1}^{m} \frac{w_{it}^- s_{it}^-}{x_{i0t}} + \sum_{i=1}^{nbad} \frac{w_{it}^- s_{it}^{\text{bad}}}{z_{i0t}^{\text{bad}}} \right) \right)$$

$$\text{s.t.} \begin{cases} \sum_{j=1}^{n} \lambda_{jt} x_{ijt} + s_{it}^- = \theta_t x_{i0t} \ , & i = 1,2,\cdots,m \ , & t = 1,2,\cdots,T \\[2mm] \sum_{j=1}^{n} \lambda_{jt} z_{ijt}^{\text{bad}} + s_{it}^{\text{bad}} = \theta_t z_{i0t}^{\text{bad}} \ , & i = 1,2,\cdots,n_{\text{bad}} \ , & t = 1,2,\cdots,T \\[2mm] \sum_{j=1}^{n} \lambda_{jt} z_{ijt}^{\text{free}} + s_{it}^{\text{free}} = \theta_t z_{i0t}^{\text{free}} \ , & i = 1,2,\cdots,n_{\text{free}} \ , & t = 1,2,\cdots,T \\[2mm] \sum_{j=1}^{n} \lambda_{jt} y_{rjt} \geqslant y_{r0t} \ , & r = 1,2,\cdots,s \ , & t = 1,2,\cdots,T \\[2mm] \sum_{j=1}^{n} \lambda_{jt} z_{ijt}^{\text{good}} \geqslant z_{i0t}^{\text{good}} \ , & i = 1,2,\cdots,n_{\text{good}} \ , & t = 1,2,\cdots,T \\[2mm] \sum_{j=1}^{n} \lambda_{jt} z_{ijt}^{\text{fix}} = z_{i0t}^{\text{fix}} \ , & i = 1,2,\cdots,n_{\text{fix}} \ , & t = 1,2,\cdots,T \\[2mm] \sum_{j=1}^{n} \lambda_{jt} z_{ijt}^{\alpha} = \sum_{j=1}^{n} \lambda_{jt-1} z_{ijt}^{\alpha} \ , & & t = 1,2,\cdots,T \\[2mm] \lambda_{jt} \geqslant 0 \ , \ w_{it}^- \geqslant 0 \ , \ s_{it}^- \geqslant 0 \ , \ s_{it}^{\text{bad}} \geqslant 0 \ , \ s_{it}^{\text{free}} \geqslant 0 \end{cases} \quad (9\text{-}4)$$

其中，W^t 表示 t 时期占总效率的权重，$\sum_{t=1}^{T} W^t = 1$；n_{bad}，n_{good}，n_{free}，n_{fix} 分别表示不良链接、好链接、自由链接和固定链接的数量；x_{ijt} 表示 DMU j 在周期 t 内的投入；y_{rjt} 表示 DMU j 在周期 t 内的产出；z_{ijt} 表示 DMU j 在周期 t 内的动态因子；z_{ijt}^{α} 中的 α 表示不良、好的、自由的或固定的；n，s，m 分别表示决策单元、产出和投入的数量；T 是时期项的个数；w_{it}^- 为投入 i 在 t 项时期上的相对重要性，并满足 $\sum_{i=1}^{m} w_{it}^- = 1$ 且 $w_{it}^- \geqslant 0$；ε_{xt} 是能够将径向和非径向模型在项组合的参数。w_{it}^- 和 ε_{xt} 必须在测量效率之前提供。

有 t 时期的效率是

$$\gamma^t = \theta_t - \varepsilon_{xt} \left(\sum_{i=1}^{m} \frac{w_{it}^- s_{it}^-}{x_{i0t}} + \sum_{i=1}^{nbad} \frac{w_{it}^{\text{bad}} s_{it}^{\text{bad}}}{z_{i0t}^{\text{bad}}} \right) \quad (9\text{-}5)$$

得到 ε_{xt} 和 w_{it}^- 的步骤如下。

步骤 1：形成第 t 项的多样性矩阵。

该 t 期多样性矩阵可以写为 $\boldsymbol{D}^t=\{D^t_{i,\,k}\}_{mt \times mt}$，$i$，$k=1$，$\cdots$，$m_t$。其中，$m_t$ 是投入项的个数和 t 期坏链接的个数；$D^t_{i,\,k}$ 表示与投入向量 $\boldsymbol{X}^t_k=(x^t_{k1}$，$x^t_{k2}$，$\cdots$，$x^t_{kn})$ 比较的投入向量 $\boldsymbol{X}^t_i=(x^t_{i1}$，$x^t_{i2}$，$\cdots$，$x^t_{in})$ 的分散比。

$$D^t_{i,k} = \frac{\sum\limits_{j=1}^{n}\left|c^t_j - c^{-t}\right|}{n\left(c^t_{\max} - c^t_{\min}\right)}$$

$$c^t_j = \ln \frac{X^t_i}{X^t_k}$$

$$c^{-t} = \sum_{j=1}^{n} \frac{c^t_j}{n} \tag{9-6}$$

$$c^t_{\max} = \max_j \left\{c^t_j\right\}, \quad c^t_{\min} = \min_j \left\{c^t_j\right\}$$

步骤 2：形成第 t 项的亲和度矩阵。

该 t 期的亲和度矩阵可以记为 $\boldsymbol{S}^t=\{S^t_{i,k}\}_{mt \times mt}$，$i$，$k=1$，$\cdots$，$m_t$。

$$S^t_{i,k} = 1 - 2 \times D^t_{i,k} \tag{9-7}$$

它表示投入向量 $\boldsymbol{X}^t_i$ 到 $\boldsymbol{X}^t_k$ 的亲和程度。

步骤 3：通过亲和度矩阵计算 ε_{xt} 和 w^-_{it}。

$$\varepsilon_{xt} = \frac{m_t - \rho_{xt}}{m_t - 1} \quad (m_t > 1)$$

$$\varepsilon_{xt} = 0 \quad (m_t = 1) \tag{9-8}$$

$$w^-_{it} = \frac{w_{ixt}}{\sum\limits_{i=1}^{m_t} w_{ixt}}.$$

其中，ρ_{xt} 为 $\boldsymbol{S}^t$ 的最大特征值；$\boldsymbol{W}_{xt}=(w_{1xt}$，$w_{2xt}$，$\cdots$，$w_{mtxt})$ 为 ρ_{xt} 的对应向量。

定义 9-1（投入导向的时期有效）如果 $\gamma^{t*}=1$，则称 DMU$_0$ 为投入导向的 t 期的时期有效。

定义 9-2（投入导向的总体有效）如果 $\gamma^*=1$，则称 DMU$_0$ 为投入导向的整体有效。

注意，除非 DMU$_0$ 对所有时期都是投入导向的时期有效，否则 DMU$_0$ 不是投入导向的整体有效。

当 $\varepsilon_x=0$ 时，模型变为投入导向的动态 CCR 模型。当 $\varepsilon_x=1$ 且 $\theta=1$，

模型转换为投入导向的动态 SBM 模型。

9.2.2 产出导向的 DEBM

产出导向的 DEBM 主要处理当投入因素一定的情况下，产出相关指标最大化，因此产出松弛和良好的链接应该最大化。模型是

$$\tau^* = \frac{1}{\max \sum_{t=1}^{T} W^t \left(\eta_t + \varepsilon_{yt} \left(\sum_{i=1}^{s} \frac{w_{it}^+ s_{it}^+}{y_{i0t}} + \sum_{i=1}^{n_{\text{good}}} \frac{w_{it}^+ s_{it}^{\text{good}}}{z_{i0t}^{\text{good}}} \right) \right)}$$

$$\text{s.t.} \begin{cases} \sum_{j=1}^{n} \lambda_{jt} x_{ijt} \leq x_{i0t}, & i=1,2,\cdots,m, \quad t=1,2,\cdots,T \\[2mm] \sum_{j=1}^{n} \lambda_{jt} z_{ijt}^{\text{bad}} \leq z_{i0t}^{\text{bad}}, & i=1,2,\cdots,n_{\text{bad}}, \ t=1,2,\cdots,T \\[2mm] \sum_{j=1}^{n} \lambda_{jt} z_{ijt}^{\text{free}} \leqq z_{i0t}^{\text{free}}, & i=1,2,\cdots,n_{\text{free}}, \ t=1,2,\cdots,T \\[2mm] \sum_{j=1}^{n} \lambda_{jt} y_{rjt} - s_{it}^+ = \eta_t y_{r0t}, & r=1,2,\cdots,s, \quad t=1,2,\cdots,T \\[2mm] \sum_{j=1}^{n} \lambda_{jt} z_{ijt}^{\text{good}} - s_{it}^{\text{good}} = \eta_t z_{i0t}^{\text{good}}, & i=1,2,\cdots,n_{\text{good}}, t=1,2,\cdots,T \\[2mm] \sum_{j=1}^{n} \lambda_{jt} z_{ijt}^{\text{fix}} = z_{i0t}^{\text{fix}}, & i=1,2,\cdots,n_{\text{fix}}, \ t=1,2,\cdots,T \\[2mm] \sum_{j=1}^{n} \lambda_{jt} z_{ijt}^{\alpha} = \sum_{j=1}^{n} \lambda_{jt-1} z_{ijt}^{\alpha}, & t=1,2,\cdots,T \\[2mm] \lambda_{jt} \geq 0, \ w_{it}^- \geq 0, \ s_{it}^+ \geq 0, \ s_{it}^{\text{good}} \geq 0 \end{cases} \quad (9-9)$$

时期 t 的效率是

$$\tau^t = \frac{1}{\eta_t + \varepsilon_{yt} \left(\sum_{i=1}^{s} \frac{w_{it}^+ s_{it}^+}{y_{i0t}} + \sum_{i=1}^{n_{\text{good}}} \frac{w_{it}^+ s_{it}^{\text{good}}}{z_{i0t}^{\text{good}}} \right)} \quad (9-10)$$

其中，W^t 表示 t 时期占总效率的权重，$\sum_{t=1}^{T} W^t = 1$；n_{bad}，n_{good}，n_{free}，n_{fix} 分别表示不良链接、好链接、自由链接和固定链接的数量；x_{ijt} 表示 DMU $_j$ 在周期 t 的投入；y_{rjt} 表示 DMU $_j$ 在周期 t 内的产出；z_{ijt} 表示 DMU $_j$ 在周期 t 内

的动态因子；z_{ijt}^{α} 中的 α 表示不良、好的、自由的或固定的；w_{it}^{+} 为投入 i 在 t 项时期上的相对重要性，并满足 $\sum_{i=1}^{m} w_{it}^{+}=1$ 且 $w_{it}^{+} \geq 0$；ε_{yt} 是能够将径向和非径向模型在项组合的参数。得到 ε_{yt} 和 w_{it}^{+} 的步骤与得到 ε_{xt} 和 w_{it}^{-} 的步骤相似。

定义 9–3（产出导向的时期有效）如果 $\tau^{t^*}=1$，DMU_0 被称为产出导向的 t 时期中时期有效。

定义 9–4（投入导向的整体有效）如果 $\tau^{*}=1$，DMU_0 被称为产出导向整体有效。

请注意，除非 DMU_0 产出导向在所有时期都有效，否则 DMU_0 不是产出导向的整体有效。

当 $\varepsilon_y=0$ 时，该模型成为产出导向的动态 CCR 模型。当 $\varepsilon_y=1$ 且 $\eta=1$ 时，模型变为产出导向的动态 SBM 模型。

9.2.3 无导向 DEBM

在获得 ε_{yt}，w_{it}^{+}，ε_{xt}，w_{it}^{-} 之后，我们提出了无导向 DEBM。

$$\text{s.t.}\begin{cases} \sum_{j=1}^{n} \lambda_{jt} x_{ijt} + s_{it}^{-} = \theta_t x_{i0t}, & i=1,2,\cdots,m, \quad t=1,2,\cdots,T \\ \sum_{j=1}^{n} \lambda_{jt} z_{ijt}^{\text{bad}} + s_{it}^{\text{bad}} = \theta_t z_{i0t}^{\text{bad}}, & i=1,2,\cdots,n_{\text{bad}}, \quad t=1,2,\cdots,T \\ \sum_{j=1}^{n} \lambda_{jt} z_{ijt}^{\text{free}} + s_{it}^{\text{free}} = \theta_t z_{i0t}^{\text{free}}, & i=1,2,\cdots,n_{\text{free}}, \quad t=1,2,\cdots,T \\ \sum_{j=1}^{n} \lambda_{jt} y_{rjt} - s_{it}^{+} = \eta_t y_{r0t}, & r=1,2,\cdots,s, \quad t=1,2,\cdots,T \\ \sum_{j=1}^{n} \lambda_{jt} z_{ijt}^{\text{good}} - s_{it}^{\text{good}} = \eta_t z_{i0t}^{\text{good}}, & i=1,2,\cdots,n_{\text{good}}, \quad t=1,2,\cdots,T \\ \sum_{j=1}^{n} \lambda_{jt} z_{ijt}^{\text{fix}} = z_{i0t}^{\text{fix}}, & i=1,2,\cdots,n_{\text{fix}}, \quad t=1,2,\cdots,T \\ \sum_{j=1}^{n} \lambda_{jt} z_{ijt}^{\alpha} = \sum_{j=1}^{n} \lambda_{jt-1} z_{ijt}^{\alpha}, & t=1,2,\cdots,T \\ \lambda_{jt} \geq 0, \ w_{it}^{-} \geq 0, \ s_{it}^{-}, s_{it}^{+} \geq 0, \ s_{it}^{\text{bad}}, s_{it}^{\text{good}} \geq 0, \ s_{it}^{\text{free}} \geq 0 \end{cases} \quad (9\text{–}11)$$

其中 t 期效率是

$$\kappa^t = \frac{\theta_t - \varepsilon_{xt}\left(\sum\limits_{i=1}^{m}\dfrac{w_{it}^{-}s_{it}^{-}}{x_{i0t}} + \sum\limits_{i=1}^{n_{bad}}\dfrac{w_{it}^{-}s_{it}^{bad}}{z_{i0t}^{bad}}\right)}{\eta_t + \varepsilon_{yt}\left(\sum\limits_{i=1}^{s}\dfrac{w_{it}^{+}s_{it}^{+}}{y_{i0t}} + \sum\limits_{i=1}^{n_{good}}\dfrac{w_{it}^{+}s_{it}^{good}}{z_{i0t}^{good}}\right)} \qquad (9\text{--}12)$$

定义 9–5（无导向时期有效）如果 $\kappa^{t*}=1$，DMU_0 被称为无导向时期有效。

定义 9–6（无导向整体有效）如果 $\kappa^{*}=1$，DMU_0 被称为无导向整体有效。

请注意，除非 DMU_0 对所有时期都是无导向时期有效，否则 DMU_0 不是无导向整体有效。

当 $\varepsilon_y=0$ 且 $\varepsilon_x=0$ 时，模型成为无导向动态 CCR 模型。当 $\varepsilon_y=1$，$\varepsilon_x=1$ 且 $\eta=1$，$\theta=1$ 时，模型变为无导向动态 SBM 模型。

9.3　实证研究

9.3.1　投入和产出的选择

在本章中，选择两个可测量的变量作为一个时期的投入：员工人数（NE，number of employees）和航空煤油（AK，aviation kerosene）。由于超过 95% 的消耗的能源是航空煤油，因此本章选择它作为能源投入的指标。根据国际航空运输协会的统计数据，燃料费和员工工资分别约占总运营费用的 29% 和 10%，在所有类别的费用中排名第一和第二，因此，选择这两个变量作为投入是合理的。但是，我们没有选择燃料和工资的成本，这是因为燃料成本与燃料价格密切相关，价格受到通货膨胀、国际形势和技术进步等外部因素的影响。这些因素超出了航空公司的控制范围，因此燃料成本可能无法正确反映航空公司多年来对燃料的投入变化。同样，薪资成本也与一些外部因素密切相关，如当地经济发展水平、补贴和当地物价水平等。这些因素也超出了航空公司的控制范围，而且薪资成本的差异并不能真正表明航空公司对员工的实际投入差异。

选择三个可测量的变量作为一个时期的产出：收入吨公里（RTK，revenue tonne kilometers），收入客公里（RPK，revenue passenger kilometers）和总收入（TR，total revenue）。对于一些航空公司而言，货运收入是总收入的重要组成部分。例如，阿联酋航空的货运收入约占总收入的 18.8%，而汉莎航空和国航的相应比例分别为 10.24% 和 8.64%。 因此，货运的表现对于评估航空公司的整体效率非常重要。

选择资本存量（CS，capital stock）作为动态因子。继 Tone 和 Tsutsui（2010b）之后，资本存量投资在投入上具有滞后性，在结果上具有连续性，这一特征符合动态因子的期间特征。将上一年度的资本存量作为当年的投入，当年的资本存量作为当年的产出。

动态结构如图 9-1 所示。

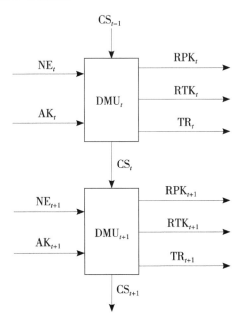

图 9-1 动态结构

9.3.2 数据来源

本章的实证研究将使用 2008—2014 年的七年期数据。自 2008 年以来，美国的金融危机对全球航空公司和能源市场产生了深刻影响。为了尽量减少金融危机的影响，许多航空公司都寄希望于提高效率，并且由于能源价格上涨，效率已成为一个重要的考虑因素。研究这一时期某些主要航空公司的效率是有意义的。

实证数据来自 19 家航空公司：中国东方航空、中国南方航空、大韩航空、澳洲航空、法荷航空、汉莎航空、北欧航空、达美航空、中国国际航空、海南航空、阿联酋航空、加拿大航空、国泰航空、新加坡航空、全日空航空、长荣航空、土耳其航空、泰国航空公司和印尼鹰航公司。据国际航空运输协会世界航空运输统计，在这 19 家航空公司中，有 6 家收入乘客数量在 2012 年进入全球前 10 名（达美航空、阿联酋航空、中国南方航空、汉莎航空、法荷航空和中国国际航空）。这 19 家航空公司分别来自亚洲、美洲、欧洲和大洋洲，是全球航空公司的代表。员工人数、资本存量、总收入、收入吨公里和收入客公里等数据均来自其年度报告。航空煤油数据取自 19 家公司的可持续发展、环境和企业社会责任报告。所有的航空公司都是传统的网络航空公司，所以本章没有考虑网络航空公司和低成本航空公司的不同对效率的影响。

如表 9-1 所示，列出了 2008—2014 年投入、产出和中间产品的描述性统计数据。

表 9-1　投入、产出和中间产品的描述性统计数据

变量	均值	标准差	最小值	最大值
投入	—	—	—	—
员工数量	39 725.99	29 302.18	4 486.00	119 084.00
航空煤油（10^4 吨）	424.37	263.94	66.67	1 142.21
产出	—	—	—	—
收入吨公里（10^6 吨公里）	9 286.03	8 556.56	357.33	36 131.93
收入客公里（10^6 客公里）	101 160.36	75 578.52	1 943.04	370 806.86
总收入（10^8 美元）	166.15	141.38	16.08	735.42
动态因子	—	—	—	—
资本存量（10^8 美元）	15.19	19.29	0.90	91.99

注：资本存量和总收入以购买力平价美元表示。

表 9-2 显示了投入和产出之间的 Pearson 相关系数（Pearson 等，

2002；Cui 等，2013）。

如表 9-2 所示，大多数系数为正且相对较高，这确保了投入和产出之间的关系紧密。

表 9-2　投入 - 产出 相关系数

变量	RTK	RPK	TR	CS_t
NE	0.390	0.711	0.437	0.113
AK	0.713	0.945	0.482	0.234
CS_{t-1}	0.256	0.115	0.575	0.939

注：所有相关系数在 1% 水平上具有统计显著性。

为了阐明投入对产出的重要性，本研究进行了回归分析（Cui et al.，2014），其结果如表 9-3 所示。

表 9-3　回归分析结果

变量	RTK	RPK	TR	CS_t
NE	−0.432*** （−4.346）	−0.102** （−2.063）	0.003 （0.037）	−0.012* （−0.226）
AK	1.036*** （10.279）	1.036*** （20.606）	0.597*** （6.642）	−0.064 （−1.208）
CS_{t-1}	−0.101* （−1.627）	0.058** （1.872）	0.678*** （12.266）	0.927*** （28.274）

注：***、** 和 * 表明系数分别在 1% 水平，5% 水平和 10% 水平显著。

由表 9-3 可知，投入对产出的系数显著且较高，验证了投入对产出的重要性。虽然员工人数对总收入、航空煤油对资本存量的影响不大，但基于现有的投入选择的论文（Li 等，2016），员工人数是总收入的重要投入，航空煤油是一个重要的资本存量的投入。此外，表 9-2 和表 9-3 表明，投入、产出和中间产品的选择是合理的。

9.3.3　结果分析

在本节中，参考 Tone 和 Tsutsui（2010b）以及 Li 等（2016a）的研究，我们将动态因子（capital stock）设置为自由链接。

根据投入导向的 DEBM 模型，我们使用 2008 年的资本存量作为 2009

年的投入，因此资本存量应该是 2008—2013 年的数据，而 NE 和 AK 是 2009—2014 年的数据。因此，将获得六年（2009—2014 年）的效率。投入导向的 DEBM 模型的和如表 9-4 所示。

表 9-4　投入导向的 DEBM 的预定参数

变量	2009 年	2010 年	2011 年	2012 年	2013 年	2014 年
s_{xt}	0.003 10	0.006 50	0.028 75	0.029 10	0.032 40	0.030 45
w_{it}（AK）	0.333 44	0.333 43	0.334 41	0.334 23	0.334 49	0.334 18
w_{it}（NE）	0.333 41	0.333 45	0.333 16	0.332 97	0.333 05	0.332 95
w_{it}（CS）	0.333 15	0.333 12	0.332 43	0.332 81	0.332 46	0.332 87

参考 Li 等（2016a）的研究，将六个项的权重设置为 {1/6，1/6，1/6，1/6，1/6，1/6，1/6}，并获得投入导向的 DEBM 的效率分数，如表 9-5 所示。

表 9-5　投入导向的 DEBM 的结果

航空公司	平均值	2009 年	2010 年	2011 年	2012 年	2013 年	2014 年
中国东方航空	0.992	0.974	1.000	1.000	0.996	0.992	0.991
中国南方航空	0.983	0.917	0.999	1.000	0.994	0.993	0.992
大韩航空	1.000	1.000	1.000	1.000	1.000	1.000	1.000
澳洲航空	0.999	1.000	1.000	1.000	0.998	1.000	0.995
法荷航空	0.992	0.953	1.000	1.000	1.000	1.000	0.998
汉莎航空	1.000	1.000	1.000	1.000	1.000	1.000	1.000
北欧航空	1.000	1.000	1.000	1.000	1.000	1.000	1.000
达美航空	1.000	1.000	1.000	1.000	1.000	1.000	1.000
中国国际航空	0.985	0.930	0.999	1.000	0.993	0.994	0.993
海南航空	0.870	0.271	0.996	0.982	0.986	1.000	0.984
阿联酋航空	1.000	1.000	1.000	1.000	1.000	1.000	1.000
加拿大航空	0.995	0.979	1.000	1.000	0.996	0.998	0.998
国泰航空	1.000	1.000	1.000	1.000	1.000	1.000	1.000
新加坡航空	0.951	0.704	1.000	1.000	1.000	1.000	1.000
全日空航空	0.994	0.963	1.000	1.000	1.000	1.000	1.000
长荣航空	0.998	1.000	1.000	1.000	1.000	0.993	0.992
土耳其航空	1.000	1.000	1.000	1.000	1.000	1.000	1.000
泰国航空	0.971	0.856	1.000	0.993	0.994	0.993	0.991
印尼鹰航	0.999	1.000	1.000	1.000	1.000	1.000	0.992
均值	0.986	0.924	1.000	0.999	0.998	0.998	0.996
标准差	0.031	0.174	0.001	0.004	0.004	0.003	0.005
最小值	0.870	0.271	0.996	0.982	0.986	0.992	0.984
最大值	1.000	1.000	1.000	1.000	1.000	1.000	1.000

根据产出导向的 DEBM 模型，RPK、RTK、TR 和 CS 的数据应为 2009—

2014 年的数据，因此，将得到六个时期的效率（2009—2014 年）。产出导向的 DEBM 模型的 s_{xt} 和 w_{it}^+ 如表 9–6 所示。

表 9–6 产出导向的 DEBM 的预定参数

变量	2009 年	2010 年	2011 年	2012 年	2013 年	2014 年
s_{xt}	0.340 33	0.345 73	0.391 97	0.375 03	0.411 47	0.433 73
w_{it}（AK）	0.250 64	0.245 46	0.248 26	0.249 07	0.242 11	0.247 04
w_{it}（NE）	0.247 86	0.243 56	0.235 02	0.245 71	0.246 21	0.238 85
w_{it}（CS）	0.261 77	0.267 87	0.270 39	0.265 11	0.262 18	0.263 42
w_{it}（CS）	0.239 72	0.243 10	0.246 33	0.240 12	0.249 51	0.250 69

将这 6 项的权重设为 {1/6, 1/6, 1/6, 1/6, 1/6, 1/6, 1/6}，得到产出导向的 DEBM 的效率得分，如表 9–7 所示。

表 9–7 产出导向的 DEBM 的结果

航空公司	平均值	2009 年	2010 年	2011 年	2012 年	2013 年	2014 年
中国东方航空	0.926	0.897	1.000	0.960	0.958	0.885	0.853
中国南方航空	0.943	0.935	0.991	1.000	0.983	0.878	0.872
大韩航空	0.985	1.000	1.000	0.994	0.962	1.000	0.956
澳洲航空	0.699	0.748	0.725	0.703	0.733	0.656	0.626
法荷航空	0.877	0.862	1.000	0.906	0.997	0.766	0.731
汉莎航空	0.914	0.857	1.000	0.967	0.940	0.868	0.850
北欧航空	1.000	1.000	1.000	1.000	1.000	1.000	1.000
达美航空	0.986	1.000	1.000	1.000	1.000	0.956	0.961
中国国际航空	0.760	0.817	0.825	0.820	0.741	0.679	0.680
海南航空	0.256	0.207	0.201	0.185	0.132	0.414	0.396
阿联酋航空	1.000	1.000	1.000	1.000	1.000	1.000	1.000
加拿大航空	0.429	0.422	0.501	0.467	0.455	0.364	0.363
国泰航空	1.000	1.000	1.000	1.000	1.000	1.000	1.000
新加坡航空	0.974	0.844	1.000	1.000	1.000	1.000	1.000
全日空航空	0.650	0.633	0.891	0.736	0.672	0.487	0.482
长荣航空	0.937	1.000	1.000	1.000	1.000	0.836	0.786
土耳其航空	0.979	1.000	0.904	0.967	1.000	1.000	1.000
泰国航空	0.868	0.893	1.000	0.883	0.908	0.820	0.702
印尼鹰航	0.853	0.866	0.874	1.000	1.000	0.689	0.690
均值	0.844	0.841	0.890	0.873	0.867	0.805	0.787
标准值	0.206	0.214	0.211	0.218	0.233	0.207	0.209
最小值	0.256	0.207	0.201	0.185	0.132	0.364	0.363
最大值	1.000	1.000	1.000	1.000	1.000	1.000	1.000

然后应用无导向的 DEBM 模型对航空公司效率进行度量，结果如表 9–8 所示。

表 9-8　无导向的 DEBM 的结果

航空公司	平均值	2009 年	2010 年	2011 年	2012 年	2013 年	2014 年
中国东方航空	0.908	0.907	1.000	0.901	0.975	0.810	0.854
中国南方航空	0.921	0.905	0.945	1.000	0.956	0.861	0.860
大韩航空	0.960	1.000	1.000	0.915	0.914	1.000	0.931
澳洲航空	0.716	0.807	0.711	0.713	0.815	0.619	0.628
法荷航空	0.856	0.885	1.000	0.838	0.954	0.720	0.741
汉莎航空	0.904	0.811	1.000	0.959	0.940	0.866	0.847
北欧航空	1.000	1.000	1.000	1.000	1.000	1.000	1.000
达美航空	0.978	1.000	1.000	1.000	1.000	0.929	0.936
中国国际航空	0.734	0.863	0.768	0.797	0.683	0.599	0.694
海南航空	0.298	0.244	0.247	0.251	0.239	0.360	0.448
阿联酋航空	1.000	1.000	1.000	1.000	1.000	1.000	1.000
加拿大航空	0.447	0.440	0.545	0.432	0.483	0.392	0.390
国泰航空	1.000	1.000	1.000	1.000	1.000	1.000	1.000
新加坡航空	0.975	0.850	1.000	1.000	1.000	1.000	1.000
全日空航空	0.651	0.721	0.830	0.733	0.632	0.454	0.535
长荣航空	0.953	1.000	1.000	1.000	1.000	0.911	0.810
土耳其航空	0.971	1.000	0.902	0.923	1.000	1.000	1.000
泰国航空	0.872	0.930	1.000	0.817	0.918	0.830	0.735
印尼鹰航	0.830	0.839	0.813	1.000	1.000	0.671	0.657
均值	0.841	0.853	0.882	0.857	0.869	0.791	0.793
标准值	0.195	0.201	0.201	0.207	0.212	0.218	0.194
最小值	0.298	0.139	0.247	0.251	0.239	0.360	0.390
最大值	1.000	1.000	1.000	1.000	1.000	1.000	1.000

对比表 9-5、表 9-7 和表 9-8，发现产出导向的 DEBM 模型和无导向的 DEBM 的标准差远远大于投入导向的 DEBM。结果表明，与投入导向模型相比，产出导向模型和无导向模型能更好地反映航空公司之间的整体效率差异，这一点可以从三张表中高效航空公司的数量得出结论。表 9-5 中有 7 家高效航空公司（效率为 1），表 9-7 和表 9-8 中有 3 家高效航空公司。在这种情况下，产出导向的 DEBM 和无导向的 DEBM 在区分效率和建立基准航空公司方面的结果比投入导向的 DEBM 更合理。此外，产出导向的 DEBM 总体效率的标准差略大于无导向的 DEBM。

北欧航空公司、阿联酋航空公司和国泰航空公司在表 9-5、表 9-7 和表 9-8 中均表现出较高的效率，可以作为 19 家航空公司的标杆。在 2009—2014 年，它们在所有方面都是有效的。

2009—2014 年，北欧航空公司平均每吨航空煤油的收入约为 46 036.9 美元 / t，在 19 家航空公司中排名第一。平均每位员工的总收入约为 3 776 582 美元 / 人，在 19 家航空公司中排名第一。每吨航空煤油的平均资本存量约为 7271.8 美元 / t，在 19 家航空公司中排名第一。每位员工的平均资本存量约为 601 616.7 美元 / 人，在 19 家航空公司中排名第一。这种高效率与航空公司的效率提升措施有着密切的关系。对于北欧航空公司来说，其主要的外部挑战在于外部生产模式的新规范和专有低成本运营商的形成。作为回应，该航空公司有三个措施：建立高效的运营平台，赢得斯堪的纳维亚半岛的常客争夺战，以及对未来进行投资。

为了建立一个高效的运营平台，北欧航空推出了一项重组计划，以提高生产平台的效率。这些措施包括重组信息技术和提高地面处理效率，同时开始外包流程。这些措施还包括持续提高其业务中主要部分的效率，包括行政服务、地勤服务，以及生产优化。为了赢得斯堪的纳维亚常客的争夺战，该航空公司推出了一项新的服务理念，专门服务市场上最常见的旅行者 SAS Go 和 SAS Plus。对更清晰、更透明的机上服务理念的投资受到了客户的好评，并导致了 Plus 旅客人数的强劲增长。未来的投资重点是机队更新和新的数字平台。长途机队的更新在降低燃料和维护成本的同时，提高了客户体验。该航空公司投资 5 亿瑞典克朗建立一个新的数字平台，使其客户能够以完全数字化的方式管理他们的旅行和相关服务。其目的是为每位客户提供相关的、个性化的体验，同时促进航空公司收入的增长。这些措施增强了北欧航空公司的竞争优势，提高了其整体效率。

阿联酋航空在 2009—2014 年每股资本的平均收益约为 78.02 英镑，在 19 家航空公司中排名第二［国泰航空（123.9）排名第一］。每吨航空煤油的平均 RTK 约为 4 047.6 t·km，在 19 家航空公司中排名第一。每位员工的平均 RTK 约为 643 384.3 t·km，在 19 家航空公司中排名第三［国泰航空（699 764）排名第一，长荣航空（662 654）排名第二］。每资本存量（美元）的平均 RTK 约为 111.65 t·km，在 19 家航空公司中排名第二［国泰航空（187.6）排名第一］。每名员工的平均 RPK 约为 4 313 950 客公里，在 19 家航空公司中排名第二［新加坡航空（5 844 469.5）排名第一］。其每股资本的平均 RPK 约为 753.4 客公里，在 19 家航空公司中排名第二［国泰航空（1 003.6）排名第一］。阿联酋采取了许多措施来提高效率，包括建立新的飞机机队、发展完善的货运服务，以及品牌的培育等。

在升级机队方面，阿联酋拥有 50 架空客 A380 和 100 架波音 777-300ER，是全球最大的宽体客机运营商。其机队的平均使用年限约为 75 个月，而该行业的平均使用年限约为 140 个月。阿联酋航空将投资现代宽体飞机作为其战略的基石，因为这些飞机的燃油效率更高，可以为客户提供更好的机上体验。在货运服务方面，阿联酋航空货运公司是世界上最大的国际货运航空公司。阿联酋航空货运公司将其货运业务转移到阿勒马克图姆国际机场（DWC），新航站楼配备了最先进的技术，包括一个完全自动化的材料处理系统，该系统是世界上第一个能够同时快速传输六个单元负载设备的系统。在打造品牌方面，阿联酋航空是世界上最有价值的航空公司品牌，根据 2015 年《品牌融资全球 500 强报告》，该公司的品牌价值估计为 66 亿美元。品牌力使其在招聘、销售、营销和招商等活动中取得优异成绩。尽管阿拉伯联合酋长国的开放天空政策已经吸引了 120 多家航空公司运营迪拜国际机场，导致阿联酋航空不得不在一个开放的市场上与这些航空公司竞争，但这些措施仍使阿联酋成为全球效率最高的航空公司之一。

国泰航空每吨航空煤油的平均 RTK 约为 3 885.6 t·km，在 19 家航空公司中排名第二，其每位员工的平均 RTK、每股资本存量的平均 RTK 和每股资本存量的平均 RPK 在 19 家航空公司中排名第一。国泰航空在货运服务和树立企业品牌方面表现良好，值得称道的货运服务得益于其特殊的外部条件。近年来，欧洲货运需求疲软，而中国大陆、东南亚和印度的货运收入增长强劲。近年来，中国大陆消费电子产品出口和东南亚工业品出口强劲，印度强劲的货运服务是由于印度卢比贬值。得益于这些国家和地区发达的货运网络，国泰航空近年来的货运市场份额大幅增长。

企业品牌的培育体现在良好的行业声誉上。2014 年 7 月，国泰航空在

Skytrax 全球航空公司的公众投票中被选为"表现最佳航空公司"，这是国泰航空第四次获得该奖项。此外，该公司还荣获商务旅行者中国奖"中国最佳亚洲航空公司"、2014 年边疆奖"年度机上零售商"、TTG 旅游奖"最佳北亚航空公司"及商务旅行者亚太旅游奖"最佳选择经济舱"等奖项，这些奖项有助于航空公司在业界树立良好的品牌形象。良好的货运服务和企业品牌确保国泰航空成为全球最高效的航空公司之一。

值得注意的是，在表 9-5、表 9-7 和表 9-8 中，海南航空在 19 家航空公司的整体效率排名中均垫底。2009—2014 年，海南航空每吨航空煤油平均收入约为 1 912.3 美元，在 19 家航空公司中排名第 19 位。平均每位员工的总收入为 220 172.7 美元，在 19 家航空公司中排名第 18 位。平均每位员工的 RTK 为 33 518.3 t·km，在 19 家航空公司中排名第 17 位。单位资本存量（美元）的平均 RTK 为 0.973 t·km，在 19 家航空公司中排名第 17位。单位航空煤油的平均 RPK 为 1 584.8 客公里，在 19 家航空公司中排名第 19 位。单位资本存量平均 RPK 为 4.726 客公里，在 19 家航空公司中排名第 19 位。平均每名员工的 RPK 为 186 350.9 客公里，在 19 家航空公司中排名第 19 位。因此，海南航空需要提高燃油效率、员工效率和股本运营效率，以提高整体效率。

接下来开始讨论 2008—2014 年的年度效率变化。与 Malmquist 指数（Cui et al.，2014）相似，可以将航空公司的效率变化指数定义为：

$$M_{it} = \frac{E_{lt}}{E_{it-1}} \quad i=1,\ 2,\ \cdots,\ 19 \quad t=2010,\ \cdots,\ 2014 \quad （9-13）$$

其中，M_{it} 表示航空公司 i 的 t 年度效率。

投入导向的 DEBM 模型、产出导向的 DEBM 模型和无导向的 DEBM 模型的效率变化指数如表 9-9 所示。

表 9-9 效率变化指数

航空公司	2010 年			2011 年			2012 年			2013 年			2014 年		
	I	O	Non	I	O	Non	I	O	Non	I	O	Non	I	O	Non
中国东方航空	1.027	1.115	1.103	1.000	0.960	0.901	0.996	0.998	1.082	0.996	0.924	0.831	0.999	0.964	1.055
中国南方航空	1.089	1.060	1.044	1.001	1.009	1.058	0.994	0.983	0.956	0.999	0.893	0.901	0.999	0.993	0.999
大韩航空	1.000	1.000	1.000	1.000	0.994	0.915	1.000	0.968	0.999	1.000	1.040	1.094	1.000	0.956	0.931
澳洲航空	1.000	0.969	0.881	1.000	0.970	1.003	0.998	1.043	1.143	1.002	0.895	0.759	0.995	0.954	1.015
法荷航空	1.049	1.160	1.130	1.000	0.906	0.838	1.000	1.100	1.139	1.000	0.768	0.755	0.998	0.954	1.029
汉莎航空	1.000	1.167	1.233	1.000	0.967	0.959	1.000	0.972	0.980	1.000	0.923	0.922	1.000	0.979	0.978
北欧航空	1.000	1.000	1.000	1.000	1.000	1.000	1.000	1.000	1.000	1.000	1.000	1.000	1.000	1.000	1.000
达美航空	1.000	1.000	1.000	1.000	1.000	1.000	1.000	1.000	1.000	1.000	0.956	0.929	1.000	1.005	1.007
中国国际航空	1.074	1.010	0.890	1.001	0.994	1.038	0.993	0.904	0.856	1.001	0.916	0.878	0.999	1.001	1.158
海南航空	3.675	0.971	1.011	0.986	0.920	1.017	1.004	0.714	0.953	1.014	3.136	1.507	0.984	0.957	1.243
阿联酋航空	1.000	1.000	1.000	1.000	1.000	1.000	1.000	1.000	1.000	1.000	1.000	1.000	1.000	1.000	1.000
加拿大航空	1.021	1.187	1.239	1.000	0.932	0.793	0.996	0.974	1.118	1.002	0.800	0.812	1.000	0.997	0.995
国泰航空	1.000	1.000	1.000	1.000	1.000	1.000	1.000	1.000	1.000	1.000	1.000	1.000	1.000	1.000	1.000
新加坡航空	1.420	1.185	1.177	1.000	1.000	1.000	1.000	1.000	1.000	1.000	1.000	1.000	1.000	1.000	1.000
全日空航空	1.038	1.408	1.151	1.000	0.826	0.883	1.000	0.913	0.863	1.000	0.725	0.719	1.000	0.990	1.177
长荣航空	1.000	1.000	1.000	1.000	1.000	1.000	1.000	1.000	1.000	0.993	0.836	0.911	0.999	0.940	0.890
土耳其航空	1.000	0.904	0.902	1.000	1.070	1.023	1.000	1.034	1.084	1.000	1.000	1.000	1.000	1.000	1.000
泰国航空	1.168	1.120	1.075	0.993	0.883	0.817	1.001	1.028	1.124	0.999	0.903	0.904	0.998	0.856	0.886
印尼鹰航	1.000	1.009	0.970	1.000	1.144	1.229	1.000	1.000	1.000	1.000	0.689	0.671	0.992	1.001	0.978
平均	1.187	1.067	1.042	0.999	0.978	0.972	0.999	0.981	1.016	1.000	1.021	0.926	0.998	0.976	1.018

注：I、O 和 Non 分别表示投入导向的 DEBM 模型、产出导向的 DEBM 模型和无导向 DEBM 模型。

如表 9-9 所示，投入导向的 DEBM 和产出导向的 DEBM 的平均效率变化指数大于无导向的 DEBM。对于投入导向模型，主要原因在于海南航空公司 2009—2010 年的效率变化，其效率变化指数为 3.675。2010 年海南航空的员工人数（NE）和航空煤油（AK）分别是 2009 年的 1.013 倍和 0.929 倍，增幅在 19 家航空公司中排名第 11 位和第 19 位。然而，其 2009—2010 年的收入吨公里（RTK）、收入客公里（RPK）和总收入（TR）的增长率分别为 1.593、1.529 和 1.697，分别在 19 家航空公司中排名第二、第一和第一。海南航空的产出增长相对较快，但投入增长滞后，因此其效率在 2009—2010 年有显著增长。

对于产出导向的 DEBM 模型，海南航空公司 2012—2013 年的效率变化最大，其效率变化指数为 3.316。海南航空 2013 年的员工人数（NE）和航空煤油（AK）分别是 2012 年的 0.134 倍和 0.321 倍，增幅在 19 家航空公司中排名第 19 位和第 19 位。然而，其 2012—2013 年的收入吨公里（RTK）、收入客公里（RPK）和资本存量（CS）的增长率分别为 1.127、1.309 和 2.032，分别在 19 家航空公司中排名第 6、第 3 和第 1。产出增长相对较高，投入增长相对滞后，导致 2012—2013 年效率显著提高。

由表 9-9 可知，2010 年的平均效率变化指数是 2009—2014 年的最高值，这种现象与 2008 年的金融危机密切相关。自金融危机爆发以来，大多数航空公司的收入、客运和货运都出现了急剧下降，2008—2009 年出现了负利润。航空公司必须控制成本才能生存并保持竞争力。然后，当外部环境在 2010 年变得更好时，成本的控制能力提高了效率。此外，2010 年后的良好环境引起全业务运营商与低成本运营商之间的激烈竞争，全业务运营商的效率已进入相对稳定的阶段。

9.4　本章小结

本章研究了动态航空效率，选择员工人数（NE）和航空煤油（AK）作为投入，收入吨公里（RTK）、收入客公里（RPK）和总收入（TR）作为产出，选择资本存量（CS）作为动态因子。提出 DEBM 模型并应用于评估 2009—2014 年 19 家全服务运营商的效率。

总的来说，本章的贡献体现在构建了一个新的模型，即 DEBM 模型。提出了投入导向的 DEBM 模型、产出导向的 DEBM 模型和无导向 DEBM 模型。该模型考虑了跨期效率变化，并在动态框架中结合了径向和非径向特征。本章中的模型提供了评估航空公司绩效的新观点，之后应用航空公司的实证结果来比较这三种模型。

本章的研究中得到了一些有趣的结果。首先，产出导向的 DEBM 模型和无导向投入的 DEBM 模型在反映航空公司整体效率差异方面优于投入导向的 DEBM 模型。其次，2009—2014 年，北欧航空、阿联酋航空和国泰航空三种机型的效率均为最高，而同期海南航空的平均整体效率最低。第三，投入导向和产出导向的 DEBM 的平均效率变化指标均大于无导向的 DEBM。最后，2010 年的平均效率变化指数是同期最高的，这与 2008 年的金融危机有着密切的关系。

在未来的研究中，将重点在三个导向的 DEBM 模型中区分高效航空公司。

10　航空公司动态环境效率评估

10.1　研究问题介绍

近年来，航空业的二氧化碳排放受到了极大的关注。为了应对碳排放战略，许多航空公司已经制定了一系列控制碳排放的计划，例如，新加坡航空的 ASPIRE 计划、葡萄牙 TAP 的碳排放抵消计划和达美航空的碳排放政策等。这些计划通常持续数年，例如，新加坡航空从 2010 年 1 月 31 日起就加入了 ASPIRE 计划，ASPIRE 计划是亚洲和南太平洋地区航空公司的一项特别减排合作计划，旨在减少飞行各阶段燃油燃烧产生的碳排放。在这些计划实施的过程中，全球航空公司已经在控制碳排放方面做出了巨大努力，这些努力不仅影响了当前的航空公司效率，也影响着航空公司未来几年的效率。因此，有必要建立一个动态模型来综合评估这些减排计划多年来的效果。动态效率既可以反映航空公司在一个较长期间内的效率变化，也可以作为评估航空公司在控制排放量上的努力的重要指标。

需要回答的关键问题包括：如何运用动态模型评估航空公司的动态效率？为优化综合效率，对非期望产出的哪种处置模式最适合航空公司？如何将温室气体的排放包含进航空公司动态效率的评价过程？基于这些问题，本章中提出了一个结合自然处置和管理处置的动态 RAM 模型，来评估 2009—2015 年 29 家国际航空公司的效率。

10.2 模型介绍

数据包络分析（Charnes 等，1978）是用于评估具有多投入和多产出的决策单元（DMU）的相对效率的一种非参数方法，已被广泛应用于航空公司的能源效率和环境效率的测量（Zhang 和 Wang，2014；Wang 和 Feng，2015；Li 等，2016a；Rajbhandari 和 Zhang，2018；Sueyoshi 和 Wang，2018）。目前，学者们已经提出了许多关于非期望产出的处置方法，如 Färe 等（2007）提出的弱处置法；Hailu 和 Veeman（2001）提出的强处置法、Murty 等（2012）提出的 by-production 模型、Sueyoshi 和 Goto（2012）提出的自然处置和管理处置法，以及 Hampf 和 Rødseth（2015）提出的弱 G 处置法。正如 Hoang 和 Coelli（2011）以及 Hampf 和 Rødseth（2015）所言，在管道末端技术存在的条件下，弱处置法可以与物质平衡原则兼容以减少污染，然而，在许多情况下，管端设备在技术上不可用或在经济上无法承受（Rødseth 和 Romstad，2013）。对于 by-production 模型，在实际应用中，需要在进行效率评估前先将投入分为污染投入和非污染投入，由于很难确定某些投入是污染性投入还是非污染性投入（Dakpo 等，2016），所以 by-production 模型的应用范围很有限。而 Dakpo 等（2016）认为，弱 G 处置方法无法准确表示和捕捉污染生成技术中的不同权衡。

Sueyoshi 和 Goto（2012）提出了自然处置和管理处置方法。对于自然处置法，投入量的减少意味着期望产出和非期望产出同时减少，这种处置方法也被称为污染的"自然减少"。这种观点认为，管理者的目标是以某一种方式提高其公司的运营效率，在给定了减少的投入的情况下，公司尽可能地增加期望产出，为了实现减少污染的目标，不需要进行环境管理工作。而管理处置法认为，公司可以增加投入的消耗量，来增加期望产出的数量，同时降低非期望产出的数量，这可以通过一些管理努力来实现，如采用减轻污染的创新技术等。

Sueyoshi 和 Goto（2012）基于 RAM 模型提出了自然处置法和管理处置法的具体模型。RAM 模型最先由 Aida 等（1998）和 Cooper 等（1999）

提出，并已广泛应用于效率的评估，如网络结构的 RAM 模型（Avkiran 和 McCrystal，2012）和动态结构的 RAM 模型（Li 等，2016a）的应用。

基本的 RAM 模型是

$$\theta = 1 - \max \frac{1}{M+N} \left(\sum_{m=1}^{M} \frac{s_{m0}^-}{R_m^-} + \sum_{n=1}^{N} \frac{s_{n0}^+}{R_n^+} \right)$$

$$\text{s.t.} \quad x_{m0} = \sum_{k=1}^{K} \lambda_k x_{mk} + s_{m0}^-, \quad m=1, 2, \cdots, M（C1）\qquad（10\text{--}1）$$

$$y_{n0} = \sum_{k=1}^{K} \lambda_k y_{nk} - s_{n0}^+, \quad n=1, 2, \cdots, N（C2）$$

$$\sum_{k=1}^{K} \lambda_k = 1（C3）$$

$$\lambda_k, \ s_{m0}^-, \ s_{n0}^+ \geqslant 0$$

其中，x_{mk}，y_{nk} 分别表示 DMU $_k$（$k=1, 2, \cdots, K$）的第 m 个投入和第 n 个产出；M, N, K 分别是投入、产出和 DMU（决策单位）的数量；$R_m^- = \max\limits_{k=1, 2, \cdots, K}(x_{mk}) - \min\limits_{k=1, 2, \cdots, K}(x_{mk})$ 和 $R_n^+ = \max\limits_{k=1, 2, \cdots, M}(y_{nk}) - \min\limits_{k=1, 2, \cdots, K}(y_{nk})$ 表示投入和产出的极值；s_m^- 和 s_n^+ 分别代表第 m 个投入和第 n 个产出的松弛量；λ 表示权重。

结合自然处置法的 RAM 模型为

$$\theta = 1 - \max \frac{1}{M+N+J} \left(\sum_{m=1}^{M} \frac{s_{m0}^-}{R_m} + \sum_{n=1}^{N} \frac{s_{n0}^+}{R_n} + \sum_{l=1}^{L} \frac{s_{l0}^-}{R_l} \right)$$

$$\text{s.t.} \quad x_{m0} = \sum_{k=1}^{K} \lambda_k x_{mk} + s_{m0}^-, \quad m=1, 2, \cdots, M（C1）$$

$$y_{n0} = \sum_{k=1}^{K} \lambda_k y_{nk} - s_{n0}^+, \quad n=1, 2, \cdots, N（C2）\qquad（10\text{--}2）$$

$$u_{l0} = \sum_{k=1}^{K} \lambda_k u_{lk} + s_{l0}^-, \quad l=1, 2, \cdots, L（C3）$$

$$\sum_{k=1}^{K} \lambda_k = 1（C4）$$

$$\lambda_k, \ s_{m0}^-, \ s_{n0}^+, \ s_{l0}^- \geqslant 0$$

其中，$R_m = \max\limits_{k=1,\ 2,\ \cdots,\ K}(x_{mk}) - \min\limits_{k=1,\ 2,\ \cdots,\ K}(x_{mk})$、$R_n = \max\limits_{k=1,\ 2,\ \cdots,\ K}(y_{nk}) - \min\limits_{k=1,\ 2,\ \cdots,\ K}(y_{nk})$ 和 $R_j = \max\limits_{k=1,\ 2,\ \cdots,\ K}(u_{jk}) - \min\limits_{k=1,\ 2,\ \cdots,\ K}(u_{jk})$ 分别为投入、期望产出和非期望产出的极值；s_{m0}^-、s_{n0}^+ 和 s_{j0}^- 分别代表投入、期望产出和非期望产出的松弛量；λ 表示权重；u_{lk} 表示 DMU_k（$k=1,\ 2,\ \cdots,\ K$）的第 l 个非期望产出；s_l^- 表示第 l 个非期望产出的松弛量；L 是非期望产出的数量。其他变量与模型 10–1 中的变量相同。

结合管理处置法的 RAM 模型为

$$\theta = 1 - \max \frac{1}{M+N+J}\left(\sum_{m=1}^{M}\frac{s_{m0}^-}{R_m} + \sum_{n=1}^{N}\frac{s_{n0}^+}{R_n} + \sum_{l=1}^{L}\frac{s_{l0}^-}{R_l}\right)$$

$$\text{s.t.}\ \ x_{m0} = \sum_{k=1}^{K}\lambda_k x_{mk} - s_{m0}^-,\ \ m=1,\ 2,\ \cdots,\ M\ (\text{C1})$$

（10–3）

$$y_{n0} = \sum_{k=1}^{K}\lambda_k y_{nk} - s_{n0}^+,\ \ n=1,\ 2,\ \cdots,\ N\ (\text{C2})$$

$$u_{l0} = \sum_{k=1}^{K}\lambda_k u_{lk} + s_{l0}^-,\ \ l=1,\ 2,\ \cdots,\ L\ (\text{C3})$$

$$\sum_{k=1}^{K}\lambda_k = 1\ (\text{C4})$$

$$\lambda_k,\ s_{m0}^-,\ s_{n0}^+,\ s_{l0}^- \geqslant 0$$

模型 10–3 中的变量与模型 10–2 中的变量相同。

从自然处置和管理处置的 RAM 模型中，我们可以知道，自然处置法与强处置法相同，都将非期望产出视为投入；而在管理处置法中，投入被建模为期望产出，非期望产出则被视为投入。正如 Dakpo 等（2016）所说，对于自然处置法，它可能导致一项全球性技术的错误规范，因为它将非期望产出视为投入；而对于管理处置法，考虑到投入的消耗会给企业带来成本这一事实，将投入视为期望产出是有违直觉的。

为此，Sueyoshi 和 Goto（2012）提出了自然处置法和管理处置法相结合的框架，即

$$\theta = 1 - \max \frac{1}{M+N+J}\left(\sum_{m=1}^{M}\frac{s_{m0}^- + s_{m0}^+}{R_m} + \sum_{n=1}^{N}\frac{s_{n0}^+}{R_n} + \sum_{l=1}^{L}\frac{s_{l0}^-}{R_l}\right)$$

$$\text{s.t.} \quad x_{m0}=\sum_{k=1}^{K}\lambda_k x_{mk}+s_{m0}^{-}-s_{m0}^{+}, \quad m=1,2,\cdots,M（\text{C1}）$$

$$s_{m0}^{-}\times s_{n0}^{+}=0, \qquad\qquad m=1,2,\cdots,M（\text{C2}）$$

$$y_{n0}=\sum_{k=1}^{K}\lambda_k y_{nk}-s_{n0}^{+}, \qquad n=1,2,\cdots,N（\text{C3}）（10\text{-}4）$$

$$u_{l0}=\sum_{k=1}^{K}\lambda_k u_{lk}+s_{l0}^{-}, \qquad l=1,2,\cdots,L（\text{C4}）$$

$$\sum_{k=1}^{K}\lambda_k=1（\text{C5}）$$

$$\lambda_k,\ s_{m0}^{-},\ s_{m0}^{+},\ s_{n0}^{+},\ s_{l0}^{-}\geqslant 0$$

其中，约束项 $s_{m0}^{-}\times s_{m0}^{+}=0$ 意味着 $s_{m0}^{-}>0$ 和 $s_{m0}^{+}>0$ 不可能同时发生，也就是说，这两个松弛量中必须有一个为 0。当投入被视为产出时，模型转变为管理处置法；当投入被视为投入时，模型则演变为自然处置法。

但模型 10-4 也有局限性。Tone 和 Tsutsui（2010）认为，它没有考虑到跨期效率的变化。在测量跨期效率变化方面，也有许多模型被提出，如 Klopp（1985）的窗口分析法、Färe 等（1994）的 Malmquist 指数 DEA 模型，以及 Färe 和 Grosskopf（1996）与 Tone 和 Tsutsui（2010）的动态 DEA 模型。与动态 DEA 模型相比，其他模型没有分析两个连续阶段之间结转活动的影响，且阶段之间的结转活动没有被明确地解释（Tone 和 Tsutsui，2010）。对于航空公司而言，如果其排放量大于限额值，他们就需要在公开市场和/或拍卖会上购买排放权，从而增加公司的运营成本，而排放量低于限额值的航空公司可以出售剩余排放权以增加收入，运营成本或收入的增加将影响航空公司未来几年的运营。此外，对于这些航空公司，其排放目标的实现需要航空公司多年的努力和各个时期之间不断的结转，例如，通过购买新飞机和淘汰旧飞机来改变机队规模对航空公司下一年的减排绩效有重要影响（Cui 等，2018）。因此，机队规模可被视为动态因素，而该动态模型适于评估航空公司动态效率的变化。基于此，可以提出一个结合统一的自然处置和管理处置法的动态 RAM 模型（DRAM）来评估航空公司的动态效率。

考虑一个周期的模型，对于任何在 t（$t=1, 2, \cdots, T$）时期内的决策单元，有 M 个投入、N 个期望产出和 L 个非期望产出，则结合统一的自然处置法和管理处置法的 DRAM 的具体模型是

$$\theta = \max \sum_{t=1}^{T} w^t \left(1 - \frac{1}{M+N+2R+L}\left(\sum_{m=1}^{M}\frac{s_{mt}^- + s_{mt}^+}{Rx_{m0t}} + \sum_{r=1}^{R}\frac{s_{rt-1}^- + s_{rt-1}^+}{Rz_{r0t-1}} + \sum_{n=1}^{N}\frac{s_{nt}^+}{Ry_{n0t}} + \sum_{r=1}^{R}\frac{s_{rt}^+}{Rz_{r0t}} + \sum_{l=1}^{L}\frac{s_{lt}^-}{Ru_{l0t}}\right)\right)$$

s.t. $x_{m0t} = \sum_{k=1}^{K}\lambda_{kt}x_{mkt} + s_{mt}^- - s_{mt}^+,$ $m=1, 2, \cdots, M, t=1, \cdots, T$（C1）

$s_{mt}^- \times s_{mt}^+ = 0,$ $m=1, 2, \cdots, M, t=1, \cdots, T$（C2）

$z_{r0(t-1)} = \sum_{k=1}^{K}\lambda_{k(t-1)}z_{rk(t-1)} + s_{r(t-1)}^- - s_{r(t-1)}^+,$ $r=1, 2, \cdots, R,$ $t=1, \cdots, T$（C3）

$s_{r(t-1)}^- \times s_{r(t-1)}^+ = 0,$ $r=1, 2, \cdots, R,$ $t=1, \cdots, T$（C4）

$y_{n0t} = \sum_{k=1}^{K}\lambda_{kt}y_{nkt} - s_{nt}^+,$ $n=1, 2, \cdots, N,$ $t=1, \cdots, T$（C5）

$u_{l0t} = \sum_{k=1}^{K}\lambda_{kt}u_{lkt} + s_{lt}^-,$ $l=1, 2, \cdots, L,$ $t=1, \cdots, T$（C6）（10-5）

$z_{r0t} = \sum_{k=1}^{K}\lambda_{kt}z_{rkt} - s_{rt}^+,$ $r=1, 2, \cdots, R,$ $t=1, \cdots, T$（C7）

$\sum_{k=1}^{K}\lambda_{kt-1}z_{rkt} = \sum_{k=1}^{K}\lambda_{kt}z_{rkt},$ $t=1, \cdots, T$（C8）

$\sum_{k=1}^{K}\lambda_{kt} = 1,$ $t=1, \cdots, T$（C9）

$\lambda \geqslant 0,\ s^- \geqslant 0,\ s^+ \geqslant 0$

其中，x_{mkt} 表示 DMU_k 在 t 时期的第 m 个投入；y_{nkt} 表示 DMU_k 在 t 时期的第 n 个期望产出；z_{rkt} 表示 DMU_k 在 t 时期的第 r 个动态因子；u_{lkt} 表示 DMU_k 在 t 时期的第 l 个非期望产出；M, N, R, L, K 分别代表投入、期望产出、动态因子、非期望产出和决策单元的数量；λ 是权重变量，s_{mt}^-、s_{nt}^+ 和 s_{lt}^- 分别表示第 t 年第 m 个投入、第 n 个期望产出和第 l 个非期望产出的松弛；s_{rt-1}^- 是当被视为投入时的第 r 个动态因子的松弛；s_{rt}^+ 是当被视为产出时的第 r 个动态因子的松弛；w^t 是时期 t 的权重，并且 $\sum_{t=1}^{T} w^t = 1$。

在模型 10-5 中，我们参考 Li 等（2016b）、Cui 等（2016a）和 Cui 等（2016b）的研究，将结转活动描述为动态因子，对应于约束条件 C3 和 C7。第 $t-1$ 期的动态因子是第 t 期的投入，因此存在约束条件 C3。第 t 期的动态因子是第 t 期的产出，因此存在约束条件 C7。约束条件 $\sum_{k=1}^{K} \lambda_{k(t-1)} z_{rkt} = \sum_{k=1}^{K} \lambda_{kt} z_{rkt}$ 表示当动态因子被定义为前一项的产出和当前项的投入时，前沿面是一致的。约束条件 C2 和约束条件 C4 是为了说明 $s_{mt}^- > 0$ 和 $s_{mt}^+ > 0$ 不可能同时出现。

但模型 10-5 是一个非线性规划，因此我们参考 Dakpo 等（2016）将其转换为线性规划。由于 $s_{mt}^- \times s_{mt}^+ = 0$，所以 $s_{mt}^- = 0$ 或 $s_{mt}^+ = 0$。故模型 10-5 可以转换为

$$\theta = \max \sum_{t=1}^{T} w^t \left(1 - \frac{1}{M+N+2R+L} \left(\sum_{m=1}^{M} \frac{s_{mt}^- + s_{mt}^+}{Rx_{m0t}} + \sum_{r=1}^{R} \frac{s_{rt-1}^- + s_{rt-1}^+}{Rz_{r0t-1}} + \sum_{n=1}^{N} \frac{s_{nt}^-}{Ry_{n0t}} + \sum_{r=1}^{R} \frac{s_{rt}^+}{Rz_{r0t}} + \sum_{l=1}^{L} \frac{s_{lt}^-}{Ru_{l0t}} \right) \right)$$

$$\text{s.t.} \, x_{m0t} = \sum_{k=1}^{K} \lambda_{kt} x_{mkt} + s_{mt}^- - s_{mt}^+, \quad m=1, 2, \cdots, M, \quad t=1, 2, \cdots, T \quad (\text{C1})$$

$$s_{mt}^- \leq L*z_{mt}^- = 0, \qquad m=1, 2, \cdots, M, \qquad t=1, 2, \cdots, T \quad (\text{C2})$$

$$s_{mt}^+ \leq L*z_{mt}^+ = 0, \qquad m=1, 2, \cdots, M, \qquad t=1, 2, \cdots, T \quad (\text{C3})$$

$$z_{mt}^- + z_{mt}^+ \leq 1, \qquad m=1, 2, \cdots, M, \qquad t=1, 2, \cdots, T \quad (\text{C4})$$

$$z_{r0(t-1)} = \sum_{k=1}^{K} \lambda_{k(t-1)} z_{rk(t-1)} + s_{r(t-1)}^- - s_{r(t-1)}^+, \qquad r=1, 2, \cdots, R, \quad t=1, \cdots, T \quad (\text{C5})$$

$$s_{r(t-1)}^- \leq L*z_{r(t-1)}^-, \qquad r=1, 2, \cdots, R, \qquad t=1, 2, \cdots, T \quad (\text{C6})$$

$$s_{r(t-1)}^+ \leq L*z_{r(t-1)}^+, \qquad r=1, 2, \cdots, R, \qquad t=1, 2, \cdots, T \quad (\text{C7})$$

$$z_{rt-1}^- + z_{rt-1}^+ \leq 1, \qquad r=1, 2, \cdots, R, \qquad t=1, 2, \cdots, T \quad (\text{C8})$$

（10-6）

$$y_{n0t} = \sum_{k=1}^{K} \lambda_{kt} y_{nkt} - s_{nt}^+, \quad n=1, 2, \cdots, N, \qquad t=1, 2, \cdots, T \quad (\text{C9})$$

$$u_{l0t} = \sum_{k=1}^{K} \lambda_{kt} u_{lkt} + s_{lt}^-, \quad l=1, 2, \cdots, L, \qquad t=1, 2, \cdots, T \quad (\text{C10})$$

$$z_{r0t} = \sum_{k=1}^{K} \lambda_{kt} z_{rkt} - s_{lt}^+, \quad r=1, 2, \cdots, R, \qquad t=1, 2, \cdots, T \quad (\text{C11})$$

$$\sum_{k=1}^{K} \lambda_{k(t-1)} z_{rkt} = \sum_{k=1}^{K} \lambda_{kt} z_{rkt}, \quad t=1, 2, \cdots, T \quad (\text{C12})$$

$$\sum_{k=1}^{K} \lambda_{kt}=1, \quad t=1, 2, \cdots, T \quad (C13)$$

$$\lambda \geqslant 0, \quad s^- \geqslant 0, \quad s^+ \geqslant 0$$

其中，L 是一个非常大的值；z_{mt}^- 和 z_{mt}^+ 以及 z_{rt-1}^- 和 z_{rt-1}^+ 都是 L 的界限；其他参数与模型 10-5 中的参数一致。

第 t 期的效率为

$$\theta^t = 1 - \frac{1}{M+N+2R+L}\left(\sum_{m=1}^{M}\frac{s_{mt}^-+s_{mt}^+}{Rx_{m0t}} + \sum_{r=1}^{R}\frac{s_{rt-1}^-+s_{rt-1}^+}{Rz_{r0t-1}} + \sum_{n=1}^{N}\frac{s_{nt}^+}{Ry_{n0t}} + \sum_{r=1}^{R}\frac{s_{rt}^+}{Rz_{r0t}} + \sum_{l=1}^{L}\frac{s_{lt}^-}{Ru_{i0t}}\right) \quad (10\text{-}7)$$

10.3 实证研究

10.3.1 效率框架

本章基于前人的文献和航空运输业的实际情况，选取航空公司效率的投入和产出。选定两个可测量的变量作为一个时期内的投入：员工数量（NE）和航空煤油（AK）。由于超过 95% 的能源消耗是航空煤油，因此本章选择航空煤油作为能源投入指标。选定一个可衡量的变量作为一个时期内的期望产出：总收入（TR），包括客运服务收入、货运服务收入、货邮服务收入和其他收入。选定温室气体排放量（GHG）作为一个时期内的非期望产出，航空排放包括 CO_2、H_2O、NO_x、SO_x 和烟尘，其中 CO_2 是最重要的温室气体（Sausen 等，2005）。参考 Wanke 和 Barros（2016）及 Cui 和 Li（2017b）的研究，我们将机队规模（FS）定义为动态因子。机队规模的投资在投入和产出的连续性方面具有滞后性，这符合动态因子作为中间产出的特征。此外，机队规模是航空公司的一种固定资产，反映了该航空公司在某一年的现有的生产和运营规模，从这个意义上说，它可以被视为当年的产出。另一方面，机队规模是后一年年投资于该航空公司的各种设备的总和，也可以被视为后一年年的投入。因此，本章将前一年的机队规模作为投入因子，而将当年的机队规模作为产出因子。

动态结构如图 10-1 所示。

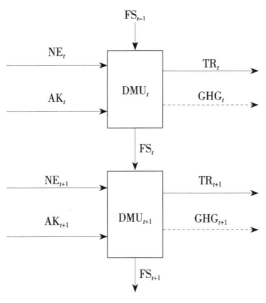

图 10-1　动态结构图

10.3.2　数据来源

实证数据来自 29 家全球航空公司，包括俄罗斯航空、柏林航空、法荷航空、汉莎航空、北欧航空、伊比利亚航空、瑞安航空、英国航空、葡萄牙航空、挪威航空、芬兰航空、土耳其航空、易捷航空、维珍航空、中国东方航空、中国南方航空、大韩航空、澳洲航空、达美航空、中国国际航空、海南航空、阿联酋航空、加拿大航空、国泰航空、新加坡航空、全日空航空、长荣航空、泰国航空和印尼鹰航。在这些航空公司中，有 7 家航空公司的乘客周转量在全球排名前十（达美航空、阿联酋航空、中国南方航空、汉莎航空、英国航空和法荷航空）。此外，这些航空公司来自亚洲、欧洲、大洋洲和美国，一定程度上可以代表全球航空公司，因此，我们选择这些航空公司作为样本。

本章的实证研究将使用 2008—2015 年的八年期数据。2008 年，欧盟宣布所有在欧盟地区登陆的国际航班将于 1 月 1 日起获得排放许可，许多航空公司都希望提高效率，以便在利润和欧盟要求之间找到平衡点。尽管欧盟排放交易体系未覆盖欧盟以外的航空公司，但全球航空公司在控制航空排放方面做了大量工作，因此研究这一时期某些主要航空公司的效率具有重要意义。

有关员工数量、航空煤油、机队规模和总收入的数据是从各公司的年报中获取的。温室气体排放量数据来自 29 家公司的可持续发展报告和环境与企业社会责任报告。本章没有考虑全服务运营商和低成本航空公司之间的区别。

如表 10-1 所示，列出了 2008—2015 年投入、产出和中间产出的描述性统计数据。

表 10-1　2008—2015 年投入与产出的描述性统计数据

变量	均值	标准差	最小值	最大值
投入	—	—	—	—
员工数量	30 575.74	27 891.76	1 238.00	119 559.00
航空煤油（10^3 t）	4 255.4	3 468.3	236.4	14 409.1
期望产出	—	—	—	—
总收入（10^6 美元）	13 462	9 697	1 271	42 609
非期望产出	—	—	—	—
温室气体排放量（10^3 t）	15 018.4	8 529.7	3 280.0	42 150.0
动态因子	—	—	—	—
机队规模	283.49	208.94	53.00	809.00

注：总收入以美元的平价购买力表示。

表 10-2 显示了投入和产出间的 Pearson 相关系数（Cui 等，2013）。

表 10-2　投入与产出的相关性

变量	TR	GHG	FS_t
NE	0.666	0.502	0.583
AK	0.749	0.727	0.718
FS_{t-1}	0.797	0.718	0.991

注：所有相关系数在 1% 的水平上显著。

如表 10-2 所示，大多数系数为正且相对较高，这确保了投入和产出之间关系紧密。

10.3.3 结果分析

我们将 2008 年的机队规模作为 2009 年的投入，故效率期为 2009 年至 2015 年。我们根据图 10-1 中的航空结构构建了结合自然处置法和管理处置法的具体 DRAM 模型，并应用该模型计算了各航空公司的动态效率得分，如表 10-3 所示。

表 10-3　2009—2015 年各航空公司的综合效率和各年效率

航空公司	综合效率	排名	2009 年	2010 年	2011 年	2012 年	2013 年	2014 年	2015 年
俄罗斯航空	0.865	10	0.890	0.889	0.879	0.902	0.879	0.862	0.888
柏林航空	0.813	15	0.813	0.817	0.828	0.821	0.801	0.800	1.000
法荷航空	0.910	7	1.000	1.000	0.955	0.999	0.884	0.857	0.763
汉莎航空	0.934	3	1.000	1.000	1.000	1.000	1.000	1.000	0.603
北欧航空	1.000	1	1.000	1.000	1.000	1.000	1.000	1.000	1.000
伊比利亚航空	0.803	16	0.758	0.895	0.887	0.863	0.896	0.870	0.650
瑞安航空	0.875	8	0.853	0.869	0.867	0.886	0.893	0.883	1.000
英国航空	0.647	26	0.764	0.724	0.719	0.693	0.696	0.676	0.608
葡萄牙航空	0.789	18	0.844	0.834	0.827	0.833	0.834	0.812	0.749
挪威航空	0.611	29	0.669	0.677	0.663	0.677	0.675	0.652	0.653
芬兰航空	0.625	27	0.605	0.719	0.697	0.696	0.686	0.662	0.685
土耳其航空	0.735	22	0.858	0.842	0.808	0.752	0.736	0.694	0.719
易捷航空	0.664	25	0.739	0.741	0.693	0.695	0.694	0.676	0.747
维珍航空	0.916	5	0.896	0.910	0.906	0.914	0.936	0.931	1.000
中国东方航空	0.915	6	0.894	1.000	1.000	1.000	0.899	0.857	0.841
中国南方航空	0.795	17	0.841	0.827	0.845	0.822	0.801	0.800	0.831
大韩航空	0.757	21	0.763	0.807	0.801	0.806	0.801	0.773	0.790
澳洲航空	0.862	11	0.896	0.853	0.856	0.917	0.932	0.913	0.805
达美航空	0.931	4	0.823	1.000	1.000	1.000	0.896	0.870	1.000
中国国际航空	0.866	9	0.827	0.835	0.853	0.904	0.893	0.883	1.000
海南航空	0.775	19	0.759	0.758	0.724	0.804	0.814	0.824	0.966
阿联酋航空	0.625	28	0.731	0.709	0.708	0.710	0.689	0.666	0.535
加拿大航空	0.847	13	0.876	0.872	0.882	0.892	0.873	0.852	0.835
国泰航空	0.700	23	0.755	0.748	0.731	0.766	0.739	0.733	0.728
新加坡航空	0.700	24	0.701	0.765	0.759	0.758	0.755	0.733	0.726
全日空航空	0.975	2	1.000	1.000	1.000	0.975	1.000	1.000	0.876
长荣航空	0.827	14	0.823	0.835	0.797	0.764	0.908	0.914	0.922
泰国航空	0.774	20	0.773	0.774	0.751	0.793	0.827	0.833	0.896
印尼鹰航	0.859	12	0.879	0.887	0.876	0.889	0.887	0.881	0.858

从表 10-3 中可以发现，在 2009—2015 年，北欧航空在这 29 家航空公司中的综合效率最高，它的综合效率为 1，且从 2009—2015 年，每年的

效率都为 1。这表明北欧航空应该是这 29 家航空公司中的基准航空公司。根据投入、产出和动态因子的松弛结果，北欧航空的所有松弛量都为 0，这与其处理二氧化碳排放的良好表现密切相关。2009—2015 年，北欧航空的每个 FS 产生的平均 GHG 约为 1.892，在这 29 家航空公司中排名第 29 位；其每个 NE 产生的平均 GHG 约为 0.027，在这些航空公司中排名第 26 位；其每个 AK 产生的平均 GHG 约为 2.964，在这些航空公司中排名第 25 位。北欧航空在控制排放方面的良好表现带来了较高的航空公司效率。挪威在 2009—2015 年的综合效率最低，2009—2015 年其每个 NE 产生的 GHG 为 0.570，在这 29 家航空公司中排名第 1；其平均每个 FS 产生的温室气体排放量约为 11.84，在这些航空公司中排名第 8。挪威航空在减排方面的糟糕表现导致其效率低下。

　　北欧航空采取了许多措施来提高效率，这些措施可以为其他航空公司提供一些参考。北欧航空非常重视 2020 年前的碳减排目标量（与 2010 年相比），其实现环境目标的主要方法是通过开展 ISO 14001 环境管理体系内的环境计划，将战略付诸实施，包括机队更新、采用替代性可持续喷气燃料，以及飞机的有效应用等。在机队更新方面，2015—2016 年，北欧航空推出了两架全新的 A330E 飞机和一架 A320neo，并逐步淘汰了三架较旧的波音 737-600 飞机。与 A330 相比，A330E 每个座椅的燃油消耗可降低约 15%；与 A320ceo 相比，A320neo 使用的燃油减少约 15%。对于替代性可持续喷气燃料，北欧航空的主要选择是生物燃料，生物燃料可以从森林和食物废料等各种原材料中生产，并且可以与化石燃料混合，不需要对飞机本身进行任何改变，从而减少许多二氧化碳的排放。在飞机的有效应用方面，北欧航空在波音 737NG 上安装了小翼或在空中客车上安装了翼梢以改善空气动力学。为了减轻重量，北欧航空优化了厕所的用水量，更换轻型推车，以塑料瓶替代玻璃瓶，并根据对实际需求的分析，优化了服务和产品的数量。由于采取了这些措施，北欧航空每乘客公里的相对 CO_2 排放量每年下降 1.7%，形成了积极的高效率趋势。

　　其他效率较低的航空公司之所以无法成为基准航空公司，原因在于其每年的效率水平,例如,德国汉莎航空在2009—2014年,每年的效率都为1,但其2015年的效率为0.603,故汉莎航空的综合效率为0.934,在这些航空公司中排名第三。通过分析最低年效率的松弛度,可以探索这些非基准航空公司的效率改进方向,如表10-4所示。因为模型10-5是自然处置法和管理处置法的统一模型,对于一些航空公司,其NE、AK和FS_{t-1}设置为投入,而对于其他航空公司,这三个指标可以设置为产出。如果某个投入的松弛很大,改进方向应该是减少投入冗余;如果产出松弛很大,其改进方向应该是减少产出不足,从而提高效率。因此,松弛差异决定了航空公司的改进方向,具体数据如表10-4所示。

表10-4　对非基准航空公司的分析

航空公司	最低年效率	年份	最大比例的松弛变量	松弛量占比（%）	改进方向
俄罗斯航空	0.862	2014年	当NE是产出时	273.47	NE需要增加273.47%
柏林航空	0.800	2014年	当NE是产出时	873.13	NE需要增加873.13%
法荷航空	0.763	2015年	当NE是产出时	277.19	NE需要增加277.19%
汉莎航空	0.603	2015年	当NE是投入时	90.31	NE需要减少90.31%
伊比利亚航空	0.650	2015年	当NE是产出时	429.22	NE需要增加429.22%
瑞安航空	0.853	2009年	当AK是产出时	408.29	AK需要增加408.29%
英国航空	0.608	2015年	TR	311.44	TR需要增加311.44%
葡萄牙航空	0.749	2015年	当NE是产出时	601.41	NE需要增加601.41%
挪威航空	0.652	2014年	当NE是产出时	1 620.44	NE需要增加1 620.44%
芬兰航空	0.605	2009年	当NE是产出时	821.98	NE需要增加821.98%
土耳其航空	0.694	2014年	当NE是产出时	304.80	NE需要增加304.80%
易捷航空	0.676	2014年	当NE是产出时	608.65	NE需要增加608.65%
维珍航空	0.896	2009年	当FS_{t-1}是产出时	292.42	FS_{t-1}需要增加292.42%
中国东方航空	0.841	2015年	当NE是投入时	86.90	NE需要减少86.90%
中国南方航空	0.800	2014年	当AK是产出时	133.99	AK需要增加133.99%
大韩航空	0.763	2009年	当AK是产出时	225.45	AK需要增加225.45%
澳洲航空	0.805	2015年	当AK是投入时	79.43	AK需要减少79.43%
达美航空	0.823	2009年	当NE是产出时	54.03	NE需要增加54.03%
中国国际航空	0.827	2009年	当AK是产出时	263.33	AK需要增加263.33%
海南航空	0.724	2011年	TR	232.01	TR需要增加232.01%
阿联酋航空	0.535	2015年	FS_t	193.63	FS_t需要增长193.63%
加拿大航空	0.835	2015年	TR	205.44	TR需要增加205.44%
国泰航空	0.728	2015年	TR	317.76	TR需要增加317.76%
新加坡航空	0.701	2009年	TR	797.31	TR需要增加797.31%
全日空航空	0.876	2015年	当AK是投入时	74.28	AK需要减少74.28%
长荣航空	0.764	2012年	当NE是产出时	1 179.36	NE需要增加1 179.36%
泰国航空	0.751	2011年	当AK是产出时	303.49	AK需要增加303.49%
印尼鹰航	0.858	2015年	TR	301.59	TR需要增加301.59%

如表 10-4 所示，由于综合效率与年效率密切相关，为提高综合效率，可以从提高最低年效率入手。因此，对于非基准航空公司，我们选择最低年度效率作为改进方向。对于年效率，有 NE、AK 等两个投入，TR、GHG 两个产出，动态因子（既作为上一阶段的产出，又作为下一阶段的投入）等 6 个松弛变量，因此，最大比例的松弛变量应该是提高年效率的最紧迫任务。对于投入而言，松弛表示投入冗余，如果一个投入的松弛很大，应该减少这个投入。对于产出而言，松弛表示产出不足，如果一个产出的松弛很大，应该增加这个产出。因此，我们根据年最低效率的最大比例松弛变量对非基准航空公司进行排序，松弛量占原始数据的比例就是需要改善的比率。例如，对俄罗斯航空而言，其最低年效率发生在 2014 年，当 NE 被视为产出时具有最大比例的松弛变量，我们计算 NE 松弛量占 NE 原始数据的比例，得到结果为 273.47%，所以，为提高俄罗斯航空的综合效率，最紧迫的任务是将 NE 增加 273.47%。

我们总结了这 28 家非基准航空公司的不同改进方向。在这 28 家航空公司中，13 家航空公司的 NE 应该得到改善。其中 11 家航空公司的 NE 作为产出，应该被增加；两家航空公司的 NE 作为投入，应该被减少；6 家航空公司的 AK 应该得到改善，其中 4 家航空公司的 AK 作为产出，应该增加；两家航空公司的 AK 作为投入，应该减少；7 家航空公司的 TR 应该增加；两家航空公司的 FS 应该增加。但是，结果显示这 28 家航空公司都无须改善温室气体指数，这说明，非期望产出的改善并不是提高这 28 家航空公司综合效率最紧迫的任务。这是一个意想不到但可以理解的结果。在本章中，非期望产出 GHG 采用强处置的方法。在模型 10-5 中，温室气体采用自由处置法，可以描述航空公司在没有法规情况下的行为。模型 10-5 表明，生产者可以在不考虑环境影响的情况下排放尽可能多的温室气体，从这个意义上讲，温室气体可能不是提高效率的限制条件，因此这些航空公司最迫切的任务不是控制温室气体。该结论与 Li 等（2016a）的结果一致，即对温室气体采用强处置方法比弱处置方法更合理。由于强处置方法就是自由处置法，根据这一结果可以推测，现有的温室气体排放量可能没有超过环境的处理能力，该结果与本章的发现是一致的。

表 10-5 对 NE、AK 和 FS_{t-1} 的分析（I 表示投入，O 表示产出，——表示松弛为 0）

航空公司	2009 NE	2009 AK	2009 FS_{t-1}	2010 NE	2010 AK	2010 FS_{t-1}	2011 NE	2011 AK	2011 FS_{t-1}	2012 NE	2012 AK	2012 FS_{t-1}	2013 NE	2013 AK	2013 FS_{t-1}	2014 NE	2014 AK	2014 FS_{t-1}	2015 NE	2015 AK	2015 FS_{t-1}
俄罗斯航空	I	O	O	O	O	O	O	O	O	O	O	O	O	O	O	O	O	O	O	O	O
柏林航空	O	I	I	I	I	O	O	I	O	O	I	O	O	I	I	O	I	I	——	——	——
法荷航空	——	——	——	——	——	——	I	I	——	I	O	O	I	I	O	I	O	O	O	O	O
汉莎航空	——	——	——	——	——	——	I	I	——	——	——	——	——	——	——	——	——	——	I	I	I
北欧航空	——	——	——	——	——	——	O	O	——	O	O	O	——	——	——	——	——	——	——	——	——
伊比利亚航空	O	I	I	O	O	——	O	O	——	O	I	——	O	I	——	O	I	——	O	O	O
瑞安航空	O	O	O	O	O	O	O	O	O	O	O	O	I	O	O	I	O	O	——	——	——
英国航空	O	O	O	O	O	O	O	O	O	I	O	O	I	O	O	I	O	O	O	O	O
葡萄牙航空	O	O	O	I	I	O	O	O	O	O	O	O	O	O	O	O	O	O	O	O	O
挪威航空	O	O	O	O	O	O	O	O	O	O	O	O	O	O	O	O	O	O	O	O	O
芬兰航空	O	O	O	O	O	——	O	O	——	O	O	O	O	O	O	O	O	O	O	O	O
土耳其航空	I	O	O	O	O	O	O	O	O	I	O	O	O	O	O	I	O	O	O	O	O
易捷航空	O	O	O	O	O	O	O	O	O	O	O	O	O	I	O	O	O	O	O	O	——
维珍航空	O	I	I	O	I	——	O	I	——	I	——	——	O	I	——	O	I	I	——	——	I
中国东方航空	I	O	O	O	O	O	O	O	O	O	O	O	O	O	O	O	O	O	I	O	I
中国南方航空	O	O	O	I	I	——	O	O	——	I	O	O	O	O	O	O	O	O	I	O	I
大韩航空	O	O	O	O	O	O	O	O	O	O	O	O	O	O	O	O	O	O	I	I	I
澳洲航空	O	I	I	——	——	——	O	I	O	O	O	O	O	O	O	O	I	O	——	——	——
达美航空	O	O	O	I	I	O	I	I	O	I	O	O	I	O	O	I	I	I	I	I	——
中国国际航空	I	O	O	O	O	O	O	O	O	O	O	O	O	O	O	O	O	O	——	——	——
海南航空	O	O	O	O	O	O	O	O	O	O	O	O	O	O	O	O	O	O	I	I	O
阿联酋航空	O	O	O	I	I	O	O	O	O	I	O	O	O	O	O	O	O	O	I	I	I
加拿大航空	I	O	O	I	I	O	O	O	O	O	O	O	O	O	O	O	O	O	I	I	I
国泰航空	I	O	O	I	I	O	O	O	O	O	O	O	I	O	O	O	O	O	I	I	I
新加坡航空	I	O	O	O	O	O	O	O	O	O	O	O	O	O	O	O	O	O	I	I	I

续表

航空公司	2009 年			2010 年			2011 年			2012 年			2013 年			2014 年			2015 年		
	NE	AK	FS_{t-1}	NE	AK	FS_{t-1}	NE	AK	FS_{t-1}	NE	AK	FS_{t-1}	NE	AK	FS_{t-1}	NE	AK	FS_{t-1}	NE	AK	FS_{t-1}
全日空航空	—	—	—	—	—	—	—	—	—	I	0	—	—	—	—	—	—	—	I	I	I
长荣航空	0	0	0	0	0	0	0	0	0	0	0	0	0	0	0	0	0	0	I	I	0
泰国航空	I	0	0	I	0	0	I	0	0	0	0	0	0	0	0	0	0	0	I	I	0
印尼鹰航	0	0	0	0	0	0	0	0	0	0	0	0	0	0	0	0	0	0	0	0	0

如前所述，对于某些航空公司，其 NE、AK 和 FS_{t-1} 设置为投入，而对于其他航空公司，这三个指数可能设置为产出可对此进行总结并将其列在表 10-5 中。

从自然处置法和管理处置法的基本原理可知，若 NE、AK 和 FS_{t-1} 是投入，则处置模式为自然处置法；若这些指数是产出，则处置模式为管理处置法。由于模型 10-5 是自然处置法和管理处置法的统一模型，表 10-5 显示了优化综合效率的最佳处置模式。

在表 10-5 中，大多数航空公司的 NE、AK 和 FS_{t-1} 都作为产出（在管理处置法下），如 2010 年的俄罗斯航空。对于这些航空公司，除了非期望产出 GHG 是投入，其他五个指标都被视为产出。这是优化综合效率的最优处置模式，且产出松弛表示产出不足，因此，该结果表明，在当前的 GHG 水平下，NE、AK、FS 和 TR 都应该增加，以实现最佳的综合效率。另外，如果 NE、AK、FS 和 TR 保持不变，这些航空公司应该减少温室气体以达到最佳综合效率，这也是管理处置法的原则。

另外一些航空公司的 NE、AK 和 FS_{t-1} 都作为投入（在自然处置法下），如 2015 年的汉莎航空。对于这些航空公司，在目前的 GHG、TR 和 FS_t 水平下，NE、AK 和 FS_{t-1} 都应该减少，从而实现最佳的综合效率。如果 NE、AK 和 FS_{t-1} 保持不变，则这些航空公司应同时增加 GHG、TR 和 FS_t 以实现最优效率。因此，对这些航空公司来说，TR 的增加不可避免地伴随着 GHG 的增加，这种现象可以体现出自然处置法的基本原则。

还有一些航空公司，其 NE、AK 和 FS_{t-1} 中的一部分作为投入，一部分作为产出，如 2009 年的俄罗斯航空，其 NE 作为投入，AK 和 FS_{t-1} 作为产出。在这种情况下，NE、AK 和 FS_{t-1} 的改进方向不同，为达到最优综合效率，其 NE 应该减少，AK 和 FS_{t-1} 应该增加，且速率应该是松弛量与原始数据的比例。因此，该结果可为这些航空公司提高效率提供重要参考。

接下来我们讨论 2009—2015 年的效率变化。年效率变化指数是根据 Li 等（2015）的效率变化指数确定的。航空公司的年效率变化指数为：

$$M_{it} = \frac{\theta_{it}}{\theta_{it-1}}, \quad i=1, 2, \cdots, 29, \quad t=2010, \cdots, 2015 \qquad （10-8）$$

其中，θ_{it} 代表航空公司 i 在第 t 年的年效率。

年效率变化指数的结果如表 10-6 所示。

表 10-6　效率变化指数

航空公司	2010 年	2011 年	2012 年	2013 年	2014 年	2015 年	平均值
俄罗斯航空	0.998	0.990	1.026	0.974	0.981	1.030	1.000
柏林航空	1.006	1.013	0.991	0.976	0.999	1.250	1.039
法荷航空	1.000	0.955	1.046	0.884	0.970	0.890	0.958
汉莎航空	1.000	1.000	1.000	1.000	1.000	0.603	0.934
北欧航空	1.000	1.000	1.000	1.000	1.000	1.000	1.000
伊比利亚航空	1.182	0.990	0.974	1.037	0.972	0.747	0.984
瑞安航空	1.019	0.998	1.022	1.008	0.989	1.132	1.028
英国航空	0.948	0.993	0.964	1.005	0.971	0.898	0.963
葡萄牙航空	0.989	0.992	1.007	1.001	0.974	0.923	0.981
挪威航空	1.013	0.978	1.022	0.997	0.966	1.001	0.996
芬兰航空	1.188	0.970	0.999	0.985	0.965	1.034	1.024
土耳其航空	0.982	0.959	0.930	0.978	0.943	1.037	0.972
易捷航空	1.003	0.936	1.004	0.998	0.974	1.105	1.003
维珍航空	1.016	0.995	1.009	1.024	0.994	1.074	1.019
中国东方航空	1.119	1.000	1.000	0.899	0.953	0.981	0.992
中国南方航空	0.984	1.022	0.972	0.975	0.999	1.039	0.999
大韩航空	1.058	0.992	1.007	0.994	0.965	1.022	1.006
澳洲航空	0.952	1.004	1.071	1.016	0.980	0.881	0.984
达美航空	1.216	1.000	1.000	0.896	0.972	1.149	1.039
中国国际航空	1.009	1.022	1.060	0.987	0.989	1.132	1.033
海南航空	0.999	0.956	1.110	1.012	1.012	1.173	1.044
阿联酋航空	0.971	0.999	1.003	0.970	0.966	0.804	0.952
加拿大航空	0.996	1.010	1.011	0.979	0.976	0.980	0.992
国泰航空	0.991	0.977	1.048	0.965	0.991	0.993	0.994
新加坡航空	1.092	0.993	0.999	0.996	0.971	0.990	1.007
全日空航空	1.000	1.000	0.975	1.025	1.000	0.876	0.979
长荣航空	1.014	0.954	0.959	1.188	1.007	1.008	1.022
泰国航空	1.001	0.971	1.055	1.043	1.008	1.075	1.026
印尼鹰航	1.010	0.987	1.014	0.997	0.994	0.974	0.996
均值	1.026	0.988	1.010	0.993	0.982	0.993	—

从表 10-6 的最后一行可以看到，2009—2010 年和 2011—2012 年，总体年效率有所增加，而在其他年份有所下降，但平均年效率变化指数总是在 1 左右徘徊，这表明在此期间，整体航空公司效率没有明显的波动。从

最后一列可以看到，2009—2015 年，有 12 家航空公司的年平均效率变化指数大于 1，15 家航空公司的平均效率变化指数小于 1，2 家航空公司的平均效率变化指数等于 1。

海南航空的平均年效率变化指数最大，汉莎航空的平均年效率变化指数最小。对于海南航空，其年效率 2009—2011 年有所下降，但 2011—2015 年有所增加，具体而言，其年效率从 2009 年的 0.759 增加到 2015 年的 0.966。对汉莎航空，其 2010—2014 年的效率变化指数为 1，但 2015 年的效率变化指数降为表 10–6 中最低的 0.603。可以看出，汉莎航空 2015 年的低年效率降低了综合效率，导致其年均效率的变化指数最小。

柏林航空 2014—2015 年的年效率变化指数最大，达到 1.25，其每 NE 产生的温室气体排放量从 2014 年的 0.224 降至 2015 年的 0.220，每 FS 产生的温室气体排放量从 2014 年的 3.377 降至 2015 年的 3.190，但每 AK 产生的总收入 TR 从 2014 年的 0.048 增加到 2015 年的 0.127。这些显著改善的指标导致柏林航空在 2014—2015 年，年效率变化指数转为正值。2014—2015 年，汉莎航空的年效率变化指数最低，其每 FS 产生的温室气体排放量从 2014 年的 4.469 增加到 2015 年的 4.659，但其每 NE 产生的 TR 从 2014 年的 0.007 降至 2015 年的 0.003，其每 AK 产生的 TR 从 2014 年的 0.465 降至 2015 年的 0.401。这些指标的变化导致了汉莎航空 2014—2015 年的效率变化指数较低。

10.4　本章小结

本章使用结合自然处置法和管理处置法的动态 RAM 模型，重点评估了航空公司的动态效率。选定员工数量（NE）和航空煤油（AK）作为投入，总收入（TR）作为期望产出，温室气体排放量（GHG）作为非期望产出，机队规模（FS）为动态因子。为评估 29 家航空公司 2009—2015 年的动态效率，本章提出了具有统一的自然处置和管理处置的动态 RAM 模型，并通过对结果的分析，得出了一些有趣的结论。

首先，在表 10-3 中，北欧航空 2009—2015 年在这 29 家航空公司中的综合效率最高，而且这种高效率与其在处理二氧化碳排放方面的良好表现密切相关。其次，在表 10-4 中，对于其他 28 家航空公司，改善非期望产出并不是提高综合效率的最紧迫工作。在这 28 家航空公司中，13 家航空公司应改进 NE，6 家航空公司应改进 AK，9 家航空公司应改进 TR。第三，由表 10-5 可知，为优化整体效率，大多数航空公司应采用管理处置法。第四，年效率变化指数总是在 1 左右徘徊，表明这一时期航空公司效率没有明显波动。2014—2015 年，柏林航空公司的年效率变化指数最大，2014—2015 年汉莎航空公司的年效率变化指数最低。

总体而言，本章的贡献体现在提出了一种新的模型——结合统一的自然处置和管理处置法的动态 RAM 模型，以评估航空公司的动态效率。该模型可以在优化综合效率的前提下，自动判断航空公司在一个动态期间对非期望产出应采用自然处置还是管理处置。本章应用此模型评价了 29 家航空公司在 2009—2015 年的效率，并分析了效率变化的原因。

根据研究结论，本研究得到了两个管理启示。

第一个管理启示是，不同的航空公司应该有不同的效率改进途径。北欧航空的高效率与其处理二氧化碳排放的表现直接相关，但是，对于其他 28 家航空公司来说，为提高效率，13 家航空公司应改进 NE，6 家航空公司应改进 AK，9 家航空公司应改进 TR。也许，不同的航空公司有不同的发展阶段，他们的最佳改进路径应基于每个航空公司的自身情况。

第二个启示是，大部分航空公司可以通过加强管理努力来实现总收入的增加和温室气体排放减少的目标。根据表 10-5 中的结果，为优化综合效率，大多数航空公司应采用管理处置法。也就是说，大多数航空公司可以通过采用一些新的污染减排技术来提高效率。

11 CNG2020 战略背景下航空公司动态效率评估

11.1 研究问题介绍

CNG2020 战略可能会对全球航空公司产生直接影响，然而，很少有研究关注 CNG2020 及其对某个航空公司的影响，更少有研究关注 CNG2020 战略背景下的航空公司效率衡量问题。Li 和 Cui（2017a）提出了一个网络结构的 RAM 环境 DEA 来讨论 CNG2020 战略条件下和无 CNG2020 战略条件下的环境效率变化。然而，还未有文献分析 CNG2020 战略对航空公司动态效率的影响。航空公司的动态效率可以动态地反映某一时期内投入和产出的关系，在本章中，我们专注于通过动态 by-production 模型测量 CNG 2020 战略下的航空公司动态效率。

需要回答的关键问题包括：如何预测 2020 年后个别航空公司的排放量？如何在考虑排放限额时衡量航空公司的效率？针对这些问题，本章将讨论 CNG2020 战略下全球航空公司的效率。针对第一个问题，本章应用 BP 神经网络预测 2021—2023 年的投入和产出，针对第二个问题，本章提出了动态 by-production 模型来解决。

11.2　模型介绍

DEA 模型（Charnes 等，1978）是用于评估具有多投入和多产出的决策单元（DMU）相对效率的一种非参数方法，已被广泛应用于能源效率和环境效率的评价（Wang 和 Feng，2015；Wang 和 He，2017）。在考虑非期望产出时，学者们也提出了许多非期望产出的处理方法。如 Färe 等（2007）提出的弱处置法、Hailu 和 Veeman（2001）提出的强处置法、Murty 等（2012）提出的 by-production 模型；Sueyoshi 和 Goto（2012）提出的自然处置法；以及 Hampf 和 Rødseth（2015）提出的弱 G 处置法等。前三种处置方法在航空公司效率评价上有广泛的应用。基于 2008—2012 年 22 家国际航空公司的数据，Li 等（2016a）比较了弱处置法和强处置法，发现弱处置方法在区分航空公司效率方面更为合理，而强处置方法是处理非期望产出更合理的方式。Li 和 Cui（2017b）应用弱处置方法分析了欧盟排放交易体系对航空公司效率的影响，并得出结论，纳入欧盟排放交易体系对航空公司效率的提高几乎没有任何效果。Seufert 等（2017）在航空公司绩效分析中提出了包含非期望产出的 by-production luenberger-hicks-moorsteen 指标，最终得出结论，欧洲航空公司在污染调整方面的运营效率和生产率方面都有较好的表现。

正如 Hoang 和 Coelli（2011）以及 Hampf 和 Rødseth（2015）所言，在管道末端技术存在的条件下，弱处置法可以与物质平衡原则兼容以减少污染。然而，在许多情况下，管端设备在技术上不可用或在经济上无法承受（Rødseth 和 Romstad，2013）。而 Dakpo 等（2016）认为，弱 G 处置方法无法准确表示和捕捉污染生成技术中的不同权衡。Manello（2012）指出，在自然处置法和管理处置法的统一框架中引入的非线性模型可能会产生一些主导的高效决策单元。有效决策单元可能存在识别问题，因为自然处置法和管理处置法会产生相互矛盾的结果（Dakpo 等，2016）。虽然 Murty 等（2012）的 By-production 模型也有其自身的劣势，例如在实际应用中，在进行任何效率评估之前，需要先将投入分为污染性投入和非污染性投入，并且可能很难确定一些投入是分为污染还是非污染性投入。然而，by-production 技术在模拟污染生成技术方面提供了强大的背景和现实性（Dakpo 等，2016），因此，由 Murty 和 Russel（2002）引入并由 Murty 等（2012）推广的 by-production 模型，被用作评估航空公司效率的基本方法。近年来，by-production 模型已被广泛应用于航空公司的效率评估（Seufert 等，2017）。

在 by-production 方法中，需要估计两种生产技术组：计划生产技术和残渣发电技术。投入分为无污染性投入和污染性投入。对于无污染性投入，具体模型是

$$\theta_1 = \min \frac{1}{N} \sum_{n=1}^{N} \beta_n$$

$$\text{s.t.} \begin{cases} x_{m0} \geq \sum_{k=1}^{K} \lambda_k x_{mk} \ , \ m=1,2,\cdots,M \\ y_{n0} \Big/ \beta_n \leq \sum_{k=1}^{K} \lambda_k y_{nk}, \ n=1,2,\cdots,N \\ \sum_{k=1}^{K} \lambda_k = 1 \\ \lambda_k \geq 0 \end{cases} \quad (11\text{-}1)$$

其中，x_{mk} 表示 DMU_k 的第 m 个投入；y_{nk} 表示 DMU_k 的第 n 个期望产出；M，N 分别代表投入和期望产出的数量；λ 是强度变量；β 是用来表示被评价决策单元为达到最优前沿的期望产出的可扩展比例的变量。

对于污染性投入，具体的模型是

$$\theta_2 = \min \frac{1}{J} \sum_{j=1}^{J} \gamma_j$$

$$\text{s.t.} \begin{cases} xx_{m0} \leq \sum_{k=1}^{K} \lambda_k xx_{mk} \ , \ m=1,2,\cdots,M_2 \\ \gamma_j u_{j0} \geq \sum_{k=1}^{K} \lambda_k u_{jk}, \ j=1,2,\cdots,J \\ \sum_{k=1}^{K} \lambda_k = 1 \\ \lambda_k \geq 0 \end{cases} \quad (11\text{-}2)$$

其中，xx_{mk} 表示导致 DMU_k 的第 m 个污染性投入（$m=1，2，\cdots，M_2$）；u_{jk} 是 DMU_k 的第 j 个非期望产出（$j=1，2，\cdots，J$）；λ 是强度变量；γ 表示

被评价决策单元偏离最优前沿面的程度。

总效率可以表示为

$$\theta = \frac{1}{2}\ (\theta_1 + \theta_2)$$

（11–3）

其中，θ 为总效率，表示决策单元在增加期望产出和减少非期望产出方面的绩效表现。

但 Murty 等（2012）的 by–production 模型也有其局限性。Tone 和 Tsutsui（2010）认为它没有考虑到跨期效率的变化。为测量跨期效率变化，以往也有学者提出了许多相关模型，如 Klopp（1985）的窗口分析、Färe 等（1994）提出的 malmquist–DEA 模型、Färe 和 Grosskopf（1996）及 Tone 和 Tsutsui（2010）提出的动态 DEA 模型等。与动态 DEA 模型相比，其他模型没有分析两个连续阶段之间结转活动的影响，且阶段之间的结转活动没有被明确地解释（Tone 和 Tsutsui，2010）。在 CNG2020 战略中，排放量大于限额或缺少配额的航空公司需要在公开市场和 / 或拍卖中购买排放权，从而增加了航空公司的运营成本，而排放量低于限额的航空公司可以通过出售剩余排放权以增加收入。运营成本或收入的增加将影响该航空公司未来几年的运营。此外，对于这些航空公司，其排放目标的实现需要多年的努力和各个时期之间不断的结转，例如，通过购买新飞机和淘汰旧飞机来改变机队规模，会对航空公司下一时期的减排绩效产生重要影响。因此，机队规模可被视为动态因子，而该动态模型适合用来评估 CNG2020 战略下的航空公司动态效率变化。基于此，本章提出动态 by–production 模型来评估航空公司动态效率变化。

对于无污染性投入，考虑一个周期的模型，具体模型如下。

$$\theta_1 = \min \frac{1}{N} \sum_{n=1}^{N} \sum_{t=1}^{T} w^t \beta_n^t$$

$$\text{s.t} \begin{cases} x_{m0t} \geq \sum_{k=1}^{K} \lambda_{kt} x_{mkt}, & m=1,2,\cdots,M, \quad t=1,2,\cdots T \quad \text{(C1)} \\[2mm] z_{iot-1} \geq \sum_{k=1}^{K} \lambda_{kt-1} z_{ikt-1}, & i=1,2,\cdots,I, \quad t=1,\cdots T \quad \text{(C2)} \\[2mm] y_{n0t} \Big/ \beta_n^t \leq \sum_{k=1}^{K} \lambda_{kt} y_{nkt}, & n=1,2,\cdots,N, \quad t=1,2,\cdots T \quad \text{(C3)} \\[2mm] z_{i0t} \leq \sum_{k=1}^{K} \lambda_{kt} z_{ikt}, & i=1,2,\cdots,I, \quad t=1,2,\cdots T \quad \text{(C4)} \\[2mm] \sum_{k=1}^{K} \lambda_{kt-1} z_{ikt} = \sum_{k=1}^{K} \lambda_{kt} z_{ikt}, & t=1,2,\cdots T \quad \text{(C5)} \\[2mm] \sum_{k=1}^{K} \lambda_{kt} = 1, & t=1,2,\cdots,T \quad \text{(C6)} \\[2mm] \lambda, \beta \geq 0 \end{cases} \quad (11\text{-}4)$$

其中，x_{mkt} 表示 DMU_k 在时期 t 的第 m 个投入；y_{nkt} 表示 DMU_k 在时期 t 的第 n 个期望产出；z_{ikt} 表示 DMU_k 在时期 t 的第 i 个动态因子；M，N，I 分别代表投入、期望产出和动态因子的数量；λ 为强度变量。

在模型 11-4 中，无污染性投入被视为投入，期望产出被视为产出。参考 Li 等（2016）、Cui 等（2016a、2016b）以及 Tone 和 Tsutsui（2010）的做法，将结转活动描述为动态因子，对应于约束 C2 和 C4。$t-1$ 期的动态因子是 t 期的投入，故存在约束 C2；t 期的动态因子是 t 期的产出，故存在约束 C4；约束 C5 $\sum_{k=1}^{K} \lambda_{kt-1} z_{ikt} = \sum_{k=1}^{K} \lambda_{kt} z_{ikt}$ 表示，当动态因子被定义为前一期的产出和当期的投入时，前沿面是一致的。

模型 11-4 中，$1/\beta$ 表示被评价的决策单元接近最优前沿的程度。若 $1/\beta = 1$，则被评价的决策单元处于最优前沿面；若 $1/\beta > 1$，则被评价的决策单元不在最优前沿面上。模型 11-4 中的最优值表示被评估的决策单元偏离最优前沿面的最大程度，同时也是被评价决策单元为达到最优前沿面，其第 n 个期望产出的最大可扩展比例。

对于污染性投入，具体模型是

$$\theta_2 = \min \frac{1}{J} \sum_{j=1}^{J} \sum_{t=1}^{T} w^t \gamma_j^t$$

$$\text{s.t.} \begin{cases} xx_{m0t} \leqslant \sum_{k=1}^{K} \lambda_{kt} xx_{mkt}, & m=1,2,\cdots,M_2, \quad t=1,2,\cdots T & (C1) \\[2mm] z_{iot-1} \geqslant \sum_{k=1}^{K} \lambda_{kt-1} z_{ikt-1}, & i=1,2,\cdots,I, \quad t=1,\cdots T & (C2) \\[2mm] \gamma_j^t u_{j0t} \geqslant \sum_{k=1}^{K} \lambda_{kt} u_{jkt}, & j=1,2,\cdots,J, \quad t=1,2,\cdots T & (C3) \\[2mm] z_{iot} \leqslant \sum_{k=1}^{K} \lambda_{kt} z_{ikt}, & i=1,2,\cdots,I, \quad t=1,2,\cdots T & (C4) \\[2mm] \sum_{k=1}^{K} \lambda_{kt-1} z_{ikt} = \sum_{k=1}^{K} \lambda_{kt} z_{ikt}, & t=1,2,\cdots T & (C5) \\[2mm] \sum_{k=1}^{K} \lambda_{kt} = 1, & t=1,2,\cdots,T & (C6) \\[2mm] \lambda,\gamma \geqslant 0 \end{cases} \quad (11\text{-}5)$$

其中，xx_{mkt} 表示 DMU_k 在 t 时期的第 m 个污染性投入；u_{jkt} 表示 DMU_k 在 t 时期的第 j 个非期望产出；z_{ikt} 是 DMU_k 在 t 时期的第 i 个动态因素；M_2，J，I 分别代表污染性投入、非期望产出和动态因子的数量；λ 是强度变量。

在模型 11-5 中，污染性投入被视为产出，而非期望产出被视为投入。第 t-1 期的动态因子是第 t 期的投入，故存在约束 C2，第 t 期的动态因子是第 t 期的产出，故存在约束 C4。模型 11-5 中，γ 代表被评价决策单元与最优前沿面的距离，若 γ =1，则被评价决策单元处于最优前沿面；若 $\gamma < 1$，则被评价决策单元不在最优前沿面上，且需要减少（$1-\gamma$）个非期望产出以达到最优前沿面。模型 11-5 中的最优值 γ 表示被评价决策单元偏离最优前沿面的最小程度，最优值 γ 越小，评估的决策单元需要减少的非期望产出越多。

总效率可以表示为

$$\theta = \frac{1}{2} * (\theta_1 + \theta_2) \qquad (11\text{-}6)$$

第 t 期的效率表示为

$$\theta_t = \frac{1}{2} * \left(\frac{1}{N} \sum_{n=1}^{N} \beta_n^t + \frac{1}{J} \sum_{j=1}^{J} \gamma_j^t \right) \qquad (11\text{-}7)$$

11.3 实证研究

11.3.1 投入与产出指标的选择

本章基于前人的文献和航空运输业的实际情况，选取航空公司效率的投入和产出指标。选定两个可测量的变量作为一个时期内的投入：员工数量（NE）和航空煤油（AK）。由于超过95%的能源消耗为航空煤油，故本章选择航空煤油作为能源投入指标。选定一个可衡量的变量作为一个时期内的期望产出：总收入（TR）。总收入包括客运服务收入、货运服务收入、货邮服务收入和其他收入。选定温室气体排放量（GHG）作为一个时期内的非期望产出。航空排放包括 CO_2、H_2O、NO_x、SO_x 和烟尘，其中 CO_2 是最重要的温室气体（Sausen 等，2005）。参考 Wanke 和 Barros（2016），我们将机队规模（FS）定义为动态因子，机队规模的投资在投入和产出的连续性方面具有滞后性，这符合动态因子作为中间产出的特征。因此，本章将前一年的机队规模作为投入因子，而将当年的机队规模作为产出因子。

动态结构如图 11-1 所示。

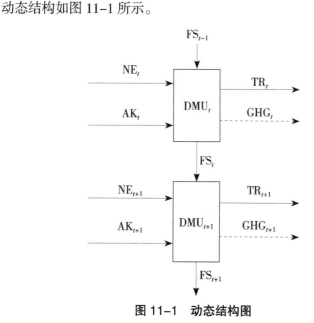

图 11-1 动态结构图

11.3.2 数据

实证数据来自29家全球航空公司：俄罗斯航空、柏林航空、法荷航空、汉莎航空、北欧航空、伊比利亚航空、瑞安航空、英国航空、葡萄牙航空、挪威航空、芬兰航空、土耳其航空、易捷航空、维珍航空、中国东方航空、中国南方航空、大韩航空、澳洲航空、达美航空、中国国际航空、海南航空、阿联酋航空、加拿大航空、国泰航空、新加坡航空、全日空航空、长荣航空、泰国航空和印尼鹰航。在这些航空公司中，7家航空公司的乘客周转量在全球排名前十（达美航空、阿联酋航空、中国南方航空、汉莎航空、英国航空和法荷航空）。此外，这些航空公司来自亚洲、欧洲、大洋洲和美国，一定程度上可以代表全球航空公司，因此，选择这些航空公司作为样本来分析CNG2020战略的影响。表11-1为样本航空公司的详细信息。

表 11-1 29家国际航空公司的详细信息

航空公司	地区	类型
俄罗斯航空	俄罗斯	FSC
柏林航空	德国	FSC
法荷航空	法国	FSC
汉莎航空	德国	FSC
北欧航空	瑞典	FSC
伊比利亚航空	西班牙	FSC
瑞安航空	爱尔兰	LCC
英国航空	英国	FSC
葡萄牙航空	葡萄牙	FSC
挪威航空	挪威	FSC
芬兰航空	芬兰	FSC
土耳其航空	土耳其	FSC
易捷航空	加拿大	LCC
维珍航空	英国	LCC
中国东方航空	中国	FSC
中国南方航空	中国	FSC
大韩航空	韩国	FSC
澳洲航空	澳大利亚	FSC
达美航空	美国	FSC
中国国际航空	中国	FSC
海南航空	中国	FSC
阿联酋航空	阿拉伯联合酋长国	FSC

航空公司	地区	类型
加拿大航空	加拿大	FSC
国泰航空	中国香港	FSC
新加坡航空	新加坡	FSC
全日空航空	日本	FSC
长荣航空	中国台湾	FSC
泰国航空	泰国	FSC
印尼鹰航	印度尼西亚	FSC

注：LCC 表示低成本航空公司，FSC 表示全服务运营商。

本章的实证研究将使用 2008—2015 年的八年期数据。根据 CNG2020 战略原则，战略的实施将会有三个阶段：试验阶段（2021—2023 年）、第一阶段（2024—2026 年）和第二阶段（2027—2035 年）。该计划涵盖的国际航空 2019—2020 年的 CO_2 排放平均水平为 2020 年碳中性增长的基础。因此，我们需要预测 2015 年后的投入和产出。

考虑到预测数据的准确性可能会随着预测期的延长而变差，所以假设这 29 家航空公司都将参与该战略到 2021 年，只考虑这些航空公司在 2021—2023 年试验阶段的效率，因此，本章基于 2008—2015 年的实际数据预测了 2016—2023 年的投入和产出。

有关员工数量、航空煤油、机队规模和总收入的数据是从各公司的年报中获取的。温室气体排放量数据来自 29 家公司的可持续发展报告和环境与企业社会责任报告。在这 29 家航空公司中，有些航空公司是低成本航空公司。由于 CNG2020 战略对低成本航空公司没有特别的措施，即其对低成本航空公司和全服务航空公司效率的影响相同，故本章不考虑全服务航空公司和低成本航空公司间的差异。

应用 BP 神经网络来预测投入和产出。BP 神经网络已被广泛用于预测，具体方法可以在许多文献中找到（Sadeghi，2000；Yu 等，2008；Zhang 和 Wu，2009；Ren 等，2016）。与其他方法相比，BP 神经网络在非线性映射、自学习和自适应、泛化和容错方面具有优势（Zhang 和 Wu，2009；Ren 等，2016）。由于航空公司效率的投入和产出是非线性的，且在一定程度上相互影响，适合用 BP 神经网络进行预测。BP 神经网络由输入层、隐单元层和输出层组成，其具体参数如表 11-2 所示。

表 11-2 BP 神经网络参数

输入神经元	隐层神经元	输出神经元	最大步数	训练目标	学习率
29	60	1	50 000	0.000 5	0.01

为了提高预测精度，将前七年的数据设置为训练集的输入集，而将去年数据设置为训练集的目标集。通过训练 BP 神经网络，将后七年的数据设置为预测下一年数据的测试集，重复此步骤来获取 2016—2023 年的预测数据。值得指出的是，机队规模的预测值在航空公司年报中的机队升级计划中可以找到。

如表 11-3 所示，列出了 2008—2015 年的投入、产出和中间产出的描述性统计数据。

表 11-3 2008—2015 年投入与产出的描述性统计数据

变量	均值	标准差	最小值	最大值
投入	—	—	—	—
员工数量	30 575.74	27 91.76	1 238.00	119 559.00
航空煤油（10^3 t）	4 255.43	3 468.30	236.40	14 409.10
期望产出	—	—	—	—
总收入（10^6 美元）	13 461.94	9 697.06	1 271.00	42 609.00
非期望产出	—	—	—	—
温室气体排放量（10^3 t）	15 018.35	8 529.73	3 280.00	42 150.00
动态因子	—	—	—	—
机队规模	283.49	208.94	53.00	809.00

注：总收入以美元的平价购买力表示。

本章假设这 29 家航空公司都将参与 CNG2020 战略至少到 2021 年，且 2021—2023 的数据将用于探讨航空公司绩效变化，如表 11-4 所示，列出了 2021—2023 年的投入、产出和中间产出的描述性统计数据。由于 2020 年的机队规模将用于评估 2021 年的效率，所以列出了航空公司 2020—2023 年机队规模的描述性统计数据。

表 11-4 2021—2023 年投入与产出的描述性统计数据

变量	均值	标准差	最小值	最大值
投入	—	—	—	—
员工数量	45 807.09	40 028.07	7 081.00	148 976.00
航空煤油（10^3 t）	8 215.71	5 491.08	944.20	23 144.90
期望产出	—	—	—	—
总收入（10^6 美元）	24 021.10	16 236.32	5 502.00	62 451.00
非期望产出	—	—	—	—
温室气体排放量（10^3 t）	32 148.26	14 754.76	5 661.00	65 897.60
动态因子	—	—	—	—
机队规模	508.84	317.37	95.00	1 321.00

如表 11-5 所示为 2021—2023 年投入和产出的 Pearson 相关系数。

表 11-5 投入与产出的相关性

变量	TR	GHG	FS_t
NE	0.736	0.592	0.641
AK	0.664	0.558	0.671
FS_{t-1}	0.712	0.651	0.933

注：所有相关系数在 1% 的统计水平上显著。

如表 11-5 所示，大多数系数为正且相对较大，说明投入和产出关系紧密。

参考 Hallock 和 Koenker（2001）及 Koenker（2004）的文献，应用分位数回归来分析投入/产出比的不确定性（分位数为 0.2），如表 11-6 所示。

表 11-6 分位数回归的结果

变量	GHG	TR	FS_t
NE	0.008 78 （8.85）***	0.000 29 （2.28）**	0.000 046 （1.48）*
AK	0.022 78 （0.32）*	0.105 25 （9.58）***	0.000 183 （0.10）*
FS_{t-1}	2.330 5 （17.76）***	0.026 79 （2.21）**	1.004 16 （256.08）***

注：***、** 和 * 分别表示系数在 1%，5% 和 10% 水平上具有统计显著性。

从表 11-6 可以看出，投入在 1%、5% 或 10% 的水平上显著影响产出，表明投入和产出的预测结果是合理的。

11.3.3 结果

根据 Li 等（2016a）的说法，我们将时期权重设置为 2021—2023 年的平均值 1/3。将航空煤油设置为污染性投入，并通过模型 11-4 至模型 11-7 预测 2021—2023 年的总效率和期间效率，如表 11-7 所示。

表 11-7　动态 By-production 模型的效率

航空公司	总效率				无污染性投入				污染性投入			
	2021 年	2022 年	2023 年	平均	2021 年	2022 年	2023 年	平均	2021 年	2022 年	2023 年	平均
俄罗斯航空	1.000	1.000	1.000	1.000	1.000	1.000	1.000	1.000	1.000	1.000	1.000	1.000
柏林航空	1.000	1.000	1.000	1.000	1.000	1.000	1.000	1.000	1.000	1.000	1.000	1.000
法荷航空	0.680	0.753	0.749	0.728	0.814	0.869	0.869	0.851	0.546	0.637	0.630	0.604
汉莎航空	0.724	0.759	0.747	0.743	1.000	1.000	1.000	1.000	0.447	0.518	0.494	0.486
北欧航空	0.658	0.664	0.664	0.662	0.316	0.328	0.328	0.324	1.000	1.000	1.000	1.000
伊比利亚航空	0.788	0.825	0.822	0.812	1.000	1.000	1.000	1.000	0.576	0.650	0.645	0.624
瑞安航空	1.000	1.000	1.000	1.000	1.000	1.000	1.000	1.000	1.000	1.000	1.000	1.000
英国航空	0.665	0.663	0.688	0.672	1.000	1.000	1.000	1.000	0.330	0.326	0.376	0.344
葡萄牙航空	0.650	0.636	0.634	0.640	1.000	1.000	1.000	1.000	0.300	0.272	0.267	0.280
挪威航空	0.892	1.000	0.957	0.950	1.000	1.000	1.000	1.000	0.784	1.000	0.914	0.900
芬兰航空	1.000	1.000	1.000	1.000	1.000	1.000	1.000	1.000	1.000	1.000	1.000	1.000
土耳其航空	0.406	0.432	0.440	0.426	0.469	0.476	0.477	0.474	0.343	0.387	0.403	0.378
易捷航空	1.000	0.906	1.000	0.969	1.000	1.000	1.000	1.000	0.812	1.000	0.937
维珍航空	1.000	1.000	1.000	1.000	1.000	1.000	1.000	1.000	1.000	1.000	1.000	1.000
中国东方航空	0.578	0.577	0.591	0.582	0.467	0.467	0.469	0.468	0.688	0.688	0.713	0.697
中国南方航空	0.698	0.785	0.762	0.748	0.636	0.678	0.678	0.664	0.759	0.892	0.847	0.833
大韩航空	0.442	0.481	0.463	0.462	0.487	0.487	0.487	0.487	0.396	0.474	0.438	0.436
澳洲航空	0.534	0.572	0.563	0.556	0.469	0.503	0.503	0.492	0.599	0.641	0.623	0.621
达美航空	0.803	0.832	0.830	0.822	1.000	1.000	1.000	1.000	0.606	0.663	0.661	0.643
中国国际航空	0.816	1.000	0.836	0.884	0.942	1.000	1.000	0.981	0.690	1.000	0.672	0.787
海南航空	0.861	1.000	0.917	0.926	0.984	1.000	1.000	0.995	0.739	1.000	0.834	0.858
阿联酋航空	0.617	0.649	0.646	0.637	1.000	1.000	1.000	1.000	0.235	0.298	0.292	0.275
加拿大航空	0.437	0.485	0.462	0.461	0.484	0.526	0.526	0.512	0.390	0.444	0.399	0.411
国泰航空	0.602	0.587	0.645	0.611	0.567	0.567	0.567	0.567	0.638	0.607	0.723	0.656
新加坡航空	0.942	0.980	0.981	0.968	1.000	1.000	1.000	1.000	0.885	0.960	0.963	0.936
全日空航空	0.620	0.628	0.634	0.627	0.489	0.489	0.489	0.489	0.752	0.768	0.778	0.766
长荣航空	1.000	1.000	1.000	1.000	1.000	1.000	1.000	1.000	1.000	1.000	1.000	1.000
泰国航空	0.450	0.489	0.472	0.470	0.511	0.519	0.519	0.517	0.389	0.458	0.424	0.423
印尼鹰航	0.706	0.750	0.783	0.746	0.805	0.844	0.861	0.837	0.607	0.656	0.704	0.656

从表 11-7 中可以得出结论，俄罗斯国际航空、柏林航空、瑞安航空、芬兰航空、维珍航空和长荣航空的效率均为 1，其所有期间的效率均为 1。

因此，这 6 家航空公司可被视为 29 家航空公司中的基准航空公司，它们的期望产出和非期望产出都处于最优前沿面。假设只有这 29 家航空公司从 2021 年开始参与 CNG2020 战略，并且根据 CNG2020 战略的原则，平均排放限额被定义为 2019 年和 2020 年的平均国际排放量。通过计算这 29 家航空公司 2021—2023 年排放限额的平均值，发现 2021—2023 年在这 6 家航空公司中，俄罗斯国际航空、柏林航空和瑞安航空的国际航班排放量大于 CNG2020 战略的排放限额，而芬兰航空、维珍航空和长荣航空的排放量低于排放限额。

尽管俄罗斯国际航空、柏林航空和瑞安航空的排放量大于平均限值，但其单位投入的温室气体排放量较低。2021—2023 年，俄罗斯航空每 FS 产生的平均温室气体排放量在 29 家航空公司中排名第 26 位；柏林航空每 AK 产生的平均温室气体排名第 25 位，其每 FS 产生的平均温室气体排名第 29 位；瑞安航空每 FS 的平均温室气体排名第 28 位。除这些指数外，俄罗斯航空每 AK 的平均机队规模排名第一，柏林航空每 NE 的平均机队规模排名第一，瑞安航空每 NE 的平均机队规模排名第二。

从以上分析中可以看出，这三家航空公司在与非期望产出（温室气体排放量）和动态因子（机队规模）相关的指数中表现良好。因此，这里主要介绍俄罗斯国际航空、柏林航空和瑞安航空关于温室气体排放和机队的一些现行措施，这些措施对 2021—2023 年的绩效产生了重要影响。首先，俄罗斯国际航空已成功实施其环境管理系统，并通过了认证审核，以确保质量管理和环境管理系统符合国际标准 ISO 9001：2008 和 ISO 14001：2004。这使得俄罗斯国际航空成为第一家也是唯一一家拥有认证综合管理系统的俄罗斯航空公司。其次，俄罗斯国际航空拥有二氧化碳排放监测和测量系统，并确保符合所有相关的国际要求。此外，俄罗斯国际航空是欧洲二氧化碳排放配额交易系统的一部分，每年都会对其排放报告进行一次核查审计。由于采取了这些措施，俄罗斯国际航空的飞机平均每 RK 减少约 66.57 克 CO_2，成为俄罗斯最环保的航空公司。至于柏林航空，自 2008 年以来，已经在飞行计划、重量减负、机型现代化和飞行运行等领域采取了"生态高效飞行"计划中的 65 项措施，以减少排放和节省燃料。通过采取这些措施，柏林航空每年可减少约 79 000 t 的二氧化碳排放量。此外，柏林航空公司的现代化机队也是其在"生态高效飞行"中创纪录表现的基础，具有明显的竞争优势，使其机队规模的平均年龄保持在 6 年左右，而 IATA 全球范围内的机队平均年龄超过 10 年，欧洲范围内的机队平均年龄超过 9 年。瑞安航空一直追求更高的载客率，以减少每乘客的排放量。其载客率保持在高于 82% 的水平，均衡载荷系数约为 72%，这种高负载系数可以增加飞机的使用并减少每 RK 的排放量。此外，瑞安航空公司还在其所有现有飞机上安装了翼梢小翼，未来的所有飞机也将安装小翼。翼梢小翼可以将燃油消耗率和二氧化碳排放量降低约 4%。但瑞安航空公司反对引入环境税、燃油税或排放税，故其排放量将超过这 29 家航空公司的平均排放限额。

芬兰航空 2021—2023 年的预计每 NE 平均收入排名第一，每 AK 平均收入排名第一，每 FS 平均收入排名第二，这些结果表明，芬兰航空在与总收入相关的指数中表现良好。芬兰航空认为，亚洲将成为最活跃的航空运输市场之一，因此其确定了一项战略目标，即到 2020 年，实现亚洲市场的收入比 2010 年的水平翻一番。为实现这一目标，芬兰航空 2012 年参与了由寰宇一家联盟企业日本航空和英国航空建立的联合业务，以便欧洲和日本之间的航空运输。根据 IATA 的 2050 年愿景，美国和欧洲不会成为航空公司的最大市场，而向东转移将得到中国和印度市场强劲增长的支持，因此，提前确定亚洲航线的布局无疑将有利于芬兰航空的收入增长，加强其收入相关指数的表现。

对于维珍航空和长荣航空，每个投入的期望产出和非期望产出都位于中等位次，这种相对全面的表现使它们成为这 29 家航空公司中的基准航空公司。

接下来，我们将讨论 2021—2023 年的效率变化。总效率变化指数基于 Li 等（2015）的定义。类似于 Malmquist 指数（Cui 等，2014）。航空公司的总效率变化指数是

$$M_{it} = \frac{\theta_{it}}{\theta_{i(t-1)}}, \quad i=1, 2, \cdots 29, \ t=2022, \cdots, 2023 \qquad （11-8）$$

其中，θ 代表总效率。

对于无污染性投入的效率，效率变化指数定义为

$$M^1_{it} = \frac{\theta^1_{it}}{\theta^1_{i(t-1)}}, \quad i=1, 2, \cdots 29, \ t=2022, \cdots, 2023 \qquad （11-9）$$

对于污染性投入的效率，效率变化指数定义为

$$M^2_{it} = \frac{\theta^2_{it}}{\theta^2_{i(t-1)}}, \quad i=1, 2, \cdots 29, \ t=2022, \cdots, 2023 \qquad （11-10）$$

效率变化指数的结果如表 11-8 所示。

表 11-8　效率变化指数

航空公司	综合效率		无污染性投入		污染性	
	2022 年	2023 年	2022 年	2023 年	2022 年	2023 年
俄罗斯航空	1.000	1.000	1.000	1.000	1.000	1.000
柏林航空	1.000	1.000	1.000	1.000	1.000	1.000
法荷航空	1.107	0.995	1.068	1.000	1.167	0.989
汉莎航空	1.048	0.984	1.000	1.000	1.159	0.954
北欧航空	1.009	1.000	1.038	1.000	1.000	1.000
伊比利亚航空	1.047	0.996	1.000	1.000	1.128	0.992
瑞安航空	1.000	1.000	1.000	1.000	1.000	1.000
英国航空	0.997	1.038	1.000	1.000	0.988	1.153
葡萄牙航空	0.978	0.997	1.000	1.000	0.907	0.982
挪威航空	1.121	0.957	1.000	1.000	1.276	0.914
芬兰航空	1.000	1.000	1.000	1.000	1.000	1.000
土耳其航空	1.064	1.019	1.015	1.002	1.128	1.041
易捷航空	0.906	1.104	1.000	1.000	0.812	1.232
维珍航空	1.000	1.000	1.000	1.000	1.000	1.000
中国东方航空	0.998	1.024	1.000	1.004	1.000	1.036
中国南方航空	1.125	0.971	1.066	1.000	1.175	0.950
大韩航空	1.088	0.963	1.000	1.000	1.197	0.924
澳洲航空	1.071	0.984	1.072	1.000	1.070	0.972
达美航空	1.036	0.998	1.000	1.000	1.094	0.997
中国国际航空	1.225	0.836	1.062	1.000	1.449	0.672
海南航空	1.161	0.917	1.016	1.000	1.353	0.834
阿联酋航空	1.052	0.995	1.000	1.000	1.268	0.980
加拿大航空	1.110	0.953	1.087	1.000	1.138	0.899
国泰航空	0.975	1.099	1.000	1.000	0.951	1.191
新加坡航空	1.040	1.001	1.000	1.000	1.085	1.003
全日空航空	1.013	1.010	1.000	1.000	1.021	1.013

续表

航空公司	综合效率		无污染性投入		污染性	
	2022 年	2023 年	2022 年	2023 年	2022 年	2023 年
长荣航空	1.000	1.000	1.000	1.000	1.000	1.000
泰国航空	1.087	0.965	1.016	1.000	1.177	0.926
印尼鹰航	1.062	1.044	1.048	1.020	1.081	1.073

从表 11-8 中可以看出，除了高效航空公司俄罗斯航空、柏林航空、瑞安航空、芬兰航空、维珍航空和长荣航空，其余航空公司的总效率变化指数呈现出不同的趋势。一些航空公司的总效率变化指数在 2022 年大于 1 但在 2023 年不到 1，如法荷航空、汉莎航空、伊比利亚航空、挪威航空、南航、大韩航空、澳洲航空、达美航空、中国国际航空、海南航空、阿联酋航空、加拿大航空和泰国航空。对于这些航空公司，2022 效率提高和 2023 年的效率下降的主要原因在于污染性投入的效率变化。另外一些航空公司的总效率变化指数在 2022 年不到 1，但在 2023 年大于 1，如汉莎航空、易捷航空、东航和国泰航空。它们在 2022 年和 2023 年的总效率变化主要是由于污染性投入的效率变化。对于土耳其航空、新加坡航空、全日空和印尼鹰航等一些航空公司而言，预计 2022 年和 2023 年的总效率变化指数均大于 1，其总效率变化主要归因于污染性投入的效率变化太大。葡萄牙航空 2022 年和 2023 年的总效率变化指数小于 1，其总效率变化也归因于污染性投入的效率变化。

通过上述分析，我们可以得出结论，与无污染性投入相比，污染性投入的效率变化在决定总效率变化方面具有更重要的作用。这也表明动态 by-production 模型可以很好地反映非期望产出对总效率的影响。对致力于提高总效率的航空公司而言，他们应该专注于采用一些环保措施来控制飞机排放。

在考虑 CNG2020 战略的排放限额时计算效率得分，则对于污染性投入，具体模型就变成了

$$\theta\theta_2 = \min \frac{1}{J} \sum_{j=1}^{J} \sum_{t=1}^{T} w^t \gamma_j^t$$

$$\text{s.t.} \begin{cases} x_{m0t}^2 \leq \sum_{k=1}^{K} \lambda_{kt} x_{mkt}^2, & m=1,2,\cdots,M_2, \quad t=1,2,\cdots T & \text{(C.1)} \\[2mm] z_{iot-1} \geq \sum_{k=1}^{K} \lambda_{kt-1} z_{ikt-1}, & i=1,2,\cdots,I, \quad t=1,\cdots T & \text{(C.2)} \\[2mm] \gamma_j^t u_{j0t} \geq \sum_{k=1}^{K} \lambda_{kt} u_{jkt}, & j=1,2,\cdots,J, \quad t=1,2,\cdots T & \text{(C.3)} \\[2mm] z_{iot} \leq \sum_{k=1}^{K} \lambda_{kt} z_{ikt}, & i=1,2,\cdots,I, \quad t=1,2,\cdots T & \text{(C.4)} \\[2mm] \sum_{k=1}^{K} \lambda_{kt-1} z_{ikt} = \sum_{k=1}^{K} \lambda_{kt} z_{ikt}, & t=1,2,\cdots T & \text{(C.5)} \\[2mm] \sum_{k=1}^{K} \lambda_{kt} u_{jkt} \leq C_j^t, & t=1,2,\cdots T, \quad j=1,2,\cdots,J & \text{(C.6)} \\[2mm] \sum_{k=1}^{K} \lambda_{kt} = 1, & t=1,2,\cdots,T & \text{(C.7)} \\[2mm] \lambda, \gamma, \geq 0 \end{cases} \quad （11\text{-}11）$$

θ_1 的值保持不变。总效率可以表示为

$$\theta = \frac{1}{2} (\theta_1 + \theta\theta_2) \qquad （11\text{-}12）$$

时期 t 的效率为

$$\theta\theta_t = \frac{1}{2} \left(\frac{1}{N} \sum_{n=1}^{N} \beta_n^t + \frac{1}{J} \sum_{j=1}^{J} \gamma_j^t \right) \qquad （11\text{-}13）$$

在模型 11-11 中，约束条件 C6 反映了由 CNG2020 战略确定的非期望产出目标的特征。C^t 是描述政府或组织意愿的关键变量，也是所有航空公司的目标，并通过约束条件 C6 分配给各个航空公司。

在本章中，假设这 29 家航空公司将在试验阶段（2021—2023 年）参与 CNG2020 战略，以便讨论这些航空公司在 2021—2013 年的效率及其变化。因为这 29 家航空公司拥有不同比例的国际航班，有必要计算出这 29 家航空公司的排放限额。根据 CNG2020 战略原则，总排放限额被定义为 2019

年和 2020 年的国际平均排放量。假设这些航空公司从 2021 年起只参与了 CNG2020 战略，则这些航空公司的总排放限额是

$$C = \sum_{k=1}^{29} \left(\frac{1}{2} \left(c_{k2019} \quad E_{k2019} + c_{k2020} \quad E_{k2020} \right) \right), \quad t=2021，2022，2023 \quad （11-14）$$

其中，c_{k2019} 和 c_{k2020} 代表 2019 年和 2020 年航空公司 k 国际航班比例，该值通过 BP 神经网络预测；E_{k2019} 和 E_{k2020} 表示 2019 年和 2020 年航空公司 k 的总排放量。国际航班比例的数据来自航空公司年报，按收入吨公里的比例进行计算。

计算了这 29 家航空公司在 2021—2023 年的平均排放限额，结果为 1387.9 万 t，即模型 11-11 中的排放限额 C'。模型 11-11 的约束条件 C6 应该是

$$\sum_{k=1}^{K} \lambda_{kt} c_{kt} u_{jkt} \leq C^t = \frac{1}{29} * C = 13\ 879，\quad t=2021，2022，2023 \quad （11-15）$$

其中，c_{kt} 代表航空公司 k 在 t 年的国际航班比例。这一约束条件表示排放限额共同分配给 29 家航空公司，该结果是在航空公司谈判之后获得的。

由于模型 11-13 中存在约束 $\sum_{k=1}^{K} \lambda_{kt}=1$ 和 $\sum_{k=1}^{K} \lambda_{kt} c_{kt} u_{jkt}$，是这些航空公司国际排放的加权算术平均值，$C'$ 为这 29 家航空公司的总排放限额平均值。这一约束条件符合 CNG2020 战略的基本原则，即航空公司可以从其他航空公司中购买排放权。将所有航空公司视为一个整体，所有航空公司可以就排放权进行谈判，从国际民航组织的角度来看，该整体需要控制航空公司的总排放量以应对气候变化。

但是，在这种情况下，模型 11-11 没有最优解。由于模型 11-5 和 11-11 之间的主要区别在于排放限额，而模型 11-5 有最优解，我们可以得出结论，这 29 家航空公司不能达到 CNG2020 战略的排放限额要求。模型 11-11 没有最优解的主要原因在于 2023 年的排放限额，也就是说，这 29 家航空公司在 2021 年和 2022 年的排放量可以达到限额要求，但 2023 年的排放量不能达到限额要求。排放限额是根据 2019 年和 2020 年的国际

排放量计算的，并且随着这些航空公司国际排放量的增加而变得越来越严格。如果我们扩大排放限额以获得最优解，其结果与没有考虑排放限额的表 11-7 中的结果相同。这表明，如果航空公司继续保持目前的排放增长率，则无法满足 CNG2020 战略要求。因此，航空公司应采取一些主动措施来减少排放，例如引入更多新飞机或增加飞机维护费用以保持飞机效率等。

11.4　本章小结

在本章中，评估了 CNG2020 战略下的航空公司效率。选择员工数量和航空煤油作为投入。总收入是期望产出，温室气体排放量是非期望产出。选择机队规模作为动态因子。提出了一种新的动态 by-production 模型，用于对 2021—2023 年 29 家全球航空公司进行实证研究，讨论了 CNG2020 战略排放限额对航空公司效率的影响。

总的来说，本研究的贡献体现在两个方面。首先，本章是第一篇在 CNG2020 战略背景下测量航空公司效率的文章。文中的概念为评估新排放交易方案的影响提供了新的观点。其次，本章提出了一种新的动态 by-production 模型。该模型可以描述航空公司多年来在控制排放方面的努力，并考虑了连续两年的结转活动。

通过本章的研究，得到一些有趣的结论。首先，俄罗斯航空、柏林航空、瑞安航空、芬兰航空、维珍航空和长荣航空是这 29 家航空公司中的基准航空公司。在与温室气体排放量和机队规模相关的指数中，俄罗斯航空、柏林航空和瑞安航空表现良好，芬兰航空在与总收入相关的指数中表现良好。其次，污染性投入的效率变化在决定总效率变化方面比无污染性投入更为重要。第三，这 29 家航空公司如果继续保持目前的排放增长率，则无法满足 CNG2020 战略的要求。

12 CNG2020 战略对航空公司
网络效率的影响评估

12.1 研究问题介绍

尽管国际民用航空组织分析了 CNG2020 战略对整个航空业的影响，但很少有论文关注 CNG2020 战略对单一航空公司的影响，特别是航空公司的效率。航空公司的效率反映投入和产出之间的关系。如 Li 等（2015）所述，对于航空公司而言，分部或阶段的效率对于探索航空公司效率的发展非常重要。

本章通过自然处置和管理处置模型，重点讨论 CNG 2020 战略对航空公司效率的影响。需要解决的关键问题包括：如何预测 2020 年后单一航空公司的排放量？如何分析 CNG2020 战略对航空公司效率的影响？如何根据阶段来衡量航空公司的效率？针对这些问题，本章将讨论 CNG2020 战略对全球航空公司效率的影响。

12.2 研究方法

数据包络分析（Charnes 等，1978）是一种非参数方法，用于评估具有多投入和多产出的决策单元（DMU）的相对效率。与随机前沿分析等一些参数方法不同，DEA 模型不需要预先建立特定形式的生产前沿，只能根据投入和产出的值得到结果。因此，DEA 模型已广泛用于评估许多领域的效率，如能源和二氧化碳排放效率(Iftikhar 等，2016)、环境管理效率(Xie 等，2016)、区域工业环境效率分析（Chen 和 Jia，2017）、区域自然资源分配和利用效率（Zhu 等，2017）和工业生态效率（Zhang 等，2017）。

当考虑非期望产出时，已经提出了许多可处置方法，例如 Färe 等（2007）的弱处置、Hailu 和 Veeman（2001）的强处置、Murty 等的 by-production 模型（2012）、Sueyoshi 和 Goto（2012）的自然处置和管理处置，以及 Hampf 和 Rødseth（2015）的 weak-G 处置。正如 Hoang 和 Coelli（2011）以及 Hampf 和 Rødseth（2015）所述，在采用末端技术，弱处置可以与物质平衡原理相一致，可以减少污染。然而，在许多情况下，管端设备在技术上不可用或在经济上无法承受（Rødseth 和 Romstad，2013）。对于 by-production 模型，在实践中，在进行任何效率评估之前，需要将投入分类为污染和非污染投入，但可能难以确定某些投入是否可分为污染组或无污染组（Dakpo 等，2016），因此，by-production 模型的应用范围是有限的。正如 Dakpo 等（2016）所述，weak-G 处置也无法正确表示和捕捉污染生成技术中的不同权衡。

由于本章将讨论 CNG2020 战略对航空公司效率的影响，自然处置和管理处置可以分析决策单元对环境法规变化的适应行为，所以将 Sueyoshi 和 Goto（2012）中的自然处置和管理处置作为讨论这个话题的基本方法。

Sueyoshi 和 Goto（2012）提出了自然处置和管理处置。对于自然处置，投入矢量的减少意味着期望产出和非期望产出的矢量的减少，这种可处置性也被称为污染的"自然减少"。笔者的想法是，管理者的目标是通过某种方式提高公司的运营效率，在给定减少投入的情况下，公司尽可能地增加他们的期望产出，为了实现减少污染的目标，减少环境管理工作。对于管理处置，企业增加其投入消耗，以增加期望产出的数量，同时降低非期望产出的水平。这可以通过一些管理努力来实现，例如采用可以减轻污染的新技术。

Sueyoshi 和 Goto（2012）提出了基于 RAM 的详细模型。为了说明 Sueyoshi 和 Goto（2012）中的模型，首先介绍基本的 RAM 模型。RAM 模型由 Aida 等（1998）和 Cooper 等（1999）提出，并已广泛应用于评估效率，如网络 DEA 中的 RAM（Avkiran 和 McCrystal，2012）和动态 DEA 中的 RAM（Li 等，2016a）。

基本的 RAM 模型是

$$\theta = 1 - \max \frac{1}{M+N}\left(\sum_{m=1}^{M}\frac{s_{m0}^{-}}{R_m^{-}} + \sum_{n=1}^{N}\frac{s_{n0}^{+}}{R_n^{+}}\right)$$

$$\text{s.t. } x_{m0} = \sum_{k=1}^{K}\lambda_k x_{mk} + s_{m0}^{-}, \quad m=1, 2, \cdots, M \text{（C1）}$$

$$y_{n0} = \sum_{k=1}^{K}\lambda_k y_{nk} - s_{n0}^{+}, \quad n=1, 2, \cdots, N \text{（C2）} \qquad (12-1)$$

$$\sum_{k=1}^{K}\lambda_k = 1 \text{（C3）}$$

$$\lambda_k, \ s_{m0}^{-}, \ s_{n0}^{+} \geqslant 0$$

其中，y_{n0} 和 x_{m0} 是评估决策单元的第 n 个产出和第 m 个投入；x_{mk}，y_{nk} 表示 DMU_k，$k=1, 2, \cdots, K$ 的第 m 个投入和第 n 个产出；M，N，K 是投入、产出和决策单元的数量；$R_m^{-} = \max\limits_{k=1, 2, \cdots, K}(x_{mk}) - \min\limits_{k=1, 2, \cdots, K}(x_{mk})$ m 和 $R_n^{+} = \max\limits_{k=1, 2, \cdots, K}(y_{nk}) - \min\limits_{k=1, 2, \cdots, K}(y_{nk})$ 是投入和产出的极差；s_m^{-} 和 s_n^{+} 代表第 m 个投入和第 n 个产出的松弛量；λ 为权重；s_m^{-} 表示投入冗余，如果 DMU_k 的投入在最优前沿（$\sum_{k=1}^{K}\lambda_k x_{mk}$）上，则 s_m^{-} 为 0，如果投入不在最优前沿上，则大于 0；s_n^{+} 是产出不足，如果决策单元的产出 k 在最佳前沿（$\sum_{k=1}^{K}\lambda_k y_{nk}$）上，则为 0，如果投入不在最佳前沿上，则大于 0。

在自然处置下，非期望产出被视为投入。RAM 模型中的自然处置是

$$\theta = 1 - \max \frac{1}{M+N+J}\left(\sum_{m=1}^{M}\frac{s_{m0}^{-}}{R_m} + \sum_{n=1}^{N}\frac{s_{n0}^{+}}{R_n} + \sum_{l=1}^{L}\frac{s_{l0}^{-}}{R_l}\right)$$

$$
\text{s.t.}
\begin{cases}
x_{m0} = \displaystyle\sum_{k=1}^{K} \lambda_k x_{mk} + s_{m0}^-, & m=1,\ 2,\ \cdots,\ M \quad （C1） \\[2mm]
y_{n0} = \displaystyle\sum_{k=1}^{K} \lambda_k y_{nk} - s_{n0}^+, & n=1,\ 2,\ \cdots,\ N \quad （C2） \\[2mm]
u_{l0} = \displaystyle\sum_{k=1}^{K} \lambda_k u_{lk} + s_{l0}^-, & l=1,\ 2,\ \cdots,\ L \quad （C3） \\[2mm]
\displaystyle\sum_{k=1}^{K} \lambda_k = 1 & （C4） \\[2mm]
\lambda_k,\ s_{m0}^-,\ s_{n0}^+,\ s_{l0}^- \geqslant 0
\end{cases}
\qquad （12\text{-}2）
$$

其中，s_m^-，s_n^+ 和 s_l^- 代表投入、期望产出和非期望产出的松弛量；u_{lk} 表示 DMU_k 的第 l 个非期望产出；u_{l0} 表示评估的 DMU_k 的第 l 个非期望产出；L 是非期望产出的数量；$R_m = \displaystyle\max_{k=1,\ 2,\ \cdots,\ K}(x_{mk}) - \min_{k=1,\ 2,\ \cdots,\ K}(x_{mk})$，$R_n = \displaystyle\max_{k=1,\ 2,\ \cdots,\ K}(y_{nk}) - \min_{k=1,\ 2,\ \cdots,\ K}(y_{nk})$ 和 $R_j = \displaystyle\max_{k=1,\ 2,\ \cdots,\ K}(u_{jk}) - \min_{k=1,\ 2,\ \cdots,\ K}(u_{jk})$ 是投入、期望产出和非期望产出的极差；λ 是权重。在模型 12-2 中，可以发现非期望产出被认为是投入，如约束 C3 中所示。

基于管理处置的 RAM 模型是

$$
\theta = 1 - \max \frac{1}{M+N+J} \left(\sum_{m=1}^{M} \frac{s_{m0}^-}{R_m} + \sum_{n=1}^{N} \frac{s_{n0}^+}{R_n} + \sum_{l=1}^{L} \frac{s_{l0}^-}{R_l} \right)
$$

$$
\text{s.t.}
\begin{cases}
x_{m0} = \displaystyle\sum_{k=1}^{K} \lambda_k x_{mk} - s_{m0}^-, & m=1,\ 2,\ \cdots,\ M \quad （C1） \\[2mm]
y_{n0} = \displaystyle\sum_{k=1}^{K} \lambda_k y_{nk} - s_{n0}^+, & n=1,\ 2,\ \cdots,\ N \quad （C2） \\[2mm]
u_{l0} = \displaystyle\sum_{k=1}^{K} \lambda_k u_{lk} + s_{l0}^-, & l=1,\ 2,\ \cdots,\ L \quad （C3） \\[2mm]
\displaystyle\sum_{k=1}^{K} \lambda_k = 1 & （C4） \\[2mm]
\lambda_k,\ s_{m0}^-,\ s_{n0}^+,\ s_{l0}^- \geqslant 0
\end{cases}
\qquad （12\text{-}3）
$$

模型 13-3 中的变量与模型 12-2 相同。在模型 12-3 中，投入和期望产出被建模为产出，如约束 C1 和约束 C2 所示。非期望产出被视为投入，如约束 C3 所示。

从自然处置和管理处置的详细模型中，我们可以知道自然处置与强处置相同，其中非期望产出被视为投入。在管理处置中，投入被建模为期望产出，非期望产出被视为投入。

但是 Sueyoshi 和 Goto（2012）的模型也有局限性。在评估效率的过程中，它没有考虑与表征决策单元运行性能的措施相关的内部结构。大多数决策单元由许多部门组成，在探索航空公司效率的发展时，分部效率非常重要（Li 等，2015）。因此，提出了具有自然处置的详细网络 RAM 模型和具有管理处置的网络 RAM 模型。

具有自然处置的网络 RAM 模型是

$$\theta = 1 - \max \sum_{j=1}^{J} \frac{w_j}{M_j + N_j + L_j} \left(\sum_{m=1}^{M_j} \frac{s_{m0}^{j-}}{R_m^-} + \sum_{n=1}^{N} \frac{s_{n0}^{j+}}{R_n^-} + \sum_{l=1}^{L} \frac{s_{l0}^{j-}}{R_l^-} \right)$$

$$\text{s.t.} \begin{cases} x_{m0}^j = \sum_{k=1}^{K} \lambda_k^j x_{mk}^j + s_{m0}^{j-}, & m=1, 2, \cdots, M_j, \ j=1, 2, \cdots, J \ (\text{C1}) \\ y_{n0}^j = \sum_{k=1}^{K} \lambda_k^j y_{nk}^j - s_{n0}^{j+}, & n=1, 2, \cdots, N_j, \ j=1, 2, \cdots, J \ (\text{C2}) \quad (12\text{-}4) \\ u_{l0}^j = \sum_{k=1}^{K} \lambda_k^j u_{lk}^j + s_{l0}^{j-}, & l=1, 2, \cdots, L_j, \ j=1, 2, \cdots, J \ (\text{C3}) \\ \sum_{k=1}^{K} \lambda_k^j z_k^{(j, h)} = \sum_{k=1}^{K} \lambda_k^h z_k^{(h, j)}, & j, h=1, 2, \cdots, J \ (\text{C4}) \\ \sum_{k=1}^{K} \lambda_k^j = 1, & j=1, 2, \cdots, J \ (\text{C5}) \\ \lambda_k^j, \ s_{m0}^{j-}, \ s_{n0}^{j+}, \ s_{l0}^{j-} \geq 0 \end{cases}$$

其中，J 是部门的数量；$R_m^-=\max(x_m)-\min(x_m)$，$R_n^+=\max(y_n)-\min(y_n)$ 和 $R_l^-=\max(u_l)-\min(u_l)$ 是投入、期望产出和非期望产出的极差；$z^{(j, h)}$ 是分部 j 和 h 分部之间的中间产品；w_j 是分部 j 的权重；N_j，M_j 和 L_j 代表分 j 部期望产出、投入和非期望产出的数量；x_{mk}^j，y_{nk}^j 和 u_{lk}^j 表示分部 j 的 DMU_k 的第 m 个投入、第 n 个期望产出和第 l 个非期望产出；λ^j，λ^h 是权重，代表决策单元的数量；s_m^-、s_n^+ 和 s_l^- 代表投入、期望产出和非期望产出的

松弛量。

分部 j 的分工效率是

$$\theta = 1 - \max \frac{1}{M_j + N_j + L_j} \left(\sum_{m=1}^{M_j} \frac{s_{m0}^{j-}}{R_m^-} + \sum_{n=1}^{N} \frac{s_{n0}^{j+}}{R_n^-} + \sum_{l=1}^{L} \frac{s_{l0}^{j-}}{R_l^-} \right) \qquad （12-5）$$

具有管理处置的网络 RAM 模型是

$$\text{s.t. } x_{m0}^j = \sum_{k=1}^{K} \lambda_k^j x_{mk}^j - s_{m0}^{j+}, \quad m=1, 2, \cdots, M_j, \quad j=1, 2, \cdots, J \text{（C1）}$$

$$y_{n0}^j = \sum_{k=1}^{K} \lambda_k^j y_{nk}^j - s_{n0}^{j+}, \quad n=1, 2, \cdots, N_j, \quad j=1, 2, \cdots, J \text{（C2）} \qquad （12-6）$$

$$u_{l0}^j = \sum_{k=1}^{K} \lambda_k^j u_{lk}^j + s_{l0}^{j-}, \quad l=1, 2, \cdots, L_j, \quad j=1, 2, \cdots, J \text{（C3）}$$

$$\sum_{k=1}^{K} \lambda_k z_k^{(j, h)} = \sum_{k=1}^{K} \lambda_k^h z_k^{(h, j)}, \qquad\qquad j, h=1, 2, \cdots, J \text{（C4）}$$

$$\sum_{k=1}^{K} \lambda_k^j = 1, \qquad\qquad\qquad j=1, 2, \cdots, J \text{（C5）}$$

$$\lambda_k^j, \ s_{m0}^{j-}, \ s_{n0}^{j+}, \ s_{l0}^{j-} \geq 0$$

模型 12-6 中的变量与模型 13-4 相同。在模型 12-6 中，投入和期望产出被建模为产出，如约束 C1 和 C2 所示。非期望产出被视为投入，如约束 C3 所示。

分部的分工效率是

$$\theta = 1 - \max \frac{1}{M_j + N_j + L_j} \left(\sum_{m=1}^{M_j} \frac{s_{m0}^{j+}}{R_m^-} + \sum_{n=1}^{N} \frac{s_{n0}^{j+}}{R_n^-} + \sum_{l=1}^{L} \frac{s_{l0}^{j-}}{R_l^-} \right) \qquad （12-7）$$

12.3 实证研究

12.3.1 网络效率框架

本章在前人文献的基础上，构建了一种新的航空公司效率理论模型，其中新设置的投入和产出以讨论 CNG2020 战略对航空公司效率的影响。根据 Mallikarjun（2015）的结构及 Li 等（2015 年）和李等（2016b）的研究，航空公司的生产流程分为运营阶段、服务阶段和销售阶段。如李等所述（2015），大多数航空公司包括多个部门，如运营部门、服务部门和销售部门。这些划分被认为是 Li 的阶段划分（2015）。他们的运营部门需要充分利用运营成本来增加其客运服务能力，这可以通过可用座公里（ASK）反映出来。可以将资源视为运用阶段的投入，ASK 可以视为产出。当资源预先确定时，高效的操作要求航空公司尽可能多地产生 ASK。服务部门需要以安全、准时、方便和舒适的方式满足乘客从出发地到目的地的旅行需求。为此，他们需要提供飞机和座椅负载以产生客流量。飞机和座椅载荷可以被视为航空公司服务的投入，客运量可以被视为航空公司服务的产出。为了提供有效的服务，服务部门需要在客运量（收入客公里数，RPK）确定时最小化飞机和座椅负载，或者在飞机、座椅负载确定时最大化客运量，因此，ASK 可以被视为运营部门和销售部门之间的链接活动。当航空公司应用飞机和座椅负载，将 ASK 转换为 RPK 时，飞机需要消耗燃料并排放温室气体，因此温室气体可被视为服务阶段的非期望产出。销售部门需要尽可能多地出售航空公司的服务以产生收入，其中，服务可被视为其投入，收入可视为其产出。当然，销售过程需要一些销售成本。有效的销售要求航空公司在服务和销售成本确定时产生更多收入，或者在收入固定时尽量减少服务和销售成本。从这个意义上讲，客运量可以被视为服务部门和销售部门之间的联系活动。结合 Mallikarjun（2015）和 Li 等（2015）的论文，我们选择投入，产出和中间产品如下。

运营阶段：

投入 1 = 运营成本（OE）

产出 1 = 可用座公里（ASK）

服务阶段：

投入 2 = 可用座公里（ASK）和机队规模（FS）

产出 2 = 收入客公里（RPK）

非期望产出：温室气体排放量（GHG）

销售阶段：

投入 3 = 收入客公里（RPK）和销售成本（SC）

产出 3 = 总收入（TR）

中间产品：

链接（操作阶段到服务阶段）：可用座公里（ASK）

链接（服务阶段到销售阶段）：收入客公里（RPK）

与 Li 等（2016b）的研究类似，温室气体排放量（GHG）被设定为服务阶段的非期望产出。航空排放包括 CO_2、H_2O、NO_x、SO_x 和烟尘，CO_2 是最重要的温室气体（Sausen 等，2005）。如引言中所述，当航空公司应用飞机和座椅载荷将 ASK 转换为 RPK 时，飞机需要消耗燃料并排放温室气体，因此温室气体可被视为服务阶段的非期望产出。对于飞机，其排放量与实际飞机载荷和飞行距离密切相关，此外，排放量也由机队规模决定，因此，温室气体排放量应该是服务阶段的产出。运营成本（OE）定义为营运阶段的投入，运营成本（OE）的值不包括销售成本（SC），更重要的是，可以选择 OE 来讨论购买碳排放权的影响。总收入包括客运服务收入，货运服务收入，货邮服务收入和其他收入。由于本章的主题是讨论 CNG2020 战略对航空公司效率的影响，并且一些航空公司的排放量可能低于限额，因此这些航空公司可能会将剩余权利出售给总收入以增加收入，因此，选择总收入作为产出，而不是客运收入。

详细的三阶段结构如图 12-1 所示。

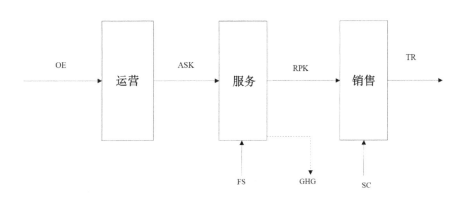

图 12-1　航空公司网络结构图

12.3.2　数据

实证数据来自 29 家全球航空公司：俄罗斯航空、柏林航空、法荷航空、汉莎航空、北欧航空、伊比利亚航空、瑞安航空、英国航空、葡萄牙航空、挪威航空、芬兰航空、土耳其航空、易捷航空、维珍航空、中国东方航空、中国南方航空、大韩航空、澳洲航空、达美航空、中国国际航空、海南航空、阿联酋航空、加拿大航空、国泰航空、新加坡航空、全日空航空、长荣航空、泰国航空和印尼鹰航。在这些航空公司中，7 家航空公司的乘客周转量在全球排名前十（达美航空、阿联酋航空、中国南方航空、汉莎航空、英国航空和法荷航空）。此外，这些航空公司来自亚洲、欧洲、大洋洲和美国，一定程度上可以代表全球航空公司，因此，选择这些航空公司作为样本来分析 CNG2020 战略的影响。

本章的实证研究将使用 2008 年至 2015 年的八年期数据。根据 CNG2020 战略的原则，有三个阶段：试验阶段（2021—2023 年）、第一阶段（2024—2026 年）和第二阶段（2027—2035 年）。该计划涵盖的国际航空 2019 年至 2020 年的 CO_2 排放平均水平为 CNG2020 战略的基础，因此，需要预测 2015 年后的年份的投入和产出。

考虑到预测数据的准确性可能会随着预测期延长而变差，所以假设这 29 家航空公司都将到 2021 年参与该战略，只考虑这些航空公司在 2021—2023 年试验阶段的减排成本。因此，基于 2008—2015 年的实际数据预测 2016—2023 年的投入和产出。

有关运营成本、可用座公里、机队规模、销售成本、总收入和收入客公里的数据是从公司的年报中获取的。温室气体排放量数据来自 29 家公司的可持续发展报告和环境与企业社会责任报告。在这 29 家航空公司中，有些航空公司是低成本航空公司，由于 CNG2020 战略对低成本航空公司没有特别的措施，即其对低成本航空公司和全服务航空公司效率的影响相同，故本章不考虑全服务航空公司和低成本航空公司间的差异。

BP 神经网络用于预测投入和产出。BP 神经网络已被广泛用于预测，详细的方法可以在许多现有论文中找到（Sadeghi，2000；Yu 等，2008；Zhang 和 Wu，2009；Ren 等，2016）。BP 神经网络由输入层，隐藏层和输出层组成，其详细参数如表 12-1 所示。

表 12-1　BP 神经网络的参数

输入神经元	隐层神经元	输出神经元	最大步数	培训目标	学习率
29	60	1	50 000	0.000 5	0.01

为了提高预测精度，将前七年的数据定义为训练集的输入集，并将去年设置为训练集的目标集，然后训练 BP 神经网络，将后七年的数据定义为预测下一年数据的测试集，重复此步骤，得到 2016—2023 年的预测数据。值得指出的是，机队规模的预测值已经提到了航空公司年度报告中的机队升级计划。

如表 12-2 所示，列出了 2008—2015 年的投入、产出和中间产品的描述性统计数据。

表 12-2　2008—2015 年投入和产出的描述性统计数据

变量	均值	标准差	最小值	最大值
投入	—	—	—	—
运营成本（10^6 美元）	17 502.68	13 730.90	2 876.00	55 850.00
机队规模	522.98	324.57	102.00	1 321.00
销售成本（10^6 美元）	1 769.95	1 213.40	438.00	5 547.00
期望产出	—	—	—	—
总收入（10^6 美元）	24 021.10	16 236.32	5 502.00	62 451.00
非期望产出	—	—	—	—
温室气体排放量（10^3 t）	32 148.26	14 754.76	5 661.00	65 897.60
中间产品	—	—	—	—
可用座公里（10^6）	261 728.99	214 178.63	13 565.86	946 427.34
收入客公里（10^6 客公里）	206 918.72	172 162.12	10 927.61	761 225.23

注：运营成本、销售成本和总收入以购买力平价美元表示。

假设所有这 29 家航空公司都将参与 2021 年，并将应用 2021—2023 年的数据来讨论效率变化。如表 12-3 所示，列出了 2021—2023 年的投入、产出和中间产品的描述性统计数据。

表 12-3　2021—2023 年投入和产出的描述性统计数据

变量	均值	标准差	最小值	最大值
投入	—	—	—	—
运营成本（10^6 美元）	17 502.68	13 730.90	2 876.00	55 850.00
机队规模	522.98	324.57	102.00	1 321.00
销售成本（10^6 美元）	1 769.95	1 213.40	438.00	5 547.00
期望产出	—	—	—	—
总收入（10^6 美元）	24 021.10	16 236.32	5 502.00	62 451.00
非期望产出	—	—	—	—
温室气体排放量（10^3 t）	32 148.26	14 754.76	5 661.00	65 897.60
中间产品	—	—	—	—
可用座公里（10^6）	261 728.99	214 178.63	13 565.86	946 427.34
收入客公里（10^6 客·公里）	206 918.72	172 162.12	10 927.61	761 225.23

表 12-4 显示了 2021—2023 年投入和产出之间的 Pearson 相关系数（Cui 等，2013；Mi 等，2017）。

表 12-4　投入 - 产出相关性

变量	ASK	RPK	GHG	TR
OE	0.721	—	—	—
ASK	—	0.996	0.678	—
FS	—	0.582	0.575	—
RPK	—	—	—	0.520
SC	—	—	—	0.769

注：所有相关系数在 1% 水平上具有统计学意义。

如表 12-4 所示，大多数系数为正且相对较高，这确保了投入和产出之间的关系紧密。

12.3.3　研究结果

根据 12.2 中具有自然处置的网络 RAM 模型和具有管理处置的网络 RAM 模型，三个阶段的权重对结果具有直接影响，并且必须提前提供。许多论文都集中于探索确定阶段权重的方法，例如 Wang 等的 analytic hierarchy process（2010），Kao 和 Hwang（2014）的 malmquist 指数和 Kao 的效率比（2014）。然而，这些方法的结果是不同的，并且它们都没有被普遍认可。在现有的效率论文中，Yu（2010）、Lozano 和 Gutiérrez（2014）

以及 Li 等（2016b）为每个阶段设定了相同的权重。 在这些论文之后，将三个阶段的权重设置为 $[\frac{1}{3}, \frac{1}{3}, \frac{1}{3}]$ 并引入详细模型。

具有自然处置的详细网络 RAM 模型的效率是

$$\theta_{自然} = 1 - \max\left(\frac{1}{5} * \left(\frac{s_0^{OE}}{ROE} + \frac{s_0^{FS}}{RFS} + \frac{s_0^{GHG}}{RGHG} + \frac{s_0^{SC}}{RSC} + \frac{s_0^{TR}}{RTR}\right)\right)$$

$$\text{s.t.}\begin{cases} OE_0 = \sum_k \lambda_k OE_k + s_0^{OE} \\ \sum_k \lambda_k = 1 \\ \sum_k (\lambda_k - \mu_k) ASK_k = 0 \\ FS_0 = \sum_k \mu_k FS_k + s_0^{FS} \\ GHG_0 = \sum_k \mu_k GHG_k + s_0^{GHG} \\ \sum_k \mu_k = 1 \\ \sum_k (\mu_k - \eta_k) RPK_k = 0 \\ SC_0 = \sum_k \eta_k SC_k + s_0^{SC} \\ TR_0 = \sum_k \eta_k TR_k - s_0^{TR} \\ \sum_k \eta_k = 1 \end{cases} \qquad (12-8)$$

具有管理处置的详细网络 RAM 模型的效率是

$$\theta_{管理} = 1 - \max\left(\frac{1}{5}\left(\frac{s_0^{OE}}{ROE} + \frac{s_0^{FS}}{RFS} + \frac{s_0^{GHG}}{RGHG} + \frac{s_0^{SC}}{RSC} + \frac{s_0^{TR}}{RTR}\right)\right)$$

$$\text{s.t.} \begin{cases} \mathrm{OE}_0 = \sum_k \lambda_k \mathrm{OE}_k - s_0^{\mathrm{OE}} \\ \sum_k \lambda_k = 1 \\ \sum_k (\lambda_k - \mu_k) \mathrm{ASK}_k = 0 \\ \mathrm{FS}_0 = \sum_k \mu_k \mathrm{FS}_k - s_0^{\mathrm{FS}} \\ \mathrm{GHG}_0 = \sum_k \mu_k \mathrm{GHG}_k + s_0^{\mathrm{GHG}} \\ \sum_k \mu_k = 1 \\ \sum_k (\mu_k - \eta_k) \mathrm{RPK}_k = 0 \\ \mathrm{SC}_0 = \sum_k \eta_k \mathrm{SC}_k - s_0^{\mathrm{SC}} \\ \mathrm{TR}_0 = \sum_k \eta_k \mathrm{TR}_k - s_0^{\mathrm{TR}} \\ \sum_k \eta_k = 1 \end{cases} \quad (12\text{-}9)$$

其中，OE_k 航空公司 k 的运营成本；FS_k 航空公司 k 的机队规模；ASK_k 航空公司 k 的可用的座公里；GHG_k 航空公司 k 的温室气体排放量；SC_k 航空公司 k 的销售成本；RPK_k 航空公司 k 的收入客公里数；TR_k 航空公司 k 的总收入；ROE_k 运营成本的极差；RFS 机队规模的极差；RSC 销售成本的极差；RGHG 温室气体排放量的极差；RTR 总收入的极差；λ，μ，η 是三个阶段的权重。在模型中，所有变量都是非负的。

用 MATLAB R2012b 软件实现模型 12-8 至模型 12-9，以获得 2021—2023 年这 29 家航空公司的效率，如表 12-5 所示。

表 12-5　脱空公司 2021—2023 年的效率

航空公司	2021 年		2022 年		2023 年		平均	
	自然处置	管理处置	自然处置	管理处置	自然处置	管理处置	自然处置	管理处置
俄罗斯航空	0.556	0.697	0.553	0.690	0.538	0.705	0.549	0.697
柏林航空	0.469	0.784	0.447	0.789	0.443	0.788	0.453	0.787
法荷航空	0.775	0.683	0.774	0.667	0.785	0.665	0.778	0.672
汉莎航空	0.739	0.844	0.732	0.768	0.742	0.755	0.737	0.789

航空公司	2021 年		2022 年		2023 年		平均	
	自然处置	管理处置	自然处置	管理处置	自然处置	管理处置	自然处置	管理处置
北欧航空	1.000	0.834	1.000	0.852	1.000	0.851	1.000	0.846
伊比利亚航空	0.553	0.845	0.545	0.835	0.555	0.847	0.551	0.842
瑞安航空	0.716	0.641	0.717	0.620	0.719	0.647	0.717	0.636
英国航空	0.698	0.727	0.835	0.710	0.833	0.718	0.789	0.719
葡萄牙航空	0.769	0.409	0.739	0.362	0.753	0.385	0.753	0.385
挪威航空	0.687	0.730	0.672	0.753	0.671	0.780	0.677	0.754
芬兰航空	0.890	0.623	0.890	0.618	0.899	0.645	0.893	0.628
土耳其航空	0.599	0.570	0.586	0.574	0.567	0.596	0.584	0.580
易捷航空	0.869	0.494	0.800	0.475	0.780	0.505	0.816	0.491
维珍航空	0.824	0.501	0.807	0.452	0.796	0.463	0.809	0.472
中国东方航空	0.642	0.551	0.631	0.531	0.627	0.532	0.633	0.538
中国南方航空	0.612	0.648	0.602	0.637	0.604	0.640	0.606	0.642
大韩航空	0.790	0.593	0.789	0.598	0.790	0.633	0.790	0.608
澳洲航空	0.867	0.559	0.863	0.543	0.865	0.569	0.865	0.557
达美航空	0.626	1.000	0.597	0.813	0.623	0.799	0.616	0.871
中国国际航空	0.621	0.589	0.598	0.567	0.591	0.564	0.604	0.573
海南航空	0.789	0.469	0.780	0.460	0.774	0.483	0.781	0.471
阿联酋航空	0.664	0.683	0.666	0.704	0.909	1.000	0.746	0.796
加拿大航空	0.870	0.556	0.872	0.548	0.872	0.572	0.872	0.558
国泰航空	0.689	0.658	0.693	0.648	0.700	0.665	0.694	0.657
新加坡航空	0.918	0.650	0.919	0.650	0.929	0.677	0.922	0.659
全日空航空	0.682	0.897	0.683	1.000	0.683	0.893	0.683	0.930
长荣航空	0.885	0.559	0.886	0.544	0.845	0.552	0.872	0.552
泰国航空	0.884	0.402	0.876	0.387	0.867	0.403	0.876	0.397
印尼鹰航	0.783	0.447	0.762	0.422	0.748	0.435	0.765	0.435
平均值	0.740	0.643	0.735	0.628	0.742	0.647	0.739	0.639
标准差	0.128	0.148	0.132	0.151	0.135	0.152	0.129	0.146

比较表 12-5 中的自然处置和管理处置，我们可以得出结论，自然处置的效率得分的平均值大于管理处置。这一结果表明，在进行一些管理工作时，效率会有一定程度的下降。管理处置的标准差大于自然处置的标准差，表明管理处置可以更明显地显示效率差异。这表明管理方面的努力可以使效率差异更加突出。

2021—2023 年，高效航空公司在自然处置和管理处置方面有所不同。北欧航空公司是唯一一家在自然处置下的高效航空公司，而在管理处置方面，2021—2023 年的高效航空公司是达美航空，全日空和阿联酋航空。应用服务阶段的预测数据来说明两种可处置性模型的差异，如表 12-6 所示。

表 12-6　不同高效航空公司的比较

年	航空公司	处置	GHG/OE	排行	GHG/FS	排行	GHG/SC	排行
2021	北欧	自然	16.16	18	3.54	27	61.39	27
2021	达美	管理	13.44	22	5.01	19	236.39	12
2022	北欧	自然	16.03	18	3.55	27	56.73	27
2022	全日空	管理	14.22	19	4.48	23	29.83	29
2023	北欧	自然	16.76	18	3.67	27	48.47	28
2023	阿联酋	管理	11.80	26	13.25	6	1082.75	1
2021	北欧	自然	1.98	8	0.43	17	7.54	23
2021	达美	管理	1.48	12	0.55	14	25.97	5
2022	北欧	自然	2.06	8	0.46	17	7.30	23
2022	全日空	管理	1.68	11	0.53	16	3.53	29
2023	北欧	自然	2.16	7	0.47	17	6.24	24
2023	阿联酋	管理	1.10	20	1.24	4	101.25	2

　　从表 12-6 可以得出结论，对于北欧航空来说，其与非期望产出（GHG）相关的指数和与期望产出（TR）相关的指数均具有较低的排名。温室气体排放量（GHG）是一种不可取的产出，如果一家航空公司每次投入温室的气体排放量很小，其效率应该很高，应该被视为基准航空公司。总收入（TR）是一个期望产出，如果一个航空公司的每个投入有一个小的 TR，它的效率应该不高，它不应该被视为基准航空公司。这一结果表明，在自然处置下，与非期望产出相关的指数在决定基准航空公司时具有更大的作用。

　　如表 12-6 所示，对于 2021 年的达美、2022 年的全日空和 2023 年的阿联酋，其与非期望产出（GHG）相关的指数和与期望产出相关的指数（TR）均具有中等排名。但是，他们被定为管理处置下的基准航空公司。因此，在处理温室气体排放方面，在这些航空公司样本中，自然处置比管理处置相对更合理。

12.3.4　CNG2020 战略讨论

　　根据 CNG2020 战略的原则，如果一个成员国参与该战略，该州的每个航空公司将根据其国际航空排放分配排放限制，如果该航空公司的排放超过限制，航空公司必须购买排放权。碳排放限值是根据 2019 年和 2020 年的国际平均排放量计算的。

在本章中，假设所有这 29 家航空公司将在试点阶段（2021—2023 年）参与 CNG2020 战略，因此要讨论这些航空公司在 2021—2023 年的效率变化。由于 29 家航空公司的国际航空比例不同，应首先计算 29 家航空公司的排放限值，根据原则，可以得出每家航空公司的排放限值公式。这 29 家航空公司将参与 2021—2023 年的 CNG 2020 战略，因此根据 CNG2020 战略的原则，排放限制被设定为这些航空公司国际航线的平均排放量，这是基于收入客公里（RTK）决定的。

$$L = \frac{1}{29} \sum_{j=1}^{29} \left(\frac{1}{2} * \left(c_{j2019} \quad E_{j2019} + c_{j2020} \quad E_{j2020} \right) \right) \quad （12-10）$$

其中，c_{j2019} 和 c_{j2020} 代表 2019 年和 2020 年航空公司 j 的国际航空比例，该值通过 BP 神经网络预测；E_{j2019} 和 E_{j2020} 代表 2019 年和 2020 年航空公司 j 的总排放量。国际航空比例的数据来自年度报告，并根据 CNG2020 战略原则按收入客公里（RTK）的比例计算。

根据我们的预测数据，计算了 2021—2023 年的预测排放限值，结果为 1 387.9 万吨。预计超过航空公司的排放量可以表示为

$$EE_{jt} = c_{jt} E_{jt} - L, \quad t=2021，2022，2023，j=1，2，\cdots，29 \quad （12-11）$$

如表 12-7 所示，列出了 2021—2023 年每家航空公司的超预计排放量。

表 12-7　航空公司超过基准线的排放量（10^4t）

航空公司	2021 年	2022 年	2023 年
俄罗斯航空	480.76	516.41	764.36
柏林航空	485.05	554.04	785.42
法荷航空	926.25	945.89	990.14
汉莎航空	784.24	851.78	945.70
北欧航空	-1 055.35	-1 050.43	-1 029.10
伊比利亚航空	1 384.16	1 464.13	1 563.06
瑞安航空	1 094.25	1 216.40	1 429.83
英国航空	1 154.27	1 243.89	1 489.94
葡萄牙航空	1 717.56	2 257.62	2 388.77
挪威航空	130.64	143.46	198.53

航空公司	2021 年	2022 年	2023 年
芬兰航空	−347.07	−331.70	−315.92
土耳其航空	1 562.31	1 619.91	2 041.29
易捷航空	−271.31	−209.06	−148.25
维珍航空	−382.80	−237.66	−51.15
中国东方航空	−213.57	−140.06	15.22
中国南方航空	−477.80	−439.54	−363.33
大韩航空	−478.42	−470.80	−433.70
澳洲航空	−294.56	−241.43	−175.14
达美航空	534.00	617.00	704.13
中国国际航空	−102.17	46.57	243.89
海南航空	−966.35	−949.70	−911.18
阿联酋航空	2 800.92	2 837.70	3 328.27
加拿大航空	−817.24	−800.36	−768.57
国泰航空	189.81	157.64	230.53
新加坡航空	−330.96	−324.14	−309.95
全日空航空	−710.78	−682.71	−645.60
长荣航空	−317.81	−258.58	−102.13
泰国航空	−11.05	17.16	125.21
印尼鹰航	−24.35	188.17	450.25

如表 12-7 所示，某些航空公司的排放量在某些年份低于排放限值。此外，随着限制越来越严格，超出的排放量也越来越大。

虽然 CNG2020 战略可以影响航空公司的整个生产过程，但我们会简化这种影响并提出以下重要假设。

（1）排放量大于排放限值的所有航空公司都可以购买足够的排放量，这些费用将增加其运营成本（OE）。

（2）所有排放量低于排放限值的航空公司将出售其剩余的排放权，这些收入将增加其总收入（TR）。

（3）没有考虑航空公司可以通过机票将 CNG2020 战略的排放成本转嫁给乘客。

（4）假设这 29 家航空公司在 2021—2023 年参与了 CNG 2020 战略，根据 CNG2020 战略的原则，排放限制被设定为这些航空公司国际航线的平均排放量，这是基于收入吨公里（RTK）的值。

由于 2021—2023 年的运营成本（OE）和总收入（TR）是这 29 家航

空公司未纳入 CNG2020 战略时的值，我们应该加入 CNG2020 战略的影响，以获得新的效率并讨论差异。因此，如果确定单位排放权的价格，每个航空公司的投入和产出将发生变化，再次计算效率以比较这些变化，就可以分析 CNG2020 战略对航空公司效率的影响。根据国际能源署的预测结果，2020 年的碳价将介于 8 美元 / 吨二氧化碳当量和 20 美元 / 吨二氧化碳当量之间。首先，采用平均值 14 美元 / 吨二氧化碳当量来讨论差异，结果如表 12-8 所示。

表 12-8　考虑 CNG2020 策略时的效率和价格（平均值为 14 美元 / 吨二氧化碳当量）

航空公司	2021 年		2022 年		2023 年		平均	
	自然	管理	自然	管理	自然	管理	自然	管理
俄罗斯航空	0.557	0.697	0.553	0.690	0.538	0.705	0.549	0.697
柏林航空	0.470	0.783	0.447	0.788	0.444	0.788	0.454	0.786
法荷航空	0.775	0.684	0.774	0.667	0.785	0.666	0.778	0.672
汉莎航空	0.740	0.844	0.732	0.768	0.742	0.755	0.738	0.789
北欧航空	1.000	0.835	1.000	0.853	1.000	0.851	1.000	0.846
伊比利亚航空	0.553	0.844	0.545	0.836	0.555	0.848	0.551	0.843
瑞安航空	0.716	0.642	0.717	0.621	0.719	0.648	0.717	0.637
英国航空	0.698	0.728	0.835	0.711	0.833	0.719	0.788	0.719
葡萄牙航空	0.768	0.409	0.738	0.364	0.752	0.387	0.753	0.387
挪威航空	0.688	0.730	0.673	0.753	0.671	0.780	0.677	0.754
芬兰航空	0.891	0.623	0.891	0.618	0.900	0.645	0.894	0.629
土耳其航空	0.599	0.570	0.585	0.575	0.567	0.597	0.584	0.581
易捷航空	0.870	0.495	0.801	0.476	0.780	0.505	0.817	0.492
维珍航空	0.825	0.501	0.807	0.452	0.797	0.464	0.810	0.472
中国东方航空	0.643	0.550	0.631	0.531	0.627	0.532	0.634	0.538
中国南方航空	0.613	0.648	0.602	0.637	0.605	0.640	0.607	0.642
大韩航空	0.790	0.593	0.790	0.599	0.791	0.634	0.790	0.609
澳洲航空	0.867	0.559	0.864	0.543	0.866	0.570	0.866	0.557
达美航空	0.627	1.000	0.598	0.813	0.624	0.799	0.616	0.871
中国国际航空	0.622	0.588	0.598	0.567	0.592	0.564	0.604	0.573
海南航空	0.790	0.470	0.781	0.461	0.775	0.483	0.782	0.472
阿联酋航空	0.663	0.683	0.666	0.704	0.909	1.000	0.746	0.796
加拿大航空	0.871	0.557	0.873	0.548	0.873	0.572	0.872	0.559
国泰航空	0.689	0.658	0.693	0.648	0.700	0.665	0.694	0.657
新加坡航空	0.918	0.651	0.920	0.651	0.930	0.678	0.923	0.660
全日空航空	0.683	0.897	0.684	1.000	0.684	0.893	0.684	0.930
长荣航空	0.885	0.559	0.886	0.544	0.845	0.552	0.872	0.552
泰国航空	0.885	0.403	0.878	0.387	0.868	0.403	0.877	0.398
印尼鹰航	0.783	0.447	0.762	0.422	0.749	0.435	0.765	0.435

比较表 12-5 和表 12-8，可以得出结论，考虑到 CNG2020 战略，大多数航空公司的效率几乎没有变化，这表明 CNG2020 战略对大多数航空公司的效率影响不大。

虽然 CNG2020 策略的影响很小，但在自然处置和管理处置之间的效率变化存在一些差异，例如在 2021 年考虑 CNG2020 策略时，自然处置下的效率增加，而管理处置下的效率下降。我们总结并分析导致这些差异的原因，如表 12-9 所示。根据上述假设，可以知道 CNG2020 策略主要对运营支出（OE）和总收入（TR）有直接影响，因此首先应分析模型（12-8）和（12-9）中 OE 和 TR 的极差变化。当未考虑 CNG2020 策略时，2021—2023 年的 OE 极差为 480.4、484.46 和 529.68，TR 的极差为 482.44、497.35 和 560.43。考虑 CNG 2020 战略时，2021—2023 年的 OE 极差为 482.79、486.73 和 532.34，TR 的极差为 482.41、497.35 和 560.43。因此，当考虑 CNG2020 策略时，OE 的极差将增加，而 TR 的极差将减小。这些结果有助于讨论运营和销售阶段的效率变化。

表 12-9　不同变化的原因

航空公司	年份	自然处置的变化	原因	管理处置的变化	原因
柏林航空	2021	增加	OE 的松弛量减少，运营效率提高	减少	OE 的松弛量增加，运营效率降低
葡萄牙航空	2022	减少	OE 和 TR 的松弛量增加，运营和销售效率下降	增加	OE 的松弛量减少，运营效率提高
葡萄牙航空	2023	减少	OE 和 TR 的松弛量增加，运营和销售效率下降	增加	OE 的松弛量减少，运营效率提高
土耳其航空	2022	减少	OE 的松弛量增加，运营效率降低	增加	OE 的松弛量减少，运营效率提高
中国东方航空	2021	增加	OE 的松弛量减少，运营效率提高	减少	OE 的松弛量增加，运营效率降低
中国国际航空	2021	增加	OE 的松弛量减少，运营效率提高	减少	OE 的松弛量增加，运营效率降低

从表 12-9 可以得出结论，由于 CNG2020 策略直接影响运营成本和总收入，虽然它对效率影响不大，但它对运营阶段和销售阶段的效率变化有

重要影响。

比较表 12-7 和表 12-9，我们发现一个有趣的结果，虽然葡萄牙航空的排放量大于排放限值，但它需要购买排放权以增加 2022 年和 2023 年的运营成本，无论是在自然可处置性还是在管理可处置性下，其经营费用总额和总收入都发生了变化。这表明 CNG2020 策略也影响其总收入的松弛量。同样的现象也发生在中国东方航空和中国国际航空。在 2021 年，他们的排放量低于限额，他们可以出售权利以增加总收入，而他们的运营成本的松弛改变了。

我们将价格设定为最低值 8 美元 / 吨二氧化碳和最高值 20 美元 / 吨二氧化碳，分别讨论差异。结果见表 12-10。

表 12-10 当价格为 8 美元 / 吨二氧化碳当量和 20 美元 / 吨二氧化碳当量时的效率

航空公司	2021 年				2022 年				2023 年			
	自然		管理		自然		管理		自然		管理	
	8	20	8	20	8	20	8	20	8	20	8	20
俄罗斯航空	0.557	0.557	0.697	0.697	0.553	0.553	0.690	0.690	0.538	0.538	0.705	0.705
柏林航空	0.470	0.470	0.784	0.783	0.447	0.447	0.788	0.788	0.443	0.444	0.788	0.787
法荷航空	0.775	0.776	0.684	0.684	0.774	0.774	0.667	0.668	0.785	0.785	0.665	0.666
汉莎航空	0.740	0.740	0.844	0.844	0.732	0.732	0.768	0.768	0.742	0.743	0.755	0.755
北欧航空	1.000	1.000	0.834	0.835	1.000	1.000	0.853	0.853	1.000	1.000	0.851	0.851
伊比利亚航空	0.553	0.553	0.844	0.844	0.545	0.545	0.836	0.836	0.555	0.555	0.847	0.848
瑞安航空	0.716	0.716	0.642	0.643	0.717	0.716	0.621	0.621	0.719	0.719	0.648	0.649
英国航空	0.698	0.698	0.728	0.728	0.835	0.835	0.711	0.712	0.833	0.833	0.719	0.720
葡萄牙航空	0.768	0.768	0.409	0.409	0.738	0.737	0.363	0.365	0.753	0.752	0.386	0.387
挪威航空	0.687	0.688	0.730	0.730	0.672	0.673	0.753	0.753	0.671	0.671	0.780	0.780
芬兰航空	0.891	0.891	0.623	0.623	0.890	0.891	0.618	0.618	0.899	0.900	0.645	0.645
土耳其航空	0.599	0.599	0.570	0.570	0.585	0.585	0.574	0.575	0.567	0.566	0.597	0.598
易捷航空	0.869	0.870	0.494	0.495	0.801	0.802	0.476	0.476	0.780	0.780	0.505	0.506
维珍航空	0.825	0.825	0.501	0.502	0.807	0.808	0.452	0.452	0.797	0.797	0.464	0.464
中国东方航空	0.643	0.643	0.550	0.550	0.631	0.632	0.531	0.531	0.627	0.628	0.532	0.532
中国南方航空	0.612	0.613	0.648	0.647	0.602	0.602	0.637	0.637	0.604	0.605	0.640	0.640
大韩航空	0.790	0.791	0.593	0.594	0.789	0.790	0.598	0.599	0.791	0.791	0.633	0.634
澳洲航空	0.867	0.867	0.559	0.559	0.864	0.864	0.543	0.543	0.866	0.866	0.570	0.570
达美航空	0.627	0.627	1.000	1.000	0.597	0.598	0.813	0.813	0.623	0.624	0.799	0.799
中国国际航空	0.621	0.622	0.588	0.588	0.598	0.598	0.567	0.567	0.592	0.592	0.564	0.565
海南航空	0.790	0.790	0.470	0.471	0.780	0.781	0.461	0.462	0.774	0.775	0.483	0.484
阿联酋航空	0.663	0.663	0.683	0.683	0.666	0.666	0.704	0.704	0.909	0.908	1.000	1.000
加拿大航空	0.871	0.872	0.556	0.557	0.872	0.873	0.548	0.549	0.873	0.873	0.572	0.572

续表

航空公司	2021 年				2022 年				2023 年			
	自然		管理		自然		管理		自然		管理	
	8	20	8	20	8	20	8	20	8	20	8	20
国泰航空	0.689	0.690	0.658	0.659	0.693	0.693	0.648	0.649	0.700	0.700	0.665	0.666
新加坡航空	0.918	0.919	0.651	0.651	0.920	0.920	0.650	0.651	0.930	0.930	0.678	0.678
全日空航空	0.682	0.683	0.897	0.897	0.684	0.685	1.000	1.000	0.684	0.684	0.893	0.893
长荣航空	0.885	0.886	0.559	0.560	0.886	0.886	0.544	0.544	0.845	0.846	0.552	0.553
泰国航空	0.885	0.886	0.402	0.403	0.877	0.878	0.387	0.387	0.868	0.868	0.403	0.403
印尼鹰航	0.783	0.784	0.447	0.447	0.762	0.762	0.422	0.422	0.749	0.749	0.435	0.436

从表 12-10 可以看出，当价格设定为 8 美元 / 吨二氧化碳当量时的效率和价格设定为 20 美元 / 吨二氧化碳当量时的效率得分几乎没有差别。比较表 12-5 和表 12-10，我们可以得出结论，考虑到 CNG2020 战略，大多数航空公司的效率几乎没有变化，这表明 CNG2020 战略对大多数航空公司的效率影响不大。 这是因为效率被定义为反映投入和产出之间的关系，虽然一些航空公司可以出售剩余排放权以获得大量收入以增加其总收入，但他们必须支付大量费用来购买排放权以增加其运营成本，这对投入和产出之间的关系产生的影响非常小。

12.4 本章小结

在本章中，我们重点分析 CNG2020 战略在自然处置和管理处置下对航空公司效率的不同影响。该过程分为三个阶段：运营、服务和销售。选择运营成本作为阶段的投入，此投入在操作阶段生成可用座公里（ASK），可用的座公里数（ASK）和机队规模是服务阶段的投入，用于产生收入客公里（RPK）和温室气体排放量。收入客公里数（RPK）和销售成本是销售阶段的投入，用于生成总收入。本章提出了两种新模型，具有自然处置的网络 RAM 模型和具有管理处置的网络 RAM 模型，用于分析 CNG2020策略对 2021—2023 年 29 家航空公司的影响。根据实际原则，本章计算了每家航空公司的实际排放限值，在这些航空公司中，一些航空公司的排放量低于限额，其他公司的排放量超过限额。对于排放量低于限制的航空公司，如北欧、芬兰航空、易捷航空、维珍航空、东航、南航、大韩航空、澳洲航空、海南航空、加拿大航空、新加坡航空、全日空航空和长荣航空，销售收入排放权增加了他们的总收入。对于排放量大于限额的其他航空公司，购买排放权的费用增加了运营成本。本章讨论了考虑 CNG2020 策略与不考虑 CNG2020 策略之间的效率变化。

总的来说，本章的贡献体现在两个方面。首先，提出了一个新的航空生产过程——三阶段模型，适当选择其投入和产出，以讨论 CNG2020 战略的影响。本章的概念丰富了航空公司管理研究的理论和方法，为评估航空公司的环境绩效提供了新的视角。其次，提出了两种新模型，即具有自然处置的网络 RAM 模型和具有管理处置的网络 RAM 模型，用于分析航空公司的效率差异。网络模型考虑了与表征决策单元运行性能的措施相关的内部结构。大多数决策单元由许多部门组成，在探索航空公司效率的发展时，部门效率非常重要，因此，与现有模型相比，网络模型可以更准确地描述航空公司的整体生产过程。

经过本章的研究，得到了一些有趣的结论。首先，高效航空公司在自然处置和管理处置之间存在差异。北欧是唯一一家处于自然处置的高效航空公司，而在管理处置方面，2021—2023 年的高效航空公司是达美航空、全日空航空和阿联酋航空。其次，与自然处置相比，管理处置下的效率差异更为明显。第三，在自然处置下，与非期望产出相关的指数在决定基准航空公司时具有更大的作用。第四，CNG2020 战略的碳交易价格对 29 家航空公司大多数航空公司的效率影响不大，无论价格是 8 美元 / 吨二氧化碳当量、14 美元 / 吨二氧化碳当量还是 20 美元 / 吨二氧化碳当量。最后，自然处置和管理处置的效率变化是不同的。

13 CNG2020 战略对航空公司减排成本的影响评估

13.1 研究问题介绍

虽然国际民航组织分析了 CNG2020 战略对航空业的影响，但鲜有文献关注 CNG2020 战略对单个航空公司的影响，只有少量文献分析了 CNG2020 战略对航空公司效率的影响（Li 和 Cui，2017a；Cui 和 Li，2017a，2017b）。Li 和 Cui（2017a）提出了一个网络 RAM 环境 DEA 模型，讨论了 CNG2020 战略条件下和无 CNG2020 战略条件下的环境无效率变化；Cui 和 Li（2017a）提出了结合统一的自然处置法和管理处置法的网络 RAM 模型，探讨了 CNG2020 战略条件下的航空公司效率变化；Cui 和 Li（2017b）提出了结合管理处置法的网络 EBM 模型，讨论了 CNG2020 战略对航空公司效率的影响。然而，未有文献分析 CNG2020 战略对航空公司减排成本的影响。

需要回答的关键问题包括：如何分析 CNG2020 战略对航空公司减排成本的影响？如何比较 CNG2020 战略条件下和无 CNG2020 战略条件下的减排成本变化？针对这些问题，本章将根据 29 家全球航空公司的实证数据，分析 CNG2020 战略对航空公司减排成本的影响，并建立网络环境生产函数，讨论 CNG2020 战略条件下和无 CNG2020 战略条件下的减排成本变化。

13.2　研究方法

数据包络分析（DEA）是一种非参数方法，用于评估具有多投入和多产出的决策单元（DMU）的相对效率。当测量比率时，任何决策单元都可能在也可能不在效率前沿上，从特定决策单元的实际分配到前沿的距离被认为是决策单元的无效率，该距离是由决策单元特有的各种因素引起的。若某决策单元的效率为 1，则该决策单元是技术上有效的决策单元；若效率低于 1，则该决策单元技术上无效。

当考虑非期望产出时，Färe 等（2007）建立了两个公理将期望产出 Y 与非期望产出 U 联系起来：

$$U=0 \quad 则有 \ Y=0, \ for \ (Y, \ U) \in \boldsymbol{P}(X) \tag{13-1}$$

$$(Y, \ U) \in \boldsymbol{P}(X) 则有 (\theta Y, \ \theta U) \in \boldsymbol{P}(X) \ for \ \theta \in [0, \ 1] \tag{13-2}$$

X 表示投入的生产可能集。等式 13-1 意味着当产生期望产出时不可避免地产生非期望产出。等式 13-2 是弱处置公理，表示期望产出的增加必然带来非期望产出的增加，而非期望产出的减少也同时会导致期望产生的减少。从这个意义上讲，弱处置法被认为能更恰当地反映航空企业的特征，因为航空企业可以通过提高票价以遵守严格的环境规制，但这样一来，其空运量也随之减少。

Färe 等（2007）提出了一个模型来评估非期望产出受到规制时的产出。第 i（$i=1, \ 2, \ \cdots, \ s$）个产出表示为

$$规制产出 \ i = \max \beta \ y_{i0}$$

$$\text{s.t.} \begin{cases} \sum_{j=1}^{n} \lambda_j x_{ij} \leqslant x_{i0}, & i=1, \ 2, \ \cdots, \ m \ (C1) \\ \sum_{j=1}^{n} \lambda_j y_{ij} \geqslant y_{i0}(1+\beta), & i=1, \ 2, \ \cdots, \ s \ (C2) \\ \sum_{j=1}^{n} \lambda_j u_{ij} \geqslant u_{i0}(1-\beta), & i=1, \ 2, \ \cdots, \ k \ (C3) \end{cases} \tag{13-3}$$

$$\begin{cases} \sum_{j=1}^{n} \lambda_j = 1 \ (\text{C4}) \\ \\ \lambda, \ \beta \geqslant 0 \end{cases}$$

其中，x_{ij}，y_{ij}，u_{ij} 分别代表投入、期望产出和非期望产出；λ 为权重；m，s，k，n 分别是投入、期望产出、非期望产出和决策单元的数量；β 表示可行扩展，其最大值表示可扩大的期望产出和可减少的非期望产出的最大比例。前三个约束条件 C1 至 C3 表明投入和非期望产出是非增的，期望产出是非减的。第三个约束条件 C3 符合等式 13-1 和等式 13-2 中的两个公理，所以该模型为弱处置法。此外，该模型以径向改进为假设，即期望产出和非期望产出以相等的比例得到改进。

在 Färe 等（2007）的研究中，当非期望产出不受规制时，第 i（$i=1$，2，$\cdots$，s）个产出表示为

$$\text{非规制产出 } i = \max \beta \, y_{i0}$$

$$\text{s.t.} \begin{cases} \sum_{j=1}^{n} \lambda_j x_{ij} \leqslant x_{i0}, & i=1, 2, \cdots, m \ (\text{C1}) \\ \sum_{j=1}^{n} \lambda_j y_{ij} \geqslant y_{i0} \ (1+\beta), & i=1, 2, \cdots, s \ (\text{C2}) \\ \sum_{j=1}^{n} \lambda_j u_{ij} \geqslant u_{i0} \ (1-\beta), & i=1, 2, \cdots, k \ (\text{C3}) \\ \sum_{j=1}^{n} \lambda_j = 1 \ (\text{C4}) \\ \\ \lambda, \ \beta \geqslant 0 \end{cases} \qquad (13\text{-}4)$$

其中，变量含义与模型 13-3 相同。模型 13-3 和模型 13-4 的主要区别在于约束条件 C3。非期望产出被自由处置，且模型可以描述航空公司在不受规制情况下的行为。不受规制的航空公司可以完全忽视他们应减少非期望产出的社会责任。因此，模型 13-4 表明，生产者在不考虑环境影响的情况下会尽可能多地排放非期望产出。

第 i（$i=1$，2，$\cdots$，s）个产出的减排成本（PAC）为

$$PAC_i= 非规制产出\ i- 规制产出\ i \tag{13-5}$$

Färe 等（2007）的模型已被广泛应用于许多文献中（Färe 和 Grosskopf，2009；Färe 等，2012）。正如 Hoang 和 Coelli（2011）以及 Hampf 和 Rødseth（2015）所述，方程 13-2 中的弱处置和方程 13-1 中的零连接假设，可在管道末端技术存在的条件下与物质平衡原则兼容以减少污染。然而，在很多情况下，管端设备在技术上不可用或在经济上无法承受（Rødseth 和 Romstad，2013），为此，学者们提出了许多新方法来处理非期望产出，如 Murty 等（2012）的 by-production 模型、Sueyoshi 和 Goto（2012）的自然处置法和管理处置法，以及 Hampf 和 Rødseth（2015）的弱 G 处置法。这些非期望产出处理方法已被广泛应用于航空公司效率评价。Li 等（2016a）基于 2008—2012 年的 22 家国际航空公司数据，比较了弱处置法和强处置法，发现弱处置法在区分航空公司效率方面更有说服力，而强处置法是处理非期望产出时更合理的方式；Li 和 Cui（2017b）应用弱处置方法分析了欧盟排放交易体系对航空公司效率的影响，并得出结论，纳入 EU ETS 对航空公司效率的提高几乎没有任何效果；Seufert 等（2017）在航空公司绩效分析中提出了包含非期望产出的 by-production luenberger-hicks-moorsteen 指标，最终得出结论，欧洲航空公司在污染调整方面的运营效率和生产率方面都有较好的表现。然而，这些模型也有其明显的局限性（Dakpo 等，2016）。与这些模型相比，模型 13-9 的使用更为广泛，更容易实现，也更适合本章的主题，因此我们将其作为研究的基本模型。

但是 Färe 等（2007）的模型没有考虑与决策单元表面运行绩效相关的内部结构。大多数航空公司内部由很多部门组成，在探索航空公司效率的总生产过程时，部门效率异常重要（Li 等，2015）。

本章假设 n 个决策单元都由 H 个分部（阶段）（$h=1, 2, \cdots, H$）组成。将从分部（阶段）k 到分部 h 的中间产出表示为 $z_{fi}^{(k,h)}$。根据网络 DEA 模型（Tone 和 Tsutsui，2009；Avkiran 和 McCrystal，2012），提出了网络环境生产函数模型。当非期望产出受规制时，第 r（$r=1, 2, \cdots, s_h$）个产出表示为

$$规制产出\ r = \max \beta\, y_{r0}$$

$$\text{s.t.}\ x_{i0}^h \geq \sum_{j=1}^{n} \lambda_j^h x_{ij}^h, \qquad i=1,\ 2,\ \cdots,\ m,\quad h=1,\ 2,\ \cdots,\ H\ (\text{C1})$$

$$(1+\beta)\, y_{r0}^h \leq \sum_{j=1}^{n} \lambda_j^h y_{rj}^h, \quad r=1,\ 2,\ \cdots,\ s_h,\quad h=1,\ 2,\ \cdots,\ H\ (\text{C2})\quad (13\text{-}6)$$

$$(1-\beta)\, u_{k0}^h \leq \sum_{j=1}^{n} \lambda_j^h u_{kj}^h, \quad k=1,\ 2,\ \cdots,\ K_h,\quad h=1,\ 2,\ \cdots,\ H\ (\text{C3})$$

$$\sum_{j=1}^{n} \lambda_j^k z_{fj}^{(k,h)} = \sum_{j=1}^{n} \lambda_j^h z_{fj}^{(h,k)},\quad f=1,\ 2,\ \cdots,\ F\ (\text{C4})$$

$$\sum_{j=1}^{n} \lambda_j^h = 1\ (\text{C5})$$

$$\lambda,\ \beta \geq 0$$

其中，H 为分部（阶段）数量；W^h 表示第 h 个分部（阶段）的权重，$h=1,2,\cdots,H$；x^h，y^h 和 u^h 分别代表第 h 个分部（阶段）的投入、期望产出和非期望产出；m_h，s_h 和 l_h 是第 h 分部（阶段）的投入、期望产出和非期望产出的数量；$z_{fj}^{(k,h)}$ 是第 k 分部（阶段）到第 h 分部（阶段）的中间产出；λ^h 表示权重；F 表示中间产出的数量；s_i^{h-} 和 s_i^{h+} 代表第 h 分部（阶段）的第 i 个投入和第 r 个期望产出的松弛量；β 表示可行扩展，其最大值表示可扩大期望产出和可减少非期望产出的最大比例。

当非期望产出受规制时，第 r（$r=1,\ 2,\ \cdots,\ s_h$）个产出为

$$非规制产出\ r = \max \beta\, y_{r0}$$

$$\text{s.t.}\ x_{i0}^h \geq \sum_{j=1}^{n} \lambda_j^h x_{ij}^h, \qquad i=1,\ 2,\ \cdots,\ m_h,\quad h=1,\ 2,\ \cdots,\ H\ (\text{C1})$$

$$(1+\beta)\, y_{r0}^h \leq \sum_{j=1}^{n} \lambda_j^h y_{rj}^h, \quad r=1,\ 2,\ \cdots,\ s_h,\qquad h=1,\ 2,\ \cdots,\ H\ (\text{C2})\quad (13\text{-}7)$$

$$(1-\beta)\, u_{k0}^h \leq \sum_{j=1}^{n} \lambda_j^h u_{kj}^h, \quad k=1,\ 2,\ \cdots,\ K_h,\quad h=1,\ 2,\ \cdots,\ H\ (\text{C3})$$

$$\sum_{j=1}^{n} \lambda_j^k z_{fj}^{(k,h)} = \sum_{j=1}^{n} \lambda_j^h z_{fj}^{(h,k)},\quad f=1,\ 2,\ \cdots,\ F\ (\text{C4})$$

$$\sum_{j=1}^{n} \lambda_j^h = 1 \quad (C5)$$

$$\lambda, \ \beta \geq 0$$

其中，变量含义与模型 13-6 中的一致。

第 r（$r=1$，2，$\cdots$，s_h）个产出的减排成本为

$$PAC_r = 非规制产出 \ r - 规制产出 \ r \qquad (13-8)$$

一些学者认为，去掉对非期望产出的约束条件，模型就能表示产出不受规制的情况，如 Färe 等（2016）。在 Färe 等（2016）的研究中，减排成本被定义为当不考虑非期望产出时的期望产出与当非期望产出被自由处置时的期望产出的比，该定义主要用于当需要比较不同时期的效率时，避免 malmquist-luenberger 指数的不可行，但是，该定义不适用于本研究。首先，如果删除模型 13-7 中的约束 C3，则值完全由期望产出决定，而与非期望产出无关。由于非期望产出对生产过程有一定的影响，忽视非期望产出不能合理地反映航空公司的总生产过程，例如，在目前的技术条件下（绝对清洁的能源尚未广泛应用于航空业），航空公司在运输乘客和货物的过程中不可避免地会排放温室气体。然而，航空公司必须遵守一些有关排放控制的有针对性的环境法规，为此，航空公司需要引入更多的新机型或增加飞机维护成本来实现这一目的。新机型和飞机维修费用对航空公司的生产有一定影响，因此，在评估航空公司效率的总生产过程时，考虑非期望产出（如温室气体）是合理的。

其次，尝试去掉模型 13-7 中的约束条件 C3，然后再次计算减排成本发现一些企业的减排成本低于零，也就是说，一些企业不受规制时的期望产出低于受规制时的期望产出。这个结果使本章的讨论毫无意义，也是 Färe 等（2016）将减排成本定义为当不考虑非期望产出时的期望产出与当非期望产出自由处置时的期望产出之比的原因。然而，Färe 等（2016）的减排成本是一个比值，不能作为讨论 CNG2020 战略影响的参考，所以 Färe 等（2016）的定义不符合本章研究主题。

从等式 13-8 中，可以发现，PAC 被定义为当非期望产出被强处置时的期望产出的最大产出与当非期望产出被弱处置时的期望产出的最大产出之间的差，该定义与 Färe 等（2007）的定义一致。

13.3 实证研究

13.3.1 效率框架

本章在前人文献的基础上，构建了航空公司效率的新理论模型。借鉴 Mallikarjun（2015）、Li 等（2015）和 Li 等（2016a）的研究，将航空公司的生产流程划分为运营阶段、服务阶段和销售阶段。结合 Mallikarjun（2015）和 Li 等（2015）的研究，投入、产出和中间产出的指标选择如下。

运营阶段：

投入 1 = 运营成本（OE）

产出 1 = 可用座公里（ASK）

服务阶段：

投入 2 = 可用座公里（ASK）和机队规模（FS）

产出 2 = 收入客公里（RPK）

非期望产出：温室气体排放量（GHG）

销售阶段：

投入 3 = 收入客公里（RPK）和销售成本（SC）

产出 3 = 总收入（TR）

中间产出：

连接（运营阶段到服务阶段）：可用座公里（ASK）

连接（服务阶段到销售阶段）：收入客公里（RPK）

参考 Li 等（2016a），我们将温室气体排放量（GHG）定义为服务阶段的非期望产出。航空排放包括 CO_2、H_2O、NOx、SOx 和烟尘，其中 CO_2 是最主要的温室气体（Sausen 等，2005）。飞机的排放量与其实际载荷和飞行距离密切相关，此外，排放量还与机队规模有关。因此，温室气体排放量应该是服务阶段的产出。本章借鉴 Mallikarjun（2015），将运营成本（OE）定义为运营阶段的投入，运营支出（OE）不包括销售成本（SC），并且选取 OE 来讨论购买碳排放权的影响。总收入包括客运服务收入、货运服务收入、货邮服务收入和其他收入。本章的主题是讨论 CNG2020 对航空公司减排成本（PAC）的影响，由于一些排放量低于限额的航空公司可能会通过出售剩余排放权来增加总收入，因此，选择总收入而不是乘客收入作为产出。

具体的多阶段结构如图 13-1 所示。

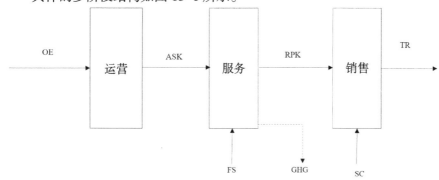

图 13-1 航空公司网络结构图

13.3.2 数据

实证数据来自 29 家全球航空公司：俄罗斯航空、柏林航空、法荷航空、汉莎航空、北欧航空、伊比利亚航空、瑞安航空、英国航空、葡萄牙航空、挪威航空、芬兰航空、土耳其航空、易捷航空、维珍航空、中国东方航空、中国南方航空、大韩航空、澳洲航空、达美航空、中国国际航空、海南航空、阿联酋航空、加拿大航空、国泰航空、新加坡航空、全日空航空、长荣航空、泰国航空和印尼鹰航。在这些航空公司中，7 家航空公司的乘客周转量在全球排名前十（达美航空、阿联酋航空、中国南方航空、汉莎航空、英国航空和法荷航空）。此外，这些航空公司来自亚洲、欧洲、大洋洲和美国，一定程度上可以代表全球航空公司，因此，选择这些航空公司作为样本来分析 CNG2020 战略的影响，详细信息见表 13-1。

表 13-1　29 家航空公司的详细信息

航空公司	国家和地区	类型
俄罗斯航空	俄罗斯	FSC
柏林航空	德国	FSC
法荷航空	法国	FSC
汉莎航空	德国	FSC
北欧航空	瑞典	FSC
伊比利亚航空	西班牙	FSC
瑞安航空	爱尔兰	LCC
英国航空	英国	FSC
葡萄牙航空	葡萄牙	FSC
挪威航空	挪威	FSC
芬兰航空	芬兰	FSC
土耳其航空	土耳其	FSC
易捷航空	加拿大	LCC
维珍航空	英国	LCC
中国东方航空	中国	FSC
中国南方航空	中国	FSC
大韩航空	韩国	FSC
澳洲航空	澳大利亚	FSC
达美航空	美国	FSC
中国国际航空	中国	FSC
海南航空	中国	FSC
阿联酋航空	阿拉伯联合酋长国	FSC
加拿大航空	加拿大	FSC
国泰航空	中国香港	FSC
新加坡航空	新加坡	FSC
全日空航空	日本	FSC
长荣航空	中国台湾	FSC
泰国航空	泰国	FSC
印尼鹰航	印度尼西亚	FSC

注：LCC 表示低成本航空公司，FSC 表示全服务运营商。

本章的实证研究使用 2008—2015 年的八年期数据。根据 CNG2020 战略原则，战略的实施将会有三个阶段：试验阶段（2021—2023 年）、第一阶段（2024—2026 年）和第二阶段（2027—2035 年）。该计划涵盖的国际航空 2019—2020 年的 CO_2 排放平均水平为 2020 年碳中性增长的基础，因此需要预测 2015 年后的投入和产出。

考虑到预测数据的准确性可能会随着预测期延长而变差，所以假设这29 家航空公司都将参与该战略到 2021 年，只考虑这些航空公司在 2021—2023 年试验阶段的减排成本。因此，基于 2008—2015 年的实际数据预测 2016—2023 年的投入和产出。

有关运营成本、可用座公里、机队规模、销售成本、总收入和收入客公里的数据是从公司的年报中获取的。温室气体排放量数据来自 29 家公司的可持续发展报告和环境与企业社会责任报告。在这 29 家航空公司中，有些航空公司是低成本航空公司。由于 CNG2020 战略对低成本航空公司没有特别的措施，即其对低成本航空公司和全服务航空公司效率的影响相同，故本章不考虑全服务航空公司和低成本航空公司间的差异。

应用 BP 神经网络来预测投入和产出。BP 神经网络已被广泛用于预测，具体方法可以在许多文献中找到（Sadeghi，2000；Yu 等，2008；Zhang 和 Wu，2009；Ren 等，2016）。与其他方法相比，BP 神经网络在非线性映射、自学习和自适应、泛化和容错方面具有优势（Zhang 和 Wu，2009；Ren 等，2016）。由于航空公司效率的投入和产出是非线性的，且在一定程度上相互影响，适合用 BP 神经网络进行预测。BP 神经网络由输入层、隐单元层和输出层组成，具体参数如表 13-2 所示。

表 13-2　BP 神经网络参数

输入神经元	隐单元	输出神经元	最大步数	训练目标	学习率
29	60	1	50 000	0.000 5	0.01

如表 13-3 所示，列出了 2008—2015 年的投入、产出和中间产出的描述性统计数据。

表 13-3　2008—2015 年投入与产出的描述性统计数据

变量	均值	标准差	最小值	最大值
投入	—	—	—	—
运营成本（10^6 美元）	11 838.02	8 939.14	1 161.00	44 135.00
机队规模	283.49	208.94	53.00	809.00
销售成本（10^6 美元）	719.97	518.03	65.00	2 387.00
期望产出	—	—	—	—
总收入（10^6 美元）	13 461.94	9 697.06	1 271.00	42 609.00

续表

变量	均值	标准差	最小值	最大值
非期望产出	—	—	—	—
温室气体排放量（10^3 t）	15 018.35	8 529.73	3 280.00	42 150.00
中间产出	—	—	—	—
可用座公里（10^6）	136 153.16	95 406.45	2 791.48	559 878.00
收入客公里（10^6 客公里）	108 408.26	82 138.15	1 943.04	485 690.00

注：运营成本、销售成本和总收入以美元的平价购买力表示。

本章假设这 29 家航空公司都将参与 CNG2020 战略至少到 2021 年，且 2021—2023 年的数据将用于探讨航空公司减排成本变化，如表 13-4 所示，列出了 2021—2023 年的投入、产出和中间产出的描述性统计数据。

表 13-4 2021—2023 年投入与产出的描述性统计数据

变量	均值	标准差	最小值	最大值
投入	—	—	—	—
运营成本（10^6 美元）	17 502.68	13 730.90	2 876.00	55 850.00
机队规模	522.98	324.57	102.00	1 321.00
销售成本（10^6 美元）	1 769.95	1 213.40	438.00	5 547.00
期望产出	—	—	—	—
总收入（10^6 美元）	24 021.10	16 236.32	5 502.00	62 451.00
非期望产出	—	—	—	—
温室气体排放量（10^3 t）	32 148.26	14 754.76	5 661.00	65 897.60
中间产出	—	—	—	—
可用座公里（10^6）	261 728.99	214 178.63	13 565.86	946 427.34
收入客公里（10^6 客公里）	206 918.72	172 162.12	10 927.61	761 225.23

注：预测数据来源于 Li 和 Cui（2017a）。

如表 13-5 所示为 2021—2023 年投入和产出的 Pearson 相关系数。

表 13-5 投入 - 产出相关性

变量	ASK	RPK	GHG	TR
OE	0.721	—	—	—
ASK	—	0.996	0.678	—
FS	—	0.582	0.575	—
RPK	—	—	—	0.520
SC	—	—	—	0.769

注：所有相关系数在 1% 的统计水平上显著。

如表 13-5 所示，大多数系数为正且相对较大，说明投入和产出关系紧密。

参考文献（Hallock 和 Koenker，2001；Koenker，2004），应用分位数回归来分析投入 / 产出比的不确定性（分位数为 0.2），如表 13-6 所示。

表 13-6   分位数回归的结果

变量	ASK	RPK	GHG	TR
OE	1028.392 （4.754）***	—	—	—
ASK	—	0.578*** （10.025）	3.596*** （3.418）	—
FS	—	45.533** （1.008）	0.004*** （3.265）	—
RPK	—	—	—	0.001*** (6.030)
SC	—	—	—	1.130*** （0.999）

注：***、** 和 * 分别表示系数在 1%、5% 和 10% 水平上具有统计显著性

从表 13-6 可以看出，投入在 1%、5% 或 10% 的水平上显著影响产出，表明投入和产出的预测结果是合理的。

13.3.3   研究结果

根据第 3 节中的模型 13-6 和模型 13-7，实证研究的具体模型如模型 13-9 和模型 13-10 所示。

当非期望产出受规制时，模型为

$$规制产出 = \max（\beta \, TR_0）$$

$$\text{s.t.}\begin{cases} \text{OE}_0 \geqslant \sum_k \lambda_k \text{OE}_k \\ \sum_k \lambda_k = 1 \\ \sum_k (\lambda_k - \mu_k)\text{ASK}_k = 0 \\ \text{FS}_0 \geqslant \sum_k \mu_k \text{FS}_k \\ (1-\beta)\text{GHG}_0 = \sum_k \mu_k \text{GHG}_k \\ \sum_k \mu_k = 1 \\ \sum_k (\mu_k - \eta_k)\text{RPK}_k = 0 \\ \text{SC}_0 \geqslant \sum_k \eta_k \text{SC}_k \\ (1+\beta)\text{TR}_0 \leqslant \sum_k \eta_k \text{TR}_k \\ \sum_k \eta_k = 1 \end{cases} \quad （13\text{-}9）$$

当非期望产出不受规制时，模型为

$$\text{非规制产出} = \max（\beta\,\text{TR}_0）$$

$$\text{s.t.}\begin{cases} \text{OE}_0 \geqslant \sum_k \lambda_k \text{OE}_k \\ \sum_k \lambda_k = 1 \\ \sum_k (\lambda_k - \mu_k)\text{ASK}_k = 0 \\ \text{FS}_0 \geqslant \sum_k \mu_k \text{FS}_k \\ (1-\beta)\text{GHG}_0 \leqslant \sum_k \mu_k \text{GHG}_k \\ \sum_k \mu_k = 1 \\ \sum_k (\mu_k - \eta_k)\text{RPK}_k = 0 \\ \text{SC}_0 \geqslant \sum_k \eta_k \text{SC}_k \\ (1+\beta)\text{TR}_0 \leqslant \sum_k \eta_k \text{TR}_k \\ \sum_k \eta_k = 1 \end{cases} \quad （13\text{-}10）$$

TR 的 PAC 为

$$PAC= 非规制产出 - 规制产出 \qquad （13-11）$$

在模型中，所有变量都是非负的。

变量为

OE_k：航空公司 k 的运营成本；

FS_k：航空公司 k 的机队规模；

ASK_k：航空公司 k 的可用座公里；

GHG_k：航空公司 k 的温室气体排放量；

SC_k：航空公司 k 的销售成本；

RPK_k：航空公司 k 的收入客公里；

TR_h：航空公司 k 的总收入。

我们应用模型 13-9 至模型 13-11 来获取这 29 家航空公司在 2021—2023 年的减排成本，如表 13-7 所示。

表 13-7　2021—2023 年航空公司的减排成本（10^6 美元）

航空公司	2021 年			2022 年			2023 年		
	不规制	规制	PAC	不规制	规制	PAC	不规制	规制	PAC
俄罗斯航空	35 558	13 895	21 663	36 161	14 363	21 798	41 402	15 442	25 960
柏林航空	31 896	16 599	15 297	33 592	16 469	17 123	38 333	17 884	20 449
法荷航空	11 424	11 424	0	12 562	12 562	0	17 044	15 390	1 654
汉莎航空	0	0	0	0	0	0	0	0	0
北欧航空	27 501	0	27 501	29 229	0	29 229	32 456	0	32 456
伊比利亚航空	3 256	3 256	0	3 094	3 094	0	5 737	5 737	0
瑞安航空	19 215	16 157	3 058	17 183	16 178	1 005	13 440	12 560	879
英国航空	3 043	3 043	0	0	0	0	0	0	0
葡萄牙航空	28 619	16 169	12 451	30 166	17 066	13 100	31 499	18 529	12 970
挪威航空	32 504	13 141	19 363	34 049	12 824	21 225	39 435	13 158	26 277
芬兰航空	16 616	1 364	15 252	16 745	0	16 745	16 666	0	16 666
土耳其航空	33 622	16 322	17 300	34 200	16 929	17 271	38 207	19 004	19 203
易捷航空	0	0	0	39 787	4 750	35 038	45 044	5 205	39 839
维珍航空	31 664	4 041	27 623	33 597	4 301	29 296	36 673	4 820	31 853

航空公司	2021 年			2022 年			2023 年		
	不规制	规制	PAC	不规制	规制	PAC	不规制	规制	PAC
中国东方航空	38 216	12 360	25 856	40 106	12 470	27 636	44 463	12 844	31 619
中国南方航空	32 741	15 751	16 991	34 014	15 895	18 119	39 830	16 404	23 427
大韩航空	39 748	9 192	30 556	40 379	9 308	31 072	43 315	9 545	33 769
澳洲航空	29 749	9 307	20 443	29 920	9 706	20 214	32 171	10 146	22 024
达美航空	0	0	0	599	599	0	4 210	4 210	0
中国国际航空	36 036	13 993	22 042	37 695	14 261	23 434	43 120	14 693	28 427
海南航空	34 631	7 591	27 039	35 358	8 319	27 038	37 915	9 138	28 778
阿联酋航空	0	0	0	1 765	1 765	0	0	0	0
加拿大航空	32 347	8 170	24 178	31 710	8 415	23 295	34 419	8 658	25 760
国泰航空	36 176	11 788	24 388	37 417	11 627	25 789	43 152	12 006	31 146
新加坡航空	9 413	2 026	7 387	8 974	970	8 004	8 022	960	7 062
全日空航空	36 773	8 667	28 106	38 179	8 692	29 488	43 818	8 832	34 986
长荣航空	25 167	0	25 167	23 780	0	23 780	36 899	1 259	35 640
泰国航空	19 026	5 822	13 205	20 922	6 348	14 574	25 299	6 892	18 407
印尼鹰航	38 624	4 281	34 342	41 433	4 839	36 595	44 879	5 480	39 399
总值	683 565	224 359	459 208	742 616	231 750	510 868	837 448	248 796	588 650

如表 13-7 所示，2021—2023 年，在 29 家航空公司中，预计印尼鹰航的减排成本最大，说明排放对其期望产出有较大影响。减排成本占印尼鹰航总收入的比例在 2021 年为 6.24，在 2022 年为 6.09，在 2023 年为 5.91，是 29 家航空公司中比例最大的。说明印尼鹰航在此期间运营效率最低，其应在控制排放和生产期望产出方面做出更多努力。

汉莎航空在规制条件下的最大产出、无规制条件下的最大产出以及减排成本都为 0。从模型 13-9 和模型 13-10 可以发现，汉莎航空的值为 0，即汉莎航空可扩大的期望产出和可减少的非期望产出之比为 0。说明汉莎航空将在 2021—2023 年达到高效运营，并在控制排放和产生期望产出方面表现最佳。

这 29 家航空公司的总减排成本在 2021—2023 年将有所增加，2021 年的 PAC 为 4 592.08，2022 年为 5 108.68，2023 年为 5 886.5。在此期间，航空运输业排放总量将快速增长，航空公司将需要更加注意排放量的处理，并以牺牲期望产出为代价。

13.3.4　CNG2020 战略的影响讨论

根据 CNG2020 战略原则，若成员国加入该战略，则该国的每个航空公司都将根据其国际航空排放来分配排放限额，若一航空公司的排放超过限额，则该航空公司必须购买排放权。碳排放限额是根据 2019 年和 2020 年的国际平均排放量计算的。

本章假设这 29 家航空公司都将在试验阶段（2021—2023 年）参与 CNG2020 战略，因此我们按照 Li 和 Cui（2017a）的结果获得这 29 家航空公司的超额排放量，见表 13-8。

表 13-8　2021—2023 年航空公司的超额排放量（10^3 t）

航空公司	2021	2022	2023
俄罗斯航空	4 807.6	5 164.1	7 643.6
柏林航空	4 850.5	5 540.4	7 854.2
法荷航空	9 262.5	9 458.9	9 901.4
汉莎航空	7 842.4	8 517.8	9 457
北欧航空	−10 553.5	−10 504.3	−10 291
伊比利亚航空	13 841.6	14 641.3	15 630.6
瑞安航空	10 942.5	12 164	14 298.3
英国航空	11 542.7	12 438.9	14 899.4
葡萄牙航空	17 175.6	22 576.2	23 887.7
挪威航空	1 306.4	1 434.6	1 985.3
芬兰航空	−3 470.7	−3 317	−3159.2
土耳其航空	15 623.1	16 199.1	20 412.9
易捷航空	−2 713.1	−2 090.6	−1 482.5
维珍航空	−3 828	−2 376.6	−511.5
中国东方航空	−2 135.7	−1 400.6	152.2
中国南方航空	−4 778	−4 395.4	−3 633.3
大韩航空	−4 784.2	−4 708	−4 337
澳洲航空	−2 945.6	−2 414.3	−1 751.4
达美航空	5 340	6 170	7 041.3
中国国际航空	−1 021.7	465.7	2 438.9

航空公司	2021	2022	2023
海南航空	−9 663.5	−9 497	−9 111.8
阿联酋航空	28 009.2	2 8377	33 282.7
加拿大航空	−8 172.4	−8 003.6	−7 685.7
国泰航空	1 898.1	1 576.4	2 305.3
新加坡航空	−3 309.6	−3 241.4	−3 099.5
全日空航空	−7 107.8	−6 827.1	−6 456
长荣航空	−3 178.1	−2 585.8	−1 021.3
泰国航空	−110.5	171.6	1 252.1
印尼鹰航	−243.5	1 881.7	4 502.5

注：数据来源于 Li 和 Cui（2017a）。

如表 13-8 所示，一些航空公司的排放量在某些年份低于排放限额。此外，随着限额越来越严格，超出的排放量也越来越多。

Li 和 Cui（2017a）建立了四个重要的假设，以简化 CNG2020 战略对航空公司的影响，这些假设是

（1）排放量高于排放限额的任何航空公司都能购买到足够的排放权，这些费用将增加其运营成本（OE）。

（2）排放量低于排放限额的任何航空公司都将出售其所有剩余排放权，这些收入将增加其总收入（TR）。

（3）不考虑航空公司可以通过抬高机票价格将 CNG2020 的排放成本转嫁给乘客的情况。

（4）假设只有这 29 家航空公司从 2021 年起加入 CNG2020 战略，因此排放限额被设定为这些航空公司国际航班的平均排放量，排放量根据收费吨公里计算得出。

为分析 CNG2020 战略对航空公司的影响，需要先确定碳的价格。若单位排放权的价格确定，则每家航空公司的投入和产出都会发生变化，通过再次计算减排成本来比较前后变化，就可以分析 CNG2020 战略对减排成本的影响。根据国际能源署的预测结果，2020 年的碳价格将介于 8 美元 / 吨 CO_2 当量和 20 美元 / 吨 CO_2 当量之间。为方便起见，我们采用 14 美元 / 吨 CO_2 当量这一平均值来讨论无效率变化。计算结果如表 13-9 所示。

表 13-9 2021—2023 年考虑 CNG2020 时的减排成本（10^6 美元）

航空公司	2021 年			2022 年			2023 年		
	不规制	规制	PAC	不规制	规制	PAC	不规制	规制	PAC
俄罗斯航空	35 558	13 899	21 659	36 161	14 367	21 794	41 402	15 446	25 957
柏林航空	31 896	16 600	15 296	33 592	16 471	17 121	38 333	17 885	20 448
法荷航空	11 424	11 424	0	12 562	12 562	0	17 061	15 390	1 671
汉莎航空	0	0	0	0	0	0	0	0	0
北欧航空	26 858	0	26 858	28 640	0	28 640	31 744	0	31 744
伊比利亚航空	3 256	3 256	0	3 094	3 094	0	5 737	5 737	0
瑞安航空	19 215	16 157	3 058	17 184	16 180	1 003	13 443	12 566	876
英国航空	3 043	3 043	0	0	0	0	0	0	0
葡萄牙航空	28 619	16 174	12 445	30 166	17 071	13 095	31 499	18 532	12 967
挪威航空	32 504	13 146	19 358	34 049	12 830	21 219	39 435	13 164	26 271
芬兰航空	16 619	1 368	15 250	16 752	0	16 752	16 673	0	16 673
土耳其航空	33 622	16 324	17 298	34 200	16 931	17 270	38 207	19 004	19 202
易捷航空	0	0	0	39 255	4 764	34 491	44 583	5 217	39 366
维珍航空	31 180	4 079	27 101	33 084	4 325	28 759	36 088	4 825	31 263
中国东方航空	38 186	12 385	25 801	40 087	12 489	27 598	44 451	12 851	31 599
中国南方航空	32 674	15 792	16 883	33 953	15 931	18 022	39 779	16 434	23 345
大韩航空	39 681	9 233	30 448	40 296	9 345	30 950	43 136	9 580	33 557
澳洲航空	29 370	9 329	20 041	29 569	9 728	19 841	31 696	10 167	21 529
达美航空	0	0	0	599	599	0	4210	4 210	0
中国国际航空	36 022	14 006	22 016	37 695	14 265	23 430	43 120	14 697	28 424
海南航空	34 146	7 677	26 469	34 831	8 402	26 429	37 296	9 216	28 080
阿联酋航空	0	0	0	1 765	1 765	0	0	0	0
加拿大航空	31 886	8 231	23 656	31 239	8 464	22 775	33 839	8 712	25 127
国泰航空	36 176	11 795	24 381	37 417	11 636	25 781	43 152	12 014	31 138
新加坡航空	9 420	2 034	7 386	8 983	971	8 012	8 030	962	7 069
全日空航空	36 673	8 703	27 970	38 072	8 724	29 347	43 643	8 863	34 780
长荣航空	25 166	0	25 166	23 794	0	23 794	36 886	1 262	35 624
泰国航空	18 500	5 829	12 671	20 360	6 355	14 005	24 866	6 895	17 971
印尼鹰航	38 224	4 285	33 939	41 099	4 839	36 260	44 578	5 480	39 098
总值	683 565	224 359	459 208	742 616	231 750	510 868	837 448	248 796	588 650

比较表 13-7 和表 13-9，可以得出结论，当考虑 CNG2020 战略时，一些航空公司的减排成本增加了，如 2023 年的法荷航空、2022 年和 2023 年的芬兰航空、2022 年和 2023 年的新加坡航空，以及 2022 年的长荣航空。在这些航空公司中，只有 2023 年法荷航空的预计排放量超过排放限额，其他航空公司的预计排放量均低于排放限额。因此，在 CNG2020 战略条件下，法航荷航 2023 年的预计总收入不会增加，其他航空公司的预计总收入则会增加。这说明，并非所有通过销售排放权增加总收入的航空公司的减排成本都会增加。对于 2023 年的法荷航空，购买排放权和不断增长的运营成本（OE）带来的巨额开支不会刺激其采取控制 CO_2 排放和降低减排成本的相关措施。

在这 29 家航空公司中，汉莎航空、伊比利亚航空、英国航空、达美航空和阿联酋航空在 2021—2023 年的预计减排成本没有变化。此外，对 2021 年和 2022 年的法荷航空及 2021 年的易捷航空，其预计减排成本也不变。该结果表明，CNG2020 战略对其减排成本影响不大，即使没有 CNG2020 战略，这些航空公司也会采取大量的积极措施控制二氧化碳排放。

除上述航空公司外，大多航空公司在 2021—2023 年的预计 PAC 将减少。这一现象表明，CNG2020 战略对大多数航空公司的 PAC 有一定的影响。在考虑 CNG2020 战略的条件下，大多数航空公司将采取更多措施来控制排放，以避免更多的碳排放费用。与其他航空公司相比，北欧航空、维珍航空、澳航航空、海南航空、加拿大航空和泰国航空的预计 PAC 有较大的减少量，说明 CNG2020 战略对这些航空公司的影响比对其他航空公司的影响更大。对于这些航空公司，在考虑 CNG2020 战略情况下，2021—2023 年，其受规制时的最大产出将增加，而不受规制时的最大产出将减少。因此，可以知道，即使在不受规制的情况下，CNG2020 战略也可以帮助这些航空公司减少当控制二氧化碳排放量时的期望产出损失。

13.4　本章小结

本章重点分析了 CNG2020 战略对航空公司减排成本的影响。航空公司总生产过程被分为三个阶段：运营阶段、服务阶段和销售阶段。运营成本被选为运营阶段的投入，该投入在运营阶段产生可用座公里；可用座公里和机队规模是服务阶段的投入，用于产生收入客公里；收入客公里和销售成本是销售阶段的投入，用于生成总收入。通过应用网络环境生产函数模型，分析了 2021—2023 年 29 家全球航空公司的减排成本。首先预测这些航空公司的投入和产出，并按照实际原则计算了每家航空公司的实际排放限额。在这些航空公司中，有些航空公司的排放量低于限额，有些航空公司的排放量超过限额。对于前者，其购买排放权的费用增加了运营成本，而对于后者，其销售剩余排放权的收入增加了总收入。在此基础上，我们讨论了 CNG2020 战略对减排成本变化的影响。

总体而言，本章对现有文献的贡献体现在两个方面。首先，提出了一个新的航空公司减排成本三阶段战略运营框架，来讨论 CNG2020 战略的影响。本章的概念丰富了航空公司管理研究的理论和方法，为评估航空公司的绩效提供了新的视角。其次，建立了一个新的模型，即网络环境生产函数，来分析减排成本，在考虑生产过程的内部结构时，该模型适用于减排成本的测量。此外，本章计算了每家航空公司的实际排放限额，并讨论了航空公司减排成本变化。

14 动态视角下航空公司污染减排成本变化分解

14.1 研究问题介绍

近年来，航空公司的二氧化碳排放引起了人们的广泛关注。从国际民用航空组织（ICAO）的统计数据中，我们知道大约 2% 的人为碳排放是由航空运输产生的（ICAO，201）。此外，越来越多的证据表明，如果航空公司不采取任何减排措施，2050 年航空运输中的温室气体排放总量将比 2010 年高出 400% ~ 600%。在此背景下，为实现航空业的可持续发展，出现了一些控制飞机排放的政策，如欧盟排放交易机制（EU ET9S）和 2020 年碳中和增长战略（CNG 2020 战略）。欧洲联盟（欧盟）于 2008 年 11 月颁布 2008/101/EC 命令，将国际航空业务纳入欧盟排放交易体系。然而，由于全球范围内的巨大争议，这一方案并没有发展成为一个全球性的方案。国际民航组织大会第 38 届会议通过了决议 A38-18，即 CNG 2020 战略，以实现航空运输碳中和增长，该战略的核心是将市场化措施（MBM）融入整体战略，并确定航空公司分担减排成本的路径（Cui 和 Li，2017a）。

无论是在欧盟排放交易体系（EU ETS）还是在 CNG2020 战略下，航空公司都需要承担污染减排成本。这些成本多年来一直在变化，这可能是由许多原因造成的，分析这些原因对航空公司控制污染物减排成本具有重要意义。了解原因的一个重要方法是分解污染减排成本指数，并找出主要改进方向（Färe 等，2016）。要解决的关键问题包括：如何合理地衡量污染减排成本？如何分解污染减排成本变化指数，探究污染减排成本变化的原因？针对这些问题，本章重点对航空公司的污染减排成本变化指数进行了计算和分解。

如 Fare 等（2016）所述，减少非期望产出可以采用四种策略：（1）期望产出的减少；（2）投入质量的改变；（3）终端治理技术；（4）过程治理技术的变化。根据弱处置性原则，期望产出的增加将伴随着非期望产出的增加，而非期望产出的减少将伴随着期望产出的减少，因此，本章将污染减排成本定义为自由处置条件下非期望产出与弱处置时的非期望产出之比。减排成本变化指数可分解为技术变化指数（TC）、投入水平变化指数（IC）和非期望产出生产变化指数（UPC），与 Fare 等（2016）的策略（2）和（4）相对应。通过对污染减排成本变化指数的分解，管理者可以了解三种策略在减少非期望产出中的作用，并针对性地采取措施减少非期望产出。

14.2 模型介绍

数据包络分析（Charnes 等，1978）是一种评价多投入多产出的决策单元相对效率的非参数方法。从 Fare 等（2007）的研究中，我们可以找到两个公理，将期望产出与非期望产出联系起来：

$$U=0 \quad 意味着，Y=0 \quad \text{for} (Y, U) \in P(X) \quad (14-1)$$

$$(Y, U) \in P(X) 意味着 (\theta Y, \theta U) \in P(X) \text{ for } \theta \in [0, 1] \quad (14-2)$$

其中，X 为投入；$P(X)$ 为 X 的生产可能性集。式 14-1 为零节点假设，即当产生期望的产出时，必然会产生非期望的产出。式 14-2 是一个弱处置公理，表明扩大期望产出伴随非期望的产出的增加，减少非期望的产出伴随期望的产出的减少。

根据 Färe 等人的说法（2007），弱处置的生产技术可以建模为

$$\boldsymbol{P}(x)=\left\{(y,u):y\le\sum_{j=1}^{n}\lambda_j y_j,u=\sum_{j=1}^{n}\lambda_j u_j,x\ge\sum_{j=1}^{n}\lambda_j x_j,\lambda_j\ge 0,j=1,2,\cdots,n\right\}\quad（14-3）$$

其中，x，y，u 分别表示投入、期望产出和非期望产出；λ 是强度变量；n 是决策单元的数量。

然而，Aparicio 等（2013）发现，如果应用 malmquist–luenberger 指数来分析效率变化和技术变化，则技术变化成分是不可行的。他们建议用强处置（自由处置）来克服不可行性。强处置将非期望产出作为投入，这意味着环境有害产品的排放可被视为处理它们的必要的对环境容量的应用（Dakpo 等，2016）。因此，Färe 等（2016）使用自由处置（强处置）来测量污染减排成本（PAC）并分析 PAC 的变化。

Fare 等（2016）提出决策单元的处置生产函数为

$$\boldsymbol{F}(x,\ u)=\max\sum_{j=1}^{n}\lambda_j y_j$$

$$\text{s.t.}\sum_{j=1}^{n}\lambda_j x_{ij}\le x$$

$$\sum_{j=1}^{n}\lambda_j u_{ij}\le u\qquad（14-4）$$

$$\lambda\ge 0,\ j=1,\ 2,\ \cdots,\ n$$

在模型14-4中，我们可以发现非期望产出被视为投入，Fare 等人（2016）认为这可以避免在比较不同时期的效率时的不可行性。然而，如 Dakpo 等人（2016）所述，如果将非期望产出视为投入，则可能导致对全球技术的错误规范。Li 等（2016a）比较了弱处置的网络 SBM 模型和强处置测度模型在航空公司效率测度中的结果，发现弱处置在区分效率得分上比强处置更合理，因此，模型14-4有其明显的弱点。此外，由于航空公司可以通过提高机票价格来遵守更严格的环境规定，所以可以认为弱处置公理更恰当地反映了航空公司的经营状况，可能导致航空交通量下降。因此，弱处置更适合本章的研究课题。

Fare 等（2016）中，不受管制表示为

$$G(x) = \max \sum_{j=1}^{n} \lambda_j y_j$$

$$\text{s.t.} \sum_{j=1}^{n} \lambda_j x_{ij} \leq x \qquad (14\text{-}5)$$

$$\lambda \geq 0,\ j = 1,\ 2,\ \cdots,\ n$$

PAC 定义为

$$PAC = G(x)/F(x,u) \qquad (14\text{-}6)$$

根据 Fare 等（2016）的定义，PAC 是在给定的减排活动水平下，不受管制和受管制技术的最大可行期望产量，它可以衡量期望产量的减少——当非自由处置非期望产出时，减少污染的机会成本。如果 PAC 为 1，则意味着没有因减排活动而造成期望产出的减少。

模型 14-4 和模型 14-5 之间的主要区别在于消除了对非期望产出的约束。

如 Fare 等（2016）所述，去除这一约束会对非期望产出施加自由处置，在比较不同时期的效率时，使用自由处置可以避免 malmquist-luenberger 指数的不可行性。然而，虽然 malmquist-luenberger 指数可以衡量不同时期的效率变化，但它忽略了连续两个时期的结转活动，这些结转活动对效率有直接影响（Tone 和 Tsutsui，2010）。在动态模型中，结转活动可以描述为动态因子。动态模型可以在几年的时间内优化整体效率，而不是在某一年达到最优效率，这与航空公司在规划减排活动时的实际情况是一致的。一般来说，航空公司对污染的总体规划可能会持续几年，而不是一年，因此，动态模型比 malmquist-luenberger 指数更适合评估不同时期的效率变化。

此外，在 Fare 等（2016）中，PAC 是通过比较不考虑非期望产出时的产出、自由处置非期望产出时的产出而得到的，这可能是不合理的。如果根本不考虑非期望产出，则模型 14-5 中的产出与非期望产出没有关系，因此该定义不能合理地反映非期望产出在不同处理方式下的产出损失。Fare 等人（2007）将 PAC 定义为自由处置非期望产出、弱处置非期望产出

两种条件下的产出差异。将这个定义应用于 PAC，最终将 PAC 定义为当非期望产出被自由处置时的产出、与弱处置时产出的比值。

由于效率变化可以在动态模型中反映，而不是通过 malmquist-luenberger 指数来反映，所以当我们在动态模型中比较不同时期的效率时，不存在不可行性。因此，弱处置能够较好地分析效率变化，能够较好地反映航空公司的经营状况。

在本章中，提出了一个投入导向的动态环境 DEA 模型来分析弱处置的 PAC 变化。本章考虑了期望产出，可以从受管制的生产函数获得第 i 个期望产出的总产出。

$$\boldsymbol{F}y_i(x,u) = \max \sum_{t=1}^{T}\sum_{j=1}^{n} w^t \lambda_{jt} y_{ijt}$$

$$\text{s.t.}\begin{cases} x_{i0t} \geq \sum_{j=1}^{n} \lambda_{jt} x_{ijt}, & i=1,2,\cdots,m\,,\ t=1,2,\cdots T & (C1) \\[2mm] z_{i0t-1} \geq \sum_{j=1}^{n} \lambda_{jt-1} z_{ijt-1}, & i=1,2,\cdots,r\,,\ t=1,\cdots T & (C2) \\[2mm] u_{i0t} = \sum_{j=1}^{n} \lambda_{jt} u_{ijt}, & i=1,2,\cdots,k\,,\ t=1,2,\cdots T & (C3) \\[2mm] \sum_{j=1}^{n} \lambda_{jt-1} z_{ijt} = \sum_{j=1}^{n} \lambda_{jt} z_{ijt}, & t=1,2,\cdots T & (C4) \\[2mm] \lambda \geq 0 \end{cases} \qquad （14-7）$$

t 时期产出可以定义为

$$\boldsymbol{F}y_{it}(x,u) = \sum_{j=1}^{n} \lambda_{jt} y_{ijt} \qquad （14-8）$$

其中，x_{ijt} 表示 DMU j 在时期 t 的第 i 个投入；y_{ijt} 表示 DMU j 在时期 t 的第 i 个期望产出；z_{ijt} 表示 DMU j 在时期 t 的第 i 个动态因子；u_{ijt} 表示 DMU$_j$ 在时期 t 的第 i 个非期望产出；n，m，r，k 分别代表 DMU$_j$，期望产出，投入，动态因子和非期望产出的数量；λ 是强度变量；T 是时期数量；w^t 是时期 t 的权重。

模型 14-7 是一个投入导向的动态模型，动态因子是当期的投入。参照 Tone 和 Tsutsui（2010），将动态因子设置为模型 16-7 中约束 C2 的投入。动态因子将当前周期和下一个周期联系起来，所以在模型 14-7 中构建约束 C4。

动态模型将时期的总体最佳值作为目标函数，时期最优值由优化总产出的最佳参数决定。

与 Färe 等（2016）不同，本书认为，当非期望产出不受管制时，可以自由处置非期望产出（强处置），如 Färe 等（2007）和 Dakpo 等（2016）所述。因此，将非期望产出视为投入，并且可以从不受管制的生产函数获得第 i 个期望产出的总产出。

$$Gy_i(x,u) = \max \quad \sum_{t=1}^{T} \sum_{j=1}^{n} w^t \lambda_{jt} y_{ijt}$$

$$\text{s.t.} \begin{cases} x_{i0t} \geq \sum_{j=1}^{n} \lambda_{jt} x_{ijt}, & i=1,2,\cdots,m, \ t=1,2,\cdots T & (\text{C1}) \\ z_{i0t-1} \geq \sum_{j=1}^{n} \lambda_{jt-1} z_{ijt-1}, & i=1,2,\cdots,r, \ t=1,\cdots T & (\text{C2}) \\ u_{i0t} \geq \sum_{j=1}^{n} \lambda_{jt} u_{ijt}, & i=1,2,\cdots,k, \ t=1,2,\cdots T & (\text{C3}) \\ \sum_{j=1}^{n} \lambda_{jt-1} z_{ijt} = \sum_{j=1}^{n} \lambda_{jt} z_{ijt}, & t=1,2,\cdots T & (\text{C4}) \\ \lambda \geq 0 \end{cases}$$

（14-9）

t 年度产出可以定义为

$$Gy_{it}(x,u) = \sum_{j=1}^{n} \lambda_{jt} y_{ijt} \tag{14-10}$$

而第 i 个期望产出的整体 PAC 是

$$PACy_i = \frac{Gy_i(x,u)}{Fy_i(x,u)} \tag{14-11}$$

t 年度的第 i 个期望产出的 PAC 是

$$PACy_i = \frac{Gy_{it}(x,u)}{Fy_{it}(x,u)} \tag{14-12}$$

在模型 14-9 中，变量表示与模型 14-7 相同。在模型 14-7 和模型 14-9 中，参照已有的文献（Tone 和 Tsutsui，2010；Cui 等，2016a；Cui 等，2016b；Li 等，2016b），将结转活动描述为与约束条件 C2 对应的动态因子。$t-1$ 项的动态因子是 t 项的投入，因此存在约束 C2。

将 t 年与 $t+1$ 年之间的第 i 个期望产出的 PAC 变化指数定义为

$$\Delta \text{PAC}_t^{t+1}(y_i) = \left[\frac{Gy_{i(t+1)}(x^{t+1},u^{t+1})\Big/Fy_{i(t+1)}(x^{t+1},u^{t+1})}{Gy_{it}(x^t,u^t)\Big/Fy_{it}(x^t,u^t)}\right] = \left[\frac{Gy_{i(t+1)}(x^{t+1},u^{t+1})\Big/Gy_{it}(x^t,u^t)}{Fy_{i(t+1)}(x^{t+1},u^{t+1})\Big/Fy_{it}(x^t,u^t)}\right] \quad (14\text{-}13)$$

可以得到：

$$
\begin{aligned}
\Delta \text{PAC}_t^{t+1}(y_i) &= \left[\frac{Gy_{i(t+1)}(x^{t+1},u^{t+1})\Big/Gy_{it}(x^t,u^t)}{Fy_{i(t+1)}(x^{t+1},u^{t+1})\Big/Fy_{it}(x^t,u^t)}\right] = \left(\left[\frac{Gy_{i(t+1)}(x^{t+1},u^{t+1})\Big/Gy_{it}(x^t,u^t)}{Fy_{i(t+1)}(x^{t+1},u^{t+1})\Big/Fy_{it}(x^t,u^t)}\right]^{1/2} \times \left[\frac{Gy_{i(t+1)}(x^t,u^t)\Big/Gy_{it}(x^t,u^t)}{Fy_{i(t+1)}(x^t,u^t)\Big/Fy_{it}(x^t,u^t)}\right]^{1/2}\right) \times \\
&\left(\left[\frac{Gy_{it}(x^{t+1},u^{t+1})\Big/Gy_{it}(x^t,u^t)}{Fy_{it}(x^{t+1},u^{t+1})\Big/Fy_{it}(x^t,u^t)}\right]^{1/2} \times \left[\frac{Gy_{i(t+1)}(x^{t+1},u^{t+1})\Big/Gy_{i(t+1)}(x^t,u^t)}{Fy_{i(t+1)}(x^{t+1},u^t)\Big/Fy_{i(t+1)}(x^t,u^t)}\right]^{1/2}\right) \times \\
&\left(\left[\frac{Gy_{it}(x^t,u^t)\Big/Gy_{it}(x^t,u^t)}{Fy_{it}(x^{t+1},u^{t+1})\Big/Fy_{it}(x^t,u^t)}\right]^{1/2} \times \left[\frac{Gy_{i(t+1)}(x^{t+1},u^{t+1})\Big/Gy_{i(t+1)}(x^{t+1},u^{t+1})}{Fy_{i(t+1)}(x^{t+1},u^{t+1})\Big/Fy_{i(t+1)}(x^{t+1},u^t)}\right]^{1/2}\right)
\end{aligned} \quad (14\text{-}14)
$$

$$= \left(\frac{\text{TC}y_u}{\text{TC}y_r}\right) \times \left(\frac{\text{IC}y_u}{\text{IC}y_r}\right) \times \left(\frac{\text{UPC}y_u}{\text{UPC}y_r}\right)$$

$$= \text{TC} \times \text{IC} \times \text{UPC}$$

其中，TC 表示在不受管制技术条件下的由于技术变化而引起的期望产出的变化与在受管制技术条件下的由于技术变化而引起的期望产出的变化的比值；IC 表示在不受管制技术条件下的由于投入水平变化所引起的期望产出变化相对于在受管制技术条件下由于投入水平变化所引起的期望产出变化的比值；UPC 是在不受管制技术条件下由于非期望产出变化所引起的期望产出的变化与在受管制技术条件下由于非期望产出变化所引起的期望产出的产量变化的比值。

本章中的模型有两个优点。首先，本章提出了一个新的污染减排成本（PAC）的概念，它被定义为非期望产出在自由处置条件下的产出与非期望产出在弱处置条件下的产出之比，它结合了 Färe 等（2007）和 Färe 等（2016）定义的优点。新定义可以合理地表达非期望产出的不同处置模式的产出损失，该定义与航空公司的实际生产过程一致。为了控制排放，航空公司需要引进新飞机或增加飞机维护成本，这些费用应该用于增加期望产出，因此新定义能更合理地反映航空公司的实际生产过程。其次，本章建立了一个动态模型来估算污染减排成本，其中的弱处置适用于分析 PAC 的变化。动态模型在比较不同时期的效率时可以避免 malmquist–luenberger 指数的不可行性。

14.3 实证研究

14.3.1 投入和产出的选择

本章参考 Cui 等（2016a），选择了航空公司的投入和产出。选择两个可测量变量作为投入：员工人数（NE）和航空煤油吨数（AK）。由于航空煤油占能源消耗的 95% 以上，本章选择航空煤油作为能源投入指标。在本章中，选择实物投入（如员工人数和航空煤油吨数），而不是货币投入（如员工工资、工资福利和燃料成本），究其原因，主要是员工工资水平与当地经济水平、政府补贴水平和当地物价水平有着密切的关系，而燃油价格也与全球形势、当地通货膨胀水平和当地技术水平有着密切的关系，这些因素是航空公司无法控制的，所以可以认为货币投入不能反映实际投入水平，选择实物投入作为投入。此外，模型 14–7 和模型 14–9 为投入导向的动态模型，而两个主要投入为员工人数（NE）和航空煤油吨数（AK），因此结果模型 14–7 和模型 14–9 都涉及劳动效率和燃料效率，没有把这两个效率作为投入。

选择一个可度量的变量作为一个周期的期望产出：总收入（TR）。总收入包括客运业务收入、货运业务收入和货邮业务收入等。温室气体排放（GHG）被选为非期望产出。航空排放包括 CO_2、H_2O、NO_x、SO_x 和煤灰，CO_2 是最主要的温室气体（Sausen 等，2005）。选择资本存量（CS）作为动态因子。资本投资在投入上具有滞后性，在产出上具有连续性，这与动态因子的期限特征相符合。资本存量可以表示航空公司现有的资本资源，反映航空公司某一年的生产经营规模，从这个意义上说，它可以看作本年的产出。另一方面，它是下一年投入到航空公司的各种资本的总和，也可以看作下一年的投入。以上一年度的资本存量为投入要素，以本年的资本存量为产出要素。

动态结构如图 14-1 所示。

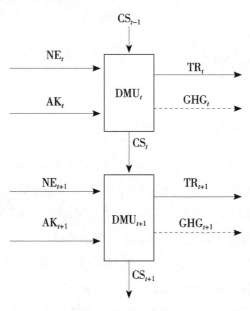

图 14-1　动态结构

14.3.2　数据

本章将对 2008—2014 年 7 年的数据进行实证研究。实证数据来自 18 家航空公司：中国东方航空公司、中国南方航空公司、大韩航空公司、澳洲航空公司、法荷航空公司、汉莎航空公司、北欧航空公司、达美航空公司、中国航空公司、阿联酋航空公司、加拿大航空公司、国泰航空公司、新加坡航空公司、全日空航空公司、长荣航空公司、土耳其航空公司、泰国航空公司和印尼鹰航公司。

选择这 18 家航空公司作为样本有三个原因。第一，根据国际航空运输协会（IATA）世界航空运输统计，在这 18 家航空公司中，有 6 家的营收乘客数量跻身 2012 年全球前 10 名［达美航空（Delta Air Lines）、阿联酋航空（Emirates）、中国南方航空（China Southern airlines）、汉莎航空（Lufthansa airlines）、法荷航空（Air France–KLM）和中国国航（Air China）第二，18 家航空公司中，亚洲航空公司 11 家，欧洲航空公司 4 家（法荷航空、汉莎航空、北欧航空和土耳其航空），美国航空公司 2 家（达美航空和加拿大航空），大洋洲航空公司 1 家（澳航），因此，它们可作为全球航空公司的代表。第三，许多其他航空公司的数据不完整，尤其是航空煤油和温室气体的排放。一些航空公司没有发布可持续发展、环境和企业社会责任报告，因此无法找到这些航空公司航空煤油和温室气体排放的数据。基于以上原因，选择这些航空公司作为样本。

员工人数、资本存量和总收入等数据均来自年报。航空煤油吨数和温室气体排放数据来自 18 家公司的可持续发展、环境和企业社会责任报告。所有的航空公司都是传统的网络航空公司，所以没有考虑网络航空公司和低成本航空公司的区别。

如表 14-1 所示，给出了 2008—2014 年投入、期望产出和非期望产出的描述性统计。由于 2007 年的资本存量将在 2008 年使用，故对 2007—2014 年的资本存量进行描述性统计。

表 14-1 投入产出的描述性统计

变量	均值	标准差	最小值	最大值
投入	—	—	—	—
员工人数	40 581.77	31 136.98	4 486.00	119 084.00
航空煤油（10^4 t）	432.85	267.39	66.67	1 142.21
期望产出	—	—	—	—
总收入（10^8 美元）	143.86	103.22	16.08	419.18
非期望产出	—	—	—	—
温室气体排放（10^4 t）	1 481.29	889.79	328.00	4 164.14
动态因子	—	—	—	—
2007—2014 资本存量（10^8 美元）	10.86	10.62	0.90	47.29

注：资本存量和总收入以购买力平价美元表示。

如表 14-2 所示为投入与产出之间的 Pearson 相关系数（Cui 等，2013）。

表 14-2　投入产出关系

变量	TR	GHG	CS_t
NE	0.852	0.696	0.243
AK	0.898	0.930	0.060
CS_{t-1}	0.225	0.039	0.933

注：所有相关系数在 1% 水平上均有统计学意义。

如表 14-2 所示，系数为正且相对较高，这就保证了投入与产出之间的关系是紧密的。

为了阐明投入对产出的重要性，本研究进行回归分析（Cui 等，2014），结果如表 14-3 所示。

表 14-3　回归分析结果

变量	TR	GHG	CS_t
NE	0.397*** （9.159）	−0.115** （−2.180）	0.040* （1.038）
AK	0.607*** （14.077）	1.041*** （19.739）	−0.043* （−1.121）
CS_{t-1}	0.038* （1.572）	−0.034* （−1.164）	0.969*** （45.441）

注：***、** 和 * 分别表明在 1% 水平、5% 水平和 10% 水平下，各系数均有统计学意义。

由表 14-3 可知，投入对产出的系数显著且较高，验证了投入对产出的重要性。此外，表 14-2 和表 14-3 表明，投入、产出和动态因子的选择是合理的。

14.3.3　结果分析

计算 2008—2014 年总收入的 PAC 变化指数，如表 14-4 所示。

表 14-4   2008—2014 年 PAC 变化指数

△ PAC	2008—2009 年	2009—2010 年	2010—2011 年	2011—2012 年	2012—2013 年	2013—2014 年	平均值
中国东方航空	0.928	0.757	1.194	0.837	0.994	0.994	0.951
中国南方航空	1.060	0.582	0.949	0.758	0.914	0.907	0.862
大韩航空	1.988	0.751	1.003	0.640	0.880	1.119	1.064
澳洲航空	1.589	0.667	0.926	0.753	0.868	1.296	1.017
法荷航空	1.680	1.118	1.072	0.528	0.802	1.074	1.046
汉莎航空	1.512	0.588	0.987	0.781	1.452	0.820	1.023
北欧航空	1.192	0.792	1.022	0.880	0.990	1.101	0.996
达美航空	2.302	0.804	1.124	0.649	0.937	1.047	1.144
中国航空	2.170	0.446	1.038	0.783	1.134	0.948	1.087
阿联酋航空	1.170	0.753	1.144	0.562	0.898	0.917	0.907
加拿大航空	1.466	0.830	0.944	0.822	1.025	1.010	1.016
国泰航空	1.380	0.756	1.090	0.985	1.166	0.908	1.048
新加坡航	1.282	0.758	1.030	1.065	1.131	1.487	1.126
全日空航空	0.742	0.690	1.181	0.627	0.957	1.079	0.879
长荣航空	1.210	0.806	1.113	0.916	0.990	1.047	1.014
土耳其航空	1.126	1.042	0.904	0.679	0.808	0.898	0.910
泰国航空	1.473	0.829	0.923	0.804	0.983	1.076	1.015
印尼鹰航	1.606	0.594	0.684	0.933	0.904	0.941	0.944
平均	1.438	0.754	1.018	0.778	0.991	1.037	—

如表 14-4 所示，2008—2009 年，除东方航空和全日空航空外，各航空公司的 PAC 变化指数大多大于 1。这表明，2008—2009 年，大多数航空公司的 PAC 都有所增加。2009—2010 年，大多数航空公司的 PAC 变化指数小于 1，而法荷航空和土耳其航空的 PAC 变化指数均超过 1，说明 2009—2010 年，大多数航空公司的 PAC 变化指数都有所下降。但是，2010—2011 年，超过一半的航空公司的 PAC 都在增长，同时有 7 家航空公司的 PAC 也在下降。2011—2012 年，情况再次发生变化，除新加坡航空外，大多数航空公司的 PAC 变化指数都小于 1。这种下降一直延续到 2012—2013 年。2012—2013 年，有 13 家航空公司的 PAC 有所减少。

2013—2014 年，10 家航空公司的 PAC 有所增加，8 家航空公司的 PAC 有所下降。这些年度变化趋势与 PAC 变化指数平均值的变化相一致，PAC 变化指数平均值分别为 2008 年 /2009 年为 1.438，2009 年 /2010 年为 0.754，2010 年 /2011 年为 1.018，2011 年 /2012 年为 0.778，2012 年 /2013 年为 0.991，2013 年 /2014 年为 1.037。

达美航空公司 2008—2014 年 PAC 变化指数平均值为 18 家航空公司中最大的，其最大的 PAC 变化指数出现在 2008—2009 年，这说明达美航空公司 2008 年至 2009 年的污染减排成本有明显的增长，这一现象与该时期航空公司的实际情况非常吻合。飞机维修材料和外部维修费用由 2008 年的 11.69 亿美元增加到 2009 年的 14.34 亿美元，增长 22.67%，相对陈旧的机群导致了这一结果。2008 年，达美航空拥有包括自有飞机和租赁飞机在内的 1023 架飞机，其中服役年限超过 10 年的飞机 672 架，服役年限超过 15 年的飞机 384 架，分别占机队总数的 65.69% 和 37.54%，一些飞机的服役年限超过 35 年，如 71 架 DC-9 飞机。这些老飞机需要大量的维护成本，提高了总污染减排成本，从而导致 2008 年至 2009 年 PAC 变化指数最大。之后几年，达美航空公司大力提升机群，服役年限超过 10 年的飞机数量较 2008 年有所下降。

为了显示 PAC 的一般变化规律，展示了 18 家航空公司 2008—2014 年 PAC 变化指数的总体分布情况，如图 14-2 所示。

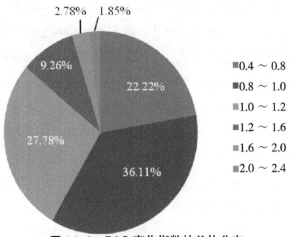

图 14-2　PAC 变化指数的总体分布

　　由于 PAC 变化指数的最大值为 2.302，最小值为 0.446，取值范围相对较大，我们定义了 6 个区间：0.4 ～ 0.8、0.8 ～ 1.0、1.0 ～ 1.2、1.2 ～ 1.6、1.6 ～ 2.0 和 2.0 ～ 2.4。由图 14-2 可知，约 36.11% 的航空公司样本落在区间内 0.8 ～ 1.0，约 22.22% 的样本落在区间内 0.4 ～ 0.8，约 58.33% 的航空公司样本 PAC 变化指数小于 1。这一结果说明，大多数航空公司的 PAC 都有所下降，他们在控制污染减排成本方面做了很多努力。此外，约 27.78% 的样本处于区间 1.0 ～ 1.2，表明约 63.89% 的 PAC 变化指数大于 0.8、小于 1.2，在 1 左右徘徊。最终得出的结论是，大多数航空公司的 PAC 并没有发生显著变化。

　　本章将 PAC 变化指数分解为技术变化（TC）、投入级变化（IC）和非期望产出生产变化（UPC）。为了分析 PAC 变化的原因，需要分析这些航空公司同期的 TC、IC 和 UPC，如表 14-5 所示。

表14-5 △PAC在2008—2014年的分解情况

航空公司	2008—2009年			2009—2010年			2010—2011年			2011—2012年			2012—2013年			2013—2014年		
	TC	IC	UPC	TC	IC	UPC	TC	IC	UPC	TC	IC	UPC	TC	IC	UPC	TC	IC	UPC
中国东方航空	0.964	0.869	1.109	0.870	1.420	0.613	1.093	0.994	1.099	0.915	1.013	0.903	0.997	1.145	0.871	0.997	0.990	1.007
中国南方航空	1.030	1.051	0.980	0.763	0.944	0.808	0.974	0.977	0.997	0.870	1.098	0.793	0.956	0.985	0.971	0.952	1.019	0.935
大韩航空	1.410	1.139	1.238	0.867	1.001	0.865	1.001	0.926	1.081	0.800	1.331	0.601	0.938	0.806	1.164	1.058	1.001	1.056
澳洲航空	1.261	1.155	1.091	0.816	0.854	0.956	0.962	0.938	1.026	0.868	0.967	0.897	0.932	0.863	1.079	1.139	1.052	1.083
法荷航空	1.296	1.052	1.232	1.057	1.043	1.013	1.035	0.991	1.045	0.727	1.197	0.607	0.896	0.833	1.075	1.037	0.965	1.074
汉莎航空	1.229	1.168	1.053	0.767	0.914	0.839	0.994	0.976	1.018	0.884	1.008	0.877	1.205	1.113	1.083	0.906	0.843	1.074
北欧航空	1.092	0.850	1.285	0.890	0.915	0.973	1.011	1.092	0.926	0.938	1.084	0.865	0.995	0.901	1.104	1.049	1.009	1.040
达美航空	1.517	1.313	1.156	0.897	1.024	0.876	1.060	0.995	1.066	0.806	1.196	0.674	0.968	0.926	1.045	1.023	0.947	1.080
中国航空	1.473	1.434	1.027	0.668	0.907	0.736	1.019	1.040	0.979	0.885	0.988	0.895	1.065	1.002	1.063	0.973	0.911	1.068
阿联酋航空	1.081	1.298	0.833	0.868	0.970	0.894	1.070	0.968	1.105	0.750	1.151	0.651	0.947	1.091	0.868	0.958	0.993	0.965
加拿大航空	1.211	1.156	1.047	0.911	1.200	0.759	0.972	0.922	1.054	0.907	1.062	0.854	1.012	0.915	1.106	1.005	1.003	1.002
国泰航空	1.175	1.018	1.154	0.869	1.011	0.859	1.044	1.059	0.986	0.993	1.016	0.977	1.080	1.054	1.024	0.953	0.978	0.974
新加坡航	1.132	0.998	1.134	0.870	0.666	1.308	1.015	1.029	0.986	1.032	1.046	0.987	1.064	1.068	0.996	1.220	0.919	1.327
全日空航空	0.862	1.332	0.647	0.831	0.959	0.866	1.087	1.017	1.069	0.792	1.113	0.711	0.978	0.993	0.985	1.039	0.941	1.104
长荣航空	1.100	0.967	1.138	0.898	1.097	0.818	1.055	1.083	0.974	0.957	1.034	0.926	0.995	1.044	0.953	1.023	0.983	1.041
土耳其航空	1.061	1.294	0.820	1.021	1.208	0.845	0.951	1.138	0.835	0.824	1.162	0.709	0.899	0.985	0.912	0.948	1.003	0.945
泰国航空	1.214	0.919	1.321	0.910	0.997	0.913	0.961	1.061	0.905	0.897	1.067	0.840	0.992	0.878	1.129	1.037	0.958	1.083
印尼鹰航	1.267	1.176	1.078	0.771	0.866	0.890	0.827	1.022	0.810	0.966	1.023	0.944	0.951	0.989	0.961	0.970	0.992	0.978

通过分析表 14-4 中 TC、IC 和 UPC 的最大值，总结出 PAC 变化指数大于 1 的航空公司的原因。它可以帮助航空公司采取一些措施来控制污染减排成本的增长。结果如表 14-6 所示。

表 14-6　PAC 变化指数大于 1 的航空公司分析

航空公司	时期	主要原因	航空公司	时期	主要原因
中国南方航空	2008—2009 年	投入水平变化（IC）	中国航空	2010—2011 年	投入水平变化（IC）
大韩航空	2008—2009 年	技术变化（TC）	阿联酋航空	2010—2011 年	非期望产出变化（UPC）
澳洲航空	2008—2009 年	技术变化（TC）	国泰航空	2010—2011 年	投入水平变化（IC）
法荷航空	2008—2009 年	技术变化（TC）	新加坡航空	2010—2011 年	投入水平变化（IC）
汉莎航空	2008—2009 年	技术变化（TC）	全日空航空	2010—2011 年	技术变化（TC）
北欧航空	2008—2009 年	非期望产出变化（UPC）	长荣航空	2010—2011 年	投入水平变化（IC）
达美航空	2008—2009 年	技术变化（TC）	新加坡航空	2011—2012 年	投入水平变化（IC）
中国航空	2008—2009 年	技术变化（TC）	汉莎航空	2012—2013 年	技术变化（TC）
阿联酋航空	2008—2009 年	投入水平变化（IC）	中国航空	2012—2013 年	技术变化（TC）
加拿大航空	2008—2009 年	技术变化（TC）	加拿大航空	2012—2013 年	非期望产出变化（UPC）
国泰航空	2008—2009 年	技术变化（TC）	国泰航空	2012—2013 年	技术变化（TC）
新加坡航空	2008—2009 年	非期望产出变化（UPC）	新加坡航空	2012—2013 年	投入水平变化（IC）
长荣航空	2008—2009 年	非期望产出变化（UPC）	大韩航空	2013—2014 年	技术变化（TC）
土耳其航空	2008—2009 年	投入水平变化（IC）	澳洲航空	2013—2014 年	技术变化（TC）
泰国航空	2008—2009 年	非期望产出变化（UPC）	法荷航空	2013—2014 年	非期望产出变化（UPC）
印尼鹰航	2008—2009 年	技术变化（TC）	北欧航空	2013—2014 年	技术变化（TC）
法荷航空	2009—2010 年	技术变化（TC）	达美航空	2013—2014 年	非期望产出变化（UPC）
土耳其航空	2009—2010 年	投入水平变化（IC）	加拿大航空	2013—2014 年	技术变化（TC）
中国东方航空	2010—2011 年	非期望产出变化（UPC）	新加坡航空	2013—2014 年	非期望产出变化（UPC）
大韩航空	2010—2011 年	非期望产出变化（UPC）	全日空航空	2013—2014 年	非期望产出变化（UPC）
法荷航空	2010—2011 年	非期望产出变化（UPC）	长荣航空	2013—2014 年	非期望产出变化（UPC）
北欧航空	2010—2011 年	投入水平变化（IC）	泰国航空	2013—2014 年	非期望产出变化（UPC）
达美航空	2010—2011 年	非期望产出变化（UPC）			

例如，在表 14-6 中，中国南方航空公司 2008—2009 年的 PAC 变化为 1.060，这表明 2008—2009 年，南方航空公司的污染减排成本有所增加。在表 14-5 中分析 2008—2009 年的 TC、IC 和 UPC，发现其中最大的是投入水平变化（IC），因此，如果南航想要降低污染减排成本，首先应该对 IC 进行改进。对于其他航空公司，改进方向的分析是类似的。

　　与投入水平变化（IC）和非期望产出变化（UPC）不同，技术变化（TC）与所有航空公司的整体情况密切相关，而与某些特定的航空公司无关。因此，本章重点研究技术变革对航空公司减排成本的影响。如前所述，TC 代表由于技术变化而导致的污染减排成本变化的部分。从表 14-6 可以看出，技术变革导致污染减排成本的时间段主要集中在 2008—2009 年、2012—2013 年和 2013—2014 年三个时间段。在 2008—2009 年，9 家航空公司的 PAC 变化归因于技术变化，这可能与 2008 年的金融危机密切相关。2008 年，全球航空公司受到收入骤降的影响，航空公司亏损 46 亿美元，2008 年客运里程收入较 2007 年下降 4.6%。当时，大多数航空公司的首要任务是增加收入和盈利，在污染治理技术上的投资受到了这种情况的显著影响，因此，技术变革对这一时期航空公司 PAC 变革的影响是显著的。从 2012 年开始，许多航空公司开始推广生物燃料飞机的应用，如汉莎航空和国泰航空。汉莎航空公司在法兰克福至汉堡航线上与一架空客 A321 进行了为期 6 个月的试运行，成为全球首家在日常运营中使用生物燃料混合物的航空公司。一台发动机的生物燃料份额为 50%，总投资 660 万欧元，生物燃料飞机可以减少排放，但生物燃料的价格是航空煤油的 2～3 倍。自 2012 年以来，生物燃料技术的投资增加了污染减排成本。

14.3.4　管理启示

　　本研究对航空公司管理者有几点启示。

　　本章发现的第一个启示是 PAC 改进方向。在表 14-6 中，分析了 PAC 指数大于 1 的航空公司的 PAC 改进方向。如果一家航空公司的 PAC 指数大于 1，则表示该航空公司的 PAC 增加了。分析了各航空公司的技术变化

（TC）、投入水平变化（IC）和非期望产出的变化（UPC），并提出了改进方向。例如，对于中国南方航空公司来说，在 2008—2009 年，它应该改善投入水平变化（IC）。

第二，技术的变革影响分析结果。在表 16-6 中，发现生物燃料飞机的应用对 PAC 的变化有重要的影响。虽然生物燃料飞机增加了污染减排的成本，但它也可以减少排放。正如 Alharbi 等（2015）、Wang 和 Meng（2015）、Amigues 和 Moreaux（2016）所述，为了防止气候变化，有三种选择方案：提高初级能源的能源转换效率、开发无污染矿物燃料的无碳替代品，以及在排放到大气中之前减少潜在的排放。Cui 等（2017）的研究结果表明，第二项措施和第三项措施有着密切的关系，即生物燃料航班和新机队可以改善潜在排放降低的效果。例如，A380 每百公里乘客的油耗约为 2.9 升，比一些传统飞机低 30%。另一方面，B777F 每吨公里的油耗比 B747F 低 20%。航空公司应该更多地关注升级机群以减少排放。

14.4 本章小结

本章提出了一种分解航空公司减排成本变化的新方法。选择员工人数和航空煤油吨数作为投入，总收入是期望产出，温室气体排放是非期望产出，选择资本存量作为动态因子。提出并应用动态环境 DEA 模型对 18 家全业务航空公司 2008—2014 年的污染减排成本变化进行了分析。定义了技术变化（TC）、投入水平变化（IC）和非期望产出生产变化（UPC）来分解污染减排成本变化指数。

总之，本章对文献的贡献体现在两个方面：首先，与现有模型不同的是，将 PAC 定义为当非期望产出被自由处置时候的产出与当非期望产出被弱处置时候的产出之比。新定义合理地表达了用不同处理方式处理非期望产出的产出损失。其次，建立了动态环境 DEA 模型。它可以在没有 malmquist-luenberger 指数的情况下反映动态效率变化，所以当在动态模型中比较不同时期的效率时，不存在 Fare 等（2016）所述的不可行性。然后，将新框架应用于 2008—2014 年的 18 家航空公司，结果表明该模型是合适的。

　　通过本章的研究，得到了一些有趣的结论。第一，达美航空公司 2008—2009 年的 PAC 变化最大，这主要是其老机群造成的；第二，对 PAC 变化指标的分布进行了总结，发现大多数航空公司的 PAC 都有所下降，因此可以得出结论，大多数航空公司在控制污染减排成本方面做了很多努力；第三，关注技术变革的影响，发现 2008 年的金融危机和生物燃料飞机的应用对 PAC 变革有着重要的影响。

15   研究展望

基于本书的研究内容，未来可能的进一步研究方向有以下几种。

（1）本书没有考虑超出航空公司控制范围的外部影响因素，如地方经济发展水平、政府补贴和油价等。

（2）本书没有考虑全服务航空公司（FSC）和低成本航空公司（LCC）之间的差异。在本书中，有一些航空公司是低成本航空公司，如柏林航空和易捷航空，也许，FSC 和 LCC 之间的不同运营模式对效率结果有一定的影响。

（3）本书在讨论 CNG2020 战略对航空公司影响时，并未考虑航空公司将成本转嫁给乘客这一情况。

与这些局限性相对应，本书也为未来的研究提供了几个方向。首先，可供未来研究的一个方向是应用第二阶段回归来讨论一些外部因素的影响；其次，未来的研究中可以分别计算全服务运营商和低成本航空公司的效率，并讨论二者间的差异；此外，未来的研究还可以集中讨论航空公司效率与航空公司航空煤油消费之间的直接反弹效应。在未来的研究中，可以重点讨论当考虑航空公司将成本转嫁给乘客时的相关影响。

参考文献

［1］Aida K，Cooper W W，Pastor J T，Sueyoshid T. Evaluating water supply services in Japan with RAM：a range-adjusted measure of inefficiency［J］. Omega，1998，26（2）：207-232.

［2］Alam I M S，Sickles R C. The relationship between stock market returns and technical efficiency innovations：evidence from the US airline industry ［J］. Journal of Productivity Analysis，1998，9（1）：35-51.

［3］Alam I M S，Sickles R C. Time series analysis of deregulatory dynamics and technical efficiency：the case of the U. S. airline industry［J］. International Economic Review，2000，41（1）：203-218.

［4］Albers S，Bühne J A，Peters H. Will the EU-ETS instigate airline network reconfigurations?［J］. Journal of Air Transport Management，2009，15（1）：1-6.

［5］Alharbi A，Wang S，Davy P. Schedule design for sustainable container supply chain networks with port time windows［J］. Advanced Engineering Informatics，2015，29（3）：322-331.

［6］Andersen P，Petersen N C. A procedure for ranking efficient units in data envelopment analysis［J］. Management Science，1993，39（10）：1261-1294.

[7] Anger A. Including aviation in the European emissions trading scheme: impacts on the industry, CO2 emissions and macroeconomic activity in the EU [J] . Journal of Air Transport Management, 2010, 16 (2) : 100–105.

[8] Anger A, Köhler J. Including aviation emissions in the EU ETS: Much ado about nothing? A review [J] . Transport Policy, 2010, 17 (1) : 38–46.

[9] Aparicio J, Pastor J T, Zofio J L. On the inconsistency of the Malmquist-Luenberger index [J] . European Journal of Operational Research, 2013, 229 (3) : 738–742.

[10] Ares E. EU ETS and Aviation [M] . London: House of Commons Library, 2012.

[11] Arjomandi A, Seufert J H. An evaluation of the world's major airlines' technical and environmental performance [J] . Economic Modelling, 2014, 41: 133–144.

[12] Avkiran N K, McCrystal A. Sensitivity analysis of network DEA: NSBM versus NRAM [J] . Applied Mathematics and Computation, 2012, 218 (22) : 11226–11239.

[13] Avkiran N K, Rowlands T. How to Better Identify the True Managerial Performance: State of the Art Using DEA [J] . Omega, 2008, 36 (2) : 317–324.

[14] Azadeh A, Amalnick M S, Ghaderi S F, Asadzadeh S M. An integrated DEA PCA numerical taxonomy approach for energy efficiency assessment and consumption optimization in energy intensive manufacturing sectors[J]. Energy Policy, 2007, 35: 3792–3806.

[15] Babikian R, Lukachko S P, Waitz I A. The historical fuel efficiency characteristics of regional aircraft from technological, operational, and cost perspectives [J] . Journal of Air Transport Management, 2002,

8（6）：389-400.

［16］Banker R D, Johnston H H. Evaluating the impacts of operating strategies on efficiency in the US airline industry［J］. In Data Envelopment Analysis: Theory, Methodology, and Applications, 1994: 97-128.

［17］Banker R D, Natarajan R. Evaluating contextual variables affecting productivity using data envelopment analysis［J］. Operations research, 2008, 56（1）: 48-58.

［18］Barbot C, Costa A, Sochirca E. Airlines performance in the new market context: a comparative productivity and efficiency analysis［J］. Journal of Air Transport Management, 2008, 14（5）: 270-274.

［19］Barros C P, Liang Q B, Peypoch N. The technical efficiency of US airlines［J］. Transportation Research Part A, 2013, 50: 139-148.

［20］Barros C P, Managi S, Matousek R. The Technical Efficiency of the Japanese Banks: Non-radial Directional Performance Measurement with Undesirable Output［J］. Omega, 2012, 40（1）: 1-8.

［21］Barros C P, Peypoch N. An evaluation of European airlines' operational performance［J］. International Journal of Production Economics, 2009, 122（2）: 525-533.

［22］Bauen A, Howes J, Bertuccioli L, Chudziak C. Review of the Potential for Biofuels in Aviation. Final Report Prepared for the Committee on, Climate Change. E4tech, Switzerland, 2009.

［23］Bhadra D. Race to the bottom or swimming upstream: performance analysis of US airlines［J］. Journal of Air Transport Management, 2009, 15（5）: 227-235.

［24］Bian Y, Liang N, Xu H. Efficiency evaluation of Chinese regional industrial systems with undesirable factors using a two-stage slacks-based measure approach［J］. Journal of Cleaner Production, 2015, 87: 348-356.

［25］Bian Y W, Xu H. DEA ranking method based upon virtual envelopment frontier and TOPSIS ［J］. Systems Engineering –Theory & Practice, 2013, 33（2）: 482–488.

［26］Blomberg J, Henriksson E, Lundmark R. Energy efficiency and policy in Swedish pulp and paper mills: A data envelopment analysis approach［J］. Energy Policy, 2012（42）: 569–579.

［27］Bonneterre J, Peyrat J P, Beuscart R, Demaille A. Prognostic significance of insulin–like growth factor 1 receptors in human breast cancer ［J］. Cancer research, 1990, 50（21）: 6931–6935.

［28］Buhr K. The inclusion of aviation in the EU emissions trading scheme: temporal conditions for institutional entrepreneurship ［J］. Organization Studies, 2012, 33（11）: 1565–1587.

［29］Capobianco H M P, Fernandes E. Capital structure in the world airline industry ［J］. Transportation Research Part A, 2004, 38（6）: 421–434.

［30］Chang Y T, Park H S, Jeong J B, Lee J W. Evaluating economic and environmental efficiency of. global airlines: a SBM–DEA approach ［J］. Transportation Research Part D, 2014, 27（1）: 46–50.

［31］Chang Y C, Yu M M. Measuring production and consumption efficiencies using the slack–based measure network data envelopment analysis approach: the case of low–cost carriers ［J］. Journal of Advanced Transportation, 2014, 48（1）: 15–31.

［32］Charnes A, Cooper W W. Programming with linear fractional functionals［J］. Nav Res Logist Q, 2006, 9（3–4）: 181–186.

［33］Charnes A, Cooper W W, Rhodes E. Measuring the efficiency of decision making units ［J］. European Journal of Operational Research, 1978, 2（6）: 429–444.

［34］Charnes A, Cooper W W, Thrall R M. A structure for classifying and characterizing effciencies and ineffciencies in DEA ［J］. Journal of Productivity Analysis, 1991, 2: 197–237.

［35］ Chen L, Jia G. Environmental efficiency analysis of China's regional industry: a DEA based approach ［J］. Journal of Cleaner Production, 2017, 142: 846–853.

［36］ Chen P C. Measurement of technical efficiency in farrow–to–finish swine production using multi–activity network data envelopment analysis: evidence from Taiwan［J］. Journal of productivity analysis, 2012, 38(3): 319–331.

［37］ Chen Y . Measuring super–efficiency in DEA in the presence of infeasibility ［J］. European Journal of Operational Research, 2005, 161 （2）: 545–551.

［38］ Chen Z, Wanke P, Antunes J J M, Zhang N. Chinese airline efficiency under CO2 emissions and flight delays: A stochastic network DEA model ［J］. Energy Economics, 2017, 68: 89–108.

［39］ Cheng K, Lee Z H, Shomali H. Airline firm boundary and ticket distribution in electronic markets ［J］. Internatinal Journal of Production Economics, 2012, 137（1）: 137–144.

［40］ Chien T, Hu J L. Renewable energy and macroeconomic efficiency of OECD and non–OECD economies ［J］. Energy Policy, 2007, 35: 3603–3651.

［41］ Chiou Y C, Chen Y H. Route–based performance evaluation of Taiwanese domestic airlines using data envelopment analysis ［J］. Transportation Research Part E, 2006, 42（2）: 116–127.

［42］ Chiu Y H, Chen Y C, Bai X J. Efficiency and risk in Taiwan banking: SBM super–DEA estimation ［J］. Applied Economics, 2011, 43（5）: 587–602.

［43］ Choi K, Lee D H, Olson D L. Service quality and productivity in the US airline industry: a service quality-adjusted DEA model [J]. Service Business, 2015, 9 (1): 137–160.

[44] Choi K. Multi-period efficiency and productivity changes in US domestic airlines [J]. Journal of Air Transport Management, 2017, 59: 18–25.

[45] Chou H W, Lee C Y, Chen H K, Tsai M Y. Evaluating airlines with slack-based measures and meta - frontiers [J]. Journal of Advanced Transportation, 2016, 50 (6): 1061–1089.

[46] Clinch J P, Healy J D, King C. Modelling improvements in domestic energy efficiency [J]. Environmental Modelling & Software, 2001, 16 (1): 87–106.

[47] COMAC 2014. http: //www. comac. cc/xwzx/gsxw/201411/11/ t20141111_2075388. shtml.

[48] Cooper W W, Park K S, Pastor J T. RAM: a range adjusted measure of inefficiency for use with additive models, and relations to other models and measures in DEA [J]. Journal of Productivity analysis, 1999, 11 (1): 5–42.

[49] Cooper W W, Pastor J T, Aparicio J, Borras F. Decomposing profit inefficiency in DEA through the weighted additive model [J]. European Journal of Operational Research, 2011, 212 (2): 411–416.

[50] Cui Q, Li Y. Evaluating energy efficiency for airlines: An application of VFB-DEA [J]. Journal of Air Transport Management, 2015a, 44–45: 34–41.

[51] Cui Q, Li Y. The change trend and influencing factors of civil aviation safety efficiency: the case of Chinese airline companies [J]. Safety Science, 2015b, 75: 56–63.

[52] Cui Q, Li Y. Airline energy efficiency measures considering carbon abatement: A new strategic framework [J]. Transportation Research Part D: Transport and Environment, 2016, 49: 246–258.

［53］Cui Q, Li Y, Yu C L, Wei Y M. Evaluating energy efficiency for airlines: An application of Virtual Frontier Dynamic Slacks-Based Measure［J］. Energy, 2016, 113: 1231-1240.

［54］Cui Q, Wei Y M, Li Y. Exploring the impacts of the EU ETS emission limits on airline performance via the dynamic environmental DEA approach ［J］. Applied Energy, 2016, 183: 984-994.

［55］Cui Q, Wei Y M, Yu C L, Li Y. Measuring the energy efficiency for airlines under the pressure of being included into the EU ETS［J］. Journal of Advanced Transportation, 2016, 50（8）: 1630-1649.

［56］Cui Q. Will airlines' pollution abatement costs be affected by CNG2020 strategy? An analysis through a Network Environmental Production Function［J］. Transportation Research Part D, 2017, 57: 141-154.

［57］Cui Q, Li Y. Airline efficiency measures using a dynamic Epsilon-Based Measure model［J］. Transportation Research Part A: Policy and Practice, 2017a, 100: 121-134.

［58］Cui Q, Li Y. Airline efficiency measures under CNG2020 strategy: An application of a dynamic by-production model［J］. Transportation Research Part A, 2017b, 106: 130-143.

［59］Cui Q, Li Y. Will airline efficiency be affected by "Carbon Neutral Growth from 2020" strategy? Evidences from 29 international airlines［J］. Journal of Cleaner Production, 2017c, 164: 1289-1300.

［60］Cui Q, Li Y, Wei Y M. Exploring the impacts of EU ETS on the pollution abatement costs of European airlines: An application of Network Environmental Production Function［J］. Transport Policy, 2017, 60: 131-142.

［61］Cui Q, Li Y. CNG2020 strategy and airline efficiency: A Network Epsilon-Based Measure with managerial disposability［J］. International Journal of Sustainable Transportation, 2018a, 12（5）: 313-323.

[62] Cui Q, Li Y. Airline dynamic efficiency measures with a Dynamic RAM with unified natural & managerial disposability [J]. Energy Economics, 2018b, 9（75）: 534-546.

[63] Cui Q, Li Y, Lin J L. Pollution abatement costs change decomposition for airlines: an analysis from a dynamic perspective [J]. Transportation Research Part A Policy and Practice, 2018, 111: 96-107.

[64] Cui Q, Li Y, Wei Y M. Comparison analysis of airline energy efficiency under weak disposability and strong disposability using a Virtual Frontier Slack-Based Measure model [J]. Transportation Journal, 2018, 57（1）: 112-135.

[65] Dakpo K H, Jeanneaux P, Latruffe L. Modelling pollution-generating technologies in performance benchmarking: Recent developments, limits and future prospects in the nonparametric framework [J]. European Journal of Operational Research, 2016, 250（2）: 347-359.

[66] Derigs U, Illing S. Does EU ETS instigate Air Cargo network reconfiguration? A model-based analysis [J]. European Journal of Operational Research, 2013, 225（3）: 518-527.

[67] Distexhe V, Perelman S. Technical efficiency and productivity growth in an era of deregulation: the case of airlines [J]. Swiss Journal of Economics and Statistics, 1994, 130（4）: 669-689.

[68] Doyle J, Green R. Efficiency and cross efficiency in DEA: Derivations, meanings and the uses [J]. Journal of the Operational Research Society, 1994, 45: 567-578.

[69] Dožić S, Kalić M. Three-stage airline fleet planning model [J]. Journal of Air Transport Management, 2015, 46: 30-39.

[70] Duygun M, Prior D, Shaban M, Tortosa-Ausina E. Disentangling the European airlines efficiency puzzle: A network data envelopment analysis approach [J]. Omega, 2016, 60: 2-14.

[71] Ernst & Young. Analysis of the EC proposal to include aviation activities in the emissions trading scheme（with York Aviation）[M]. Executive summary. New York: Ernst & Young, 2007.

[72] Färe R, Grosskopf S. Intertemporal production frontiers: with dynamic DEA [M]. Norwell, Kluwer, 1996.

[73] Färe R, Grosskopf S. Nonparametric productivity analysis with undesirable outputs: comment [J]. American Journal of Agricultural Economics, 2003, 85（4）: 1070-1074.

[74] Färe R, Grosskopf S, Norris S, Zhang Z. Productivity growth, technical progress and efficiency change in industrialized countries [J]. American Economic Review, 1994, 84（1）: 66-83.

[75] Färe R, Grosskopf S, Pasurka Jr C A. Environmental production functions and environmental directional distance functions [J]. Energy, 2007, 32: 1055-1066.

[76] Färe R, Grosskopf S. A Comment on Weak Disposability in Nonparametric Production Analysis [J]. American Journal of Agricultural Economics, 2009, 91（2）: 535-538.

[77] Färe R, Grosskopf S, Lundgren T, Marklund P O, Zhou W. Productivity: Should we include bads? [C]. CERE Center for Environmental and Resource Economics, 2012.

[78] Färe R, Grosskopf S, Pasurka C A. Technical change and pollution abatement costs [J]. European Journal of Operational Research, 2016, 248（2）: 715-724.

[79] Fethi M D, Jackson P M, Weyman-Jones T G. Measuring the efficiency of European airlines: an application of DEA and Tobit Analysis [C]. Annual Meeting of the European Public Choice Society, Siena, Italy, 2000.

[80] Fethi M D, Jackson P M, Weyman-Jones T G. European airlines:

a stochastic DEA study of efficiency with market liberalisation [D].
Efficiency and Productivity Research Unit University of Leicester, 2001.

[81] Fried H O, Lovell C A K, Schmidt S S. The Measurement of Productive
Efficiency and Productivity Growth [M]. Oxford University Press.
Oxford, 2008, 3–91 Chapter 1.

[82] Geng H, Jia H, Chen J. A significant efficiency evaluation method
based on DEA for airline carbon emission reduction [C]. In Chinese
Automation Congress (CAC), 2013: 212–215.

[83] Good D H, Röller L H, Sickles R C. Airline efficiency differences
between Europe and the US: implications for the pace of EC integration
and domestic regulation [J]. European Journal of Operational Research,
1995, 80 (3): 508–518.

[84] Gramani M C N. Efficiency decomposition approach: A cross–country
airline analysis [J]. Expert Systems with Applications, 2012, 39 (5):
5815–5819.

[85] Greer M R. Are the discount airlines actually more efficient than the legacy
carriers?: a data envelopment analysis [J]. International Journal of
Transport Economics, 2006, 33 (1): 37–55.

[86] Greer M R. Nothing focuses the mind on productivity quite like the fear of
liquidation: changes in airline productivity in the united states, 2000–
2004 [J]. Transportation Research Part A: Policy and Practice,
2008, 42 (2): 414–426.

[87] Greer M R. Is it the labor unions' fault? dissecting the causes of the
impaired technical efficiencies of the legacy carriers in the united states
[J]. Transportation Research Part A: Policy and Practice, 2009, 43(9):
779–789.

[88] Gudmundsson S V, Rhoades D L. Airline alliance survival analysis:
typology, strategy and duration [J]. Transport Policy, 2001, 8 (1):

209-218.

[89] Guo X, Lu C C, Lee J H, Chiu Y H. Applying the dynamic DEA model to evaluate the energy efficiency of OECD countries and China [J]. Energy, 2017, 134: 392-399.

[90] Hailu A. Non-parametric productivity analysis with undesirable outputs: reply [J]. American Journal of Agricultural Economics, 2003, 85 (4): 1075-1077.

[91] Hailu A, Veeman T S. Non-parametric productivity analysis with undesirable outputs: an application to the Canadian pulp and paper industry[J]. American Journal of Agricultural Economics, 2001, 83 (3): 605-616.

[92] Hallock K F, Koenker R W. Quantile Regression [J]. Journal of Economic Perspectives, 2001, 15 (4): 143-156.

[93] Hampf B, Rødseth K L. Carbon Dioxide Emission Standards for U. S. Power Plants: An Efficiency Analysis Perspective [J]. Energy Economics, 2015, 50: 140-153.

[94] Hasanbeigi A, Morrow W, Sathaye J, Masanet E, Xu T. A bottom-up model to estimate the energy efficiency improvement and CO2 emission reduction potentials in the Chinese iron and steel industry [J]. Energy, 2013, 50: 315-325.

[95] Herring H. Energy efficiency--a critical view [J]. Energy, 2006, 31: 10-20.

[96] Hileman J I, Blanco E D L R, Bonnefoy P A, Carter N A. The carbon dioxide challenge facing aviation [J]. Progress in Aerospace Sciences, 2013, 63: 84-95.

[97] Hoang V N, Coelli T. Measurement of agricultural total factor productivity growth incorporating environmental factors: A nutrients balance approach [J]. Journal of Environmental Economics and Management, 2011,

62: 462–474.

[98] Hofer C, Dresner M E, Windle R J. The environmental effects of airline carbon emissions taxation in the US [J]. Transportation Research Part D, 2010, 15 (1): 37–45.

[99] Hong S, Zhang A. An efficiency study of airlines and air cargo/passenger divisions: a DEA approach [J]. World Review of Intermodal Transportation Research, 2010, 3 (1–2): 137–149.

[100] Hu J L, Li Y, Tung H J. Operational efficiency of ASEAN airlines: based on DEA and bootstrapping approaches [J]. Management Decision, 2017, 55 (5): 957–986.

[101] IATA, 2019. http: //www. iata. org/publications/pages/annual–review. aspx.

[102] IATA Airline Industry Economic Performance, 2019. http: //www. iata. org/publications/economics/Pages/industry–performance. aspx.

[103] ICAO, 2019. http: //www. icao. int/environmental–protection/Pages/market–based–measures. aspx.

[104] Iftikhar Y, He W, Wang Z. Energy and CO2, emissions efficiency of major economies: A non–parametric analysis [J]. Journal of Cleaner Production, 2016, 139: 779–787.

[105] Iftikhar Y, Wang Z, Zhang B, Wang B. Energy and CO2 emissions efficiency of major economies: A network DEA approach [J]. Energy, 2018, 147: 197–207.

[106] Jain R K, Natarajan R. A DEA study of airlines in India [J]. Asia Pacific Management Review, 2015, 20 (4): 285–292.

[107] Kalayci E, Weber G W. A Multi–Period Stochastic Portfolio Optimization Model Applied for an Airline Company in the EU ETS [J]. Optimization, 2014, 63 (12): 1817–1835.

[108] Kao C. Efficiency decomposition in network data envelopment analysis

［J］. Omega, 2014, 45: 1-6.

［109］ Kao C, Hwang S N. Multi-period efficiency and Malmquist productivity index in two-stage production systems ［J］. European Journal of Operational Research, 2014, 232（3）: 512-521.

［110］ Kaufman N, Palmer K L. Energy efficiency program evaluations: opportunities for learning and inputs to incentive mechanisms ［J］. Energy Efficiency, 2012, 5: 243-268.

［111］ Kleymann B, Serist H. Levels of airline alliance membership balancing risks and benefits ［J］. Journal of Air Transport Management, 2001, 7（5）: 303-310.

［112］ Klopp G A. The analysis of the efficiency of production system with multiple inputs and outputs ［D］. PhD dissertation, University of Illinois, Industrial and System Engineering College, Chicago, 1985.

［113］ Koenker R. Quantile regression for longitudinal data ［J］. Journal of Multivariate Analysis, 2004, 91（1）: 74-89.

［114］ Kottas A T, Madas M A. Comparative efficiency analysis of major international airlines using Data Envelopment Analysis: Exploring effects of alliance membership and other operational efficiency determinants［J］. Journal of Air Transport Management, 2018, 70: 1-17.

［115］ Kuosmanen T. Weak disposability in nonparametric production analysis with undesirable outputs ［J］. American Journal of Agricultural Economics, 2005, 87: 1077-1082.

［116］ Lee B L, Worthington A C. Technical efficiency of mainstream airlines and low-cost carriers: New evidence using bootstrap data envelopment analysis truncated regression ［J］. Journal of Air Transport Management, 2014, 38（3）: 15-20.

［117］ Lee C Y, Johnson A L. Two-dimensional efficiency decomposition to measure the demand effect in productivity analysis ［J］. European

Journal of Operational Research, 2012, 216（3）: 584-593.

［118］Lesurtel M, Cherqui D, Laurent A, Tayar C, Fagniez P L. Laparoscopic versus open left lateral hepatic lobectomy: a case-control study［J］. Journal of the American College of Surgeons, 2003, 196（2）: 236-242.

［119］Li H, Shi J F. Energy efficiency analysis on Chinese industrial sectors: an improved Super-SBM model with undesirable outputs［J］. Journal of Cleaner Production, 2014, 65（4）: 97-107.

［120］Li Y, Wang Y Z, Cui Q. Evaluating airline efficiency: an application of virtual frontier network SBM［J］. Transportation Research Part E, 2015, 81: 1-17.

［121］Li Y, Wang Y Z, Cui Q. Energy efficiency measures for airlines: an application of virtual frontier dynamic range adjusted measure［J］. Journal of Renewable and Sustainable Energy, 2016a, 8（1）: 207-232.

［122］Li Y, Wang Y Z, Cui Q. Has airline efficiency affected by the inclusion of aviation into European Union Emission Trading Scheme? Evidences from 22 airlines during 2008-2012［J］. Energy, 2016b, 96: 8-22.

［123］Li Y, Cui Q. Airline energy efficiency measures using the Virtual Frontier Network RAM with weak disposability［J］. Transportation Planning and Technology, 2017a, 40（4）: 479-504.

［124］Li Y, Cui Q. Carbon neutral growth from 2020 strategy and airline environmental inefficiency: A Network Range Adjusted Environmental Data Envelopment Analysis［J］. Applied Energy, 2017b, 199: 13-24.

［125］Li Y, Cui Q. Investigating the role of cooperation in the GHG abatement costs of airlines under CNG2020 strategy via a DEA cross PAC model［J］. Energy, 2018a, 161: 725-736.

［126］Li Y, Cui Q. Airline efficiency with optimal employee allocation: An Input-shared Network Range Adjusted Measure ［J］. Journal of Air Transport Management, 2018b, 73: 150-162.

［127］Ling Y H, Kokkiang T, Gharleghi B, Fah B C Y. Productivity and efficiency modeling amongst ASEAN-5 airline industries ［J］. International Journal of Advanced and Applied Sciences, 2018, 5（8）: 47-57.

［128］Liu W B, Meng W, Li X X, Zhang D Q. DEA Models with Undesirable Inputs and Outputs ［J］. Annals of Operations Research, 2010, 173 （1）: 177-194.

［129］Lozano S. Alternative SBM Model for Network DEA ［J］. Comput. Ind. Eng. 2015, 82: 33-40.

［130］Lozano S, Guti é rrez E. A slacks-based network DEA efficiency analysis of European airlines ［J］. Transportation Planning and Technology, 2014, 37（7）: 623-637.

［131］Lu W M, Wang W K, Hung S W, Lu E T. The effects of corporate governance on airline performance: Production and marketing efficiency perspectives ［J］. Transportation Research Part E: Logistics and Transportation Review, 2012, 48（2）: 529-544.

［132］Macintosh A, Wallace L. International aviation emissions to 2025: Can emissions be stabilised without restricting demand? ［J］. Energy Policy, 2009, 37（1）: 264-273.

［133］Malina R, McConnachie D, Winchester N, Wollersheim C, Paltsev S, Waitz I A. The impact of the European Union emissions trading scheme on US aviation ［J］. Journal of Air Transport Management, 2012, 19: 36-41.

［134］Mallikarjun S. Efficiency of US airlines: A strategic operating model ［J］. Journal of Air Transport Management, 2015, 43: 46-56.

［135］Mandal S K. Do undesirable output and environmental regulation matter in energy efficiency analysis? Evidence from Indian cement industry［J］. Energy Policy, 2010, 38（10）: 6076–6083.

［136］Manello A. Efficiency and productivity analysis in presence of undesirable output: An extended literature review［D］. Efficiency and productivity in presence of undesirable outputs, University of Bergamo–Faculty of Engineering, 2012.

［137］Merkert R, Hensher D A. The impact of strategic management and fleet planning on airline efficiency–A random effects Tobit model based on DEA efficiency scores［J］. Transportation Research Part A, 2011, 45（7）: 686–695.

［138］Merkert R, Morrell P S. Mergers and acquisitions in aviation–Management and economic perspectives on the size of airlines［J］. Transportation Research Part E, 2012, 48（4）: 853–862.

［139］Merkert R, Williams G. Determinants of European PSO airline efficiency–Evidence from a semi–parametric approach［J］. Journal of Air Transport Management, 2013, 29: 11–16.

［140］Mhlanga O, Steyn J, Spencer J. The airline industry in South Africa: drivers of operational efficiency and impacts［J］. Tourism Review, 2018, 73（3）: 389–400.

［141］Min H, Joo S J. A comparative performance analysis of airline strategic alliances using data envelopment analysis［J］. Journal of Air Transport Management, 2016, 52: 99–110.

［142］Miyoshi C. Assessing the equity impact of the European Union Emission Trading Scheme on an African airline［J］. Transport Policy, 2014, 33（2）: 56–64.

［143］Miyoshi C, Merkert R. Changes in Carbon Efficiency, Unit Cost of Firms Over Time and the Impacts of the Guel Price—An Empirical

Analysis of Major European Airlines [C]. In: Proceedings of the 14th Air Transport Research Society (ATRS) World Conference, Porto, Portugal, 2010.

[144] Morrell P. The potential for European aviation CO2 emissions reduction through the use of larger jet aircraft [J]. Journal of Air Transport Management, 2009, 15: 151-157.

[145] Mukherjee K. Energy use efficiency in the Indian manufacturing sector: An interstate analysis [J]. Energy Policy, 2008a, 36: 662-672.

[146] Mukherjee K. Energy use efficiency in US manufacturing: A nonparametric analysis [J]. Energy Economics, 2008b, 30: 76-97.

[147] Murty S, Russell R R, Levkoff S B. On modeling pollution-generating technologies [J]. Journal of Environmental Economics & Management, 2012, 64 (1): 117-135.

[148] Omrani H, Soltanzadeh E. Dynamic DEA models with network structure: An application for Iranian airlines [J]. Journal of Air Transport Management, 2016, 57: 52-61.

[149] Önüt S, Soner S. Energy efficiency assessment for the Antalya Region hotels in Turkey [J]. Energy and Buildings, 2006, 38: 964-971.

[150] Ouellette P, Petit P, Tessier-Parent L P, Vigeantcd S. Introducing regulation in the measurement of efficiency, with an application to the Canadian air carriers industry [J]. European Journal of Operational Research, 2010, 200 (1): 216-226.

[151] Patterson M G. What is energy efficiency? Concepts, indicators and methodological issues [J]. Energy policy, 1996, 24 (5): 377-390.

[152] Pearson R G, Dawson T P, Berry P M, Harrison P A. SPECIES: a spatial evaluation of climate impact on the envelope of species [J]. Ecological Modelling, 2002, 154 (3): 289-300.

［153］Ramanathan R. An analysis of energy consumption and carbon dioxide emissions in countries of the Middle East and North Africa［J］. Energy, 2005, 30: 2831-2842.

［154］Rajbhandari A, Zhang F. Does Energy Efficiency Promote Economic Growth? Evidence from a Multicountry and Multisectoral Panel Dataset ［J］. Energy Economics, 2018, 69: 128-139.

［155］Ray S C, Mukherjee K. Decomposition of the Fisher ideal index of productivity: a non-parametric dual analysis of US airlines data［J］. The Economic Journal, 1996, 106 (439): 1659-1678.

［156］Ren T, Liu S, Yan G, Mu H. Temperature prediction of the molten salt collector tube using BP neural network［J］. IET Renewable Power Generation, 2016, 10 (2): 212-220.

［157］Rødseth K L, Romstad E. Environmental regulations, producer responses, and secondary benefits: Carbon dioxide reductions under the acid rain program［J］. Environmental and Resource Economics, 2013, 59: 111-135.

［158］Sadeghi B H M. A BP-neural network predictor model for plastic injection molding process［J］. Journal of materials processing technology, 2000, 103 (3): 411-416.

［159］Saranga H, Nagpal R. Drivers of operational efficiency and its impact on market performance in the Indian airline industry［J］. Journal of Air Transport Management, 2016, 53: 165-176.

［160］Sausen R, Isaksen I, Grewe V, Hauglustaine D, Lee S D, Myhre G, Kohler M O, Pitan G, Shumann, U, Stordal F, Zerefos C. Aviation radiative forcing in 2000: an update on IPCC (1999) ［J］. Meteorologische Zeitschrift, 2005, 14: 555-561.

［161］Scheelhaase J, Grimme W, Schaefer M. The inclusion of aviation into the EU emission trading scheme-impacts on competition between

European and non-European network airlines [J]. Transportation research part D, 2010, 15（1）: 14-25.

[162] Schefczyk M. Operational performance of airlines: an extension of traditional measurement paradigms [J]. Strategic Management Journal, 1993, 14（4）: 301-317.

[163] Scheraga C A. The relationship between operational efficiency and customer service: a global study of thirty-eight large international airlines [J]. Transportation journal, 2004: 48-58.

[164] Sengupta J K. A dynamic efficiency model using data envelopment analysis [J]. International Journal of Production Economics, 1999, 62（3）: 209-218.

[165] Seufert J, Arjomandi A, Dakpo K H. Evaluating airline operational performance: A Luenberger-Hicks-Moorsteen productivity indicator[J]. Transportation Research Part E, 2017, 104: 52-68.

[166] Sgouridis S, Bonnefoy P, Hansman R J. Air transportation for a carbon constrained world: long-term dynamics of policies and strategies for mitigating the carbon footprint of commercial aviation [J]. Transportation Research Part A, 2011, 45（10）: 1077-1091.

[167] Sickles R C, Good D H, Getachew L. Specification of distance functions using semi-and nonparametric methods with an application to the dynamic performance of eastern and western European air carriers [J]. Journal of Productivity Analysis, 2002, 17（1-2）: 133-155.

[168] Simar L, Wilson P W. Sensitivity analysis of efficiency scores: How to bootstrap in nonparametric frontier models [J]. Management science, 1998, 44（1）: 49-61.

[169] Soltanzadeh E, Omrani H. Dynamic network data envelopment analysis model with fuzzy inputs and outputs: an application for Iranian airlines[J]. Applied Soft Computing, 2018, 63: 268-288.

［170］Song M L, Zhang L L, Liu W, Fisher R. Bootstrap–DEA analysis of BRICS' energy efficiency based on small sample data［J］. Applied Energy, 2013, 112: 1049–1055.

［171］Sueyoshi T, Goto M. Weak and strong disposability vs. natural and managerial disposability in DEA environmental assessment: comparison between Japanese electric power industry and manufacturing industries ［J］. Energy Economics, 2012, 34（3）: 686–699.

［172］Tao F, Li L, Xia X H. Industry efficiency and total factor productivity growth under resources and environmental constraint in China［J］. The Scientific World Journal, 2012（10）: 310407.

［173］Tavana M, Mirzagoltabar H, Mirhedayatian S M, Saen R F. A new network epsilon–based DEA model for supply chain performance evaluation［J］. Computers & Industrial Engineering, 2013, 66（2）: 501–513.

［174］Tavassoli M, Badizadeh T, Saen R F. Performance assessment of airlines using range–adjusted measure, strong complementary slackness condition, and discriminant analysis［J］. Journal of Air Transport Management, 2016, 54: 42–46.

［175］Tavassoli M, Faramarzi G R, Saen R F. Efficiency and effectiveness in airline performance using a SBM–NDEA model in the presence of shared input［J］. Journal of Air Transport Management, 2014, 34: 146–153.

［176］Tone K. A slacks–based measure of efficiency in data envelopment analysis［J］. European Journal of Operational Research, 2001, 130（3）: 498–509.

［177］Tone K, Tsutsui M. Network DEA: a slacks–based measure approach ［J］. European Journal of Operational Research, 2009, 197（1）: 243–252.

［178］Tone K, Tsutsui M. Dynamic DEA: A slacks-based measure approach[J]. Omega, 2010a, 38（3-4）: 145-156.

［179］Tone K, Tsutsui M. An epsilon-based measure of efficiency in DEA——a third pole of technical efficiency [J]. European Journal of Operational Research, 2010b, 207（3）: 1554-1563.

［180］Tsai W H, Lee K C, Liu J Y, Lin H L, Chou Y W, et al. A mixed activity-based costing decision model for green airline fleet planning under the constraints of the European Union Emissions Trading Scheme [J].Energy, 2012, 39: 218-226.

［181］Tsikriktsis N, Heineke J. The impact of process variation on customer dissatisfaction: Evidence from the US domestic airline industry [J]. Decision Sciences, 2004, 35（1）: 129-141.

［182］UNWTO, 2019. http: //www2. unwto. org/annual-reports.

［183］Vaninsky A. Energy-environmental efficiency and optimal restructuring of the global economy [J].Energy, 2018, 153: 338-348.

［184］Vespermann J, Wald A. Much Ado about Nothing? An analysis of economic impacts and ecologic effects of the EU-emission trading scheme in the aviation industry [J]. Transportation Research Part A, 2011, 45（10）: 1066-1076.

［185］Wang C N, Dang D C, Van Thanh N V, Tran T T. Grey model and DEA to form virtual strategic alliance: The application for ASEAN aviation industry [J]. International Journal of Advanced and Applied sciences, 2018, 5（6）: 25-34.

［186］Wang K, Yu S, Zhang W. China' s regional energy and environmental efficiency: A DEA window analysis based dynamic evaluation [J]. Mathematical and Computer Modelling, 2013, 58（5）: 1117-1127.

［187］Wang S, Meng Q. Robust bunker management for liner shipping networks [J]. European Journal of Operational Research, 2015,

243（3）：789-797.

［188］Wang W K, Lu W M, Tsai C J. The relationship between airline performance and corporate governance amongst US listed companies［J］. Journal of Air Transport Management, 2011, 17（2）：148-152.

［189］Wang Z H, Feng C. Sources of production inefficiency and productivity growth in China: A global data envelopment analysis［J］. Energy Economics, 2015, 49: 380-389.

［190］Wang Z H, Yang Z M, Zhang Y X, Yin J H. Energy technology patents-CO2 emissions nexus: An empirical analysis from China［J］. Energy Policy, 2012, 42: 248-260.

［191］Wanke P, Barros C P. Efficiency in Latin American airlines: A two-stage approach combining Virtual Frontier Dynamic DEA and Simplex Regression［J］. Journal of Air Transport Management, 2016, 54: 93-103.

［192］Wanke P, Barros C P, Chen Z. An analysis of Asian airlines efficiency with two-stage TOPSIS and MCMC generalized linear mixed models［J］. International Journal of Production Economics, 2015, 169: 110-126.

［193］Wei Y M, Liao H, Fan Y. An empirical analysis of energy efficiency in China's iron and steel sector［J］. Energy, 2007, 32: 2262-2270.

［194］Winchester N, Mcconnachie D, Wollersheim C, Waitz I A. Economic and emissions impacts of renewable fuel goals for aviation in the US［J］. Transportation Research Part A, 2013, 58（3）：116-128.

［195］World Air Transport Statistics. 2019. http：//www. iata. org/publications/ store/pages/world-air-transport-statistics. aspx.

［196］World Bank, 2019. http：//data. worldbank. org. cn/indicator/NY. GDP. MKTP. CD.

［197］Worrell E, Bernstein L, Roy J, Price L, Harnisch J. Industrial energy efficiency and climate change mitigation［J］. Energy Efficiency,

2009, 2: 109–123.

[198] Wu Y, He C, Cao X. The impact of environmental variables on the efficiency of Chinese and other non–Chinese airlines [J]. Journal of Air Transport Management, 2013, 29 (2): 35–38.

[199] Wu W Y, Liao Y K. A balanced scorecard envelopment approach to assess airlines' performance [J]. Industrial Management & Data Systems, 2014, 114 (1): 123–143 (21).

[200] Xie X M, Zang Z P, Qi G Y. Assessing the environmental management efficiency of manufacturing sectors: evidence from emerging economies [J]. Journal of Cleaner Production, 2016, 112: 1422–1431.

[201] Xu X, Cui Q. Evaluating airline energy efficiency: An integrated approach with Network Epsilon–Based Measure and Network Slacks–Based Measure [J]. Energy, 2017, 122: 274–286.

[202] Xue M, Harker P T. Ranking DMUs with infeasible super–efficiency DEA methods [J]. Management Science, 2002, 48 (5): 705–710.

[203] Yang F, Xia Q, Liang L. DEA cross efficiency evaluation method for competitive and cooperative decision making units [J]. Systems Engineering—Theory & Practice, 2011, 31 (1): 92–98.

[204] Yang H, Pollitt M. The necessity of distinguishing weak and strong disposability among undesirable outputs in DEA: environmental performance of Chinese coal–fired power plants [J]. Energy Policy, 2010, 38 (8): 4440–4444.

[205] Yu M M. Assessment of airport performance using the SBM–NDEA model [J]. Omega, 2010, 38 (6): 440–452.

[206] Yu M M, Chen L H, Hui C. The effects of alliances and size on airlines' dynamic operational performance [J]. Transportation Research Part A, 2017, 106: 197–214.

[207] Yu S, Zhu K, Diao F. A dynamic all parameters adaptive BP neural

networks model and its application on oil reservoir prediction [J].
Applied mathematics and computation, 2008, 195 (1): 66–75.

[208] Zhang B, Wang Z. Inter–firm collaborations on carbon emission reduction within industrial chains in China: Practices, drivers and effects on firms' performances [J]. Energy Economics, 2014, 42: 115–131.

[209] Zhang J, Fang H, Wang H, Jia M, Wu J, Fang S. Energy efficiency of airlines and its influencing factors: a comparison between China and the United States [J]. Resources Conservation and Recycling, 2017, 125: 1–8.

[210] Zhang N, Wei X. Dynamic total factor carbon emissions performance changes in the Chinese transportation industry [J]. Applied Energy, 2015, 146: 409–420.

[211] Zhou P, Ang B W. Linear programming models for measuring economy-wide energy efficiency performance [J]. Energy Policy, 2008, 38: 2911–2916.

[212] Zhou P, Ang B W, Poh K L. A survey of data envelopment analysis in energy and environmental studies [J]. European Journal of Operational Research, 2008, 189 (1): 1–18.

[213] Zhu J. Airlines performance via two–stage network DEA approach [J]. Journal of Centrum Cathedra, 2011, 4 (2): 260–269.

后　记

　　航空公司作为航空运输业的主要部分，承担着旅客运输、货物运输，以及国际交流的重要任务。近几年，航空业有了长足的发展，但是其碳排放引起的环境问题也越来越引起人们的重视。航空业已经成为碳排放增长最快的部门之一，其碳排放控制对实现全球碳排放控制目标具有非常重要的意义，所以很多部门都制定了相应的航空碳排放政策，这些政策对航空公司的发展是至关重要的。

　　本书基于数据包络分析模型，研究了航空公司能源效率评价、航空公司环境效率评价、航空公司网络和动态效率评价等内容，并在此基础上，系统地研究了 CNG2020 战略对航空公司的影响等主题，得出了重要结论，为航空公司效率的提升以及对航空碳排放政策的应对提供了理论依据和实证指导。

　　本书在完成过程中，得到了博士后合作导师北京理工大学管理与经济学院魏一鸣教授的悉心指导，本书是在博士后出站报告的基础上进行补充、修改和完善而成的。

　　本书是在国家自然科学基金项目"空港联盟对空港可持续竞争力的影响机制研究"和"CNG2020 战略下航空公司效率评价的理论与方法研究"的资助下完成的。

　　感谢为本书提供各种帮助的林靖玲、金子寅、李昕怡等研究生。

感谢笔者的父母和妻子多年来在学业和生活上对笔者的关爱，本书的顺利完成凝聚了他们的心血和付出。

限于学术研究水平，书中难免存在疏漏和不当之处，恳请读者批评指正。

崔 强

2019 年 6 月 7 日